教育部高等学校电工电子基础课程教学指导分委员会推荐教材

"双一流"建设高校立项教材

国家一流学科教材

国家级一流本科课程教材

教育部电子科学课程群虚拟教研室教研成果

新工科电工电子基础课程一流精品教材

模拟电子技术

（第5版）

U0198791

◎ 杜湘瑜　主编

◎ 庞　礴　李德鑫　罗笑冰　于红旗　编著

◎ 高吉祥　主审

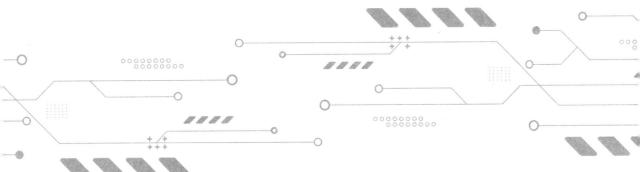

电子工业出版社

Publishing House of Electronics Industry

北京·BEIJING

内 容 简 介

本书依据教育部高等学校电工电子基础课程教学指导分委员会制定的课程教学基本要求编写。全书共 10 章，主要内容包括：半导体及半导体二极管、双极型晶体管及其基本放大电路、放大电路的频率响应、场效应管及其基本放大电路、功率放大电路、集成运算放大器、放大电路中的反馈、集成运算放大器的应用、信号产生电路、直流稳压电源等。同时配置了 Multisim 仿真实例等实践资源，注重实际应用能力的培养。本书提供微课视频、电子课件、思维导图、程序代码、参考答案等，形成新形态、立体化教材模式。

本书可作为高等学校电子、电气、集成电路、通信、自动化、计算机等专业相关课程的教材，可供本科、研究生、职业本科、高职高专等层次的学生自学使用，也可供从事相关行业的工程技术人员学习参考。

未经许可，不得以任何方式复制或抄袭本书之部分或全部内容。

版权所有，侵权必究。

图书在版编目（CIP）数据

模拟电子技术 / 杜湘瑜主编. —5 版. —北京：电子工业出版社，2023.10

ISBN 978-7-121-46596-3

Ⅰ. ①模… Ⅱ. ①杜… Ⅲ. ①模拟电路—电子技术—高等学校—教材 Ⅳ. ①TN710

中国国家版本馆 CIP 数据核字（2023）第 208824 号

责任编辑：王羽佳　　特约编辑：武瑞敏
印　　刷：涿州市京南印刷厂
装　　订：涿州市京南印刷厂
出版发行：电子工业出版社
　　　　　北京市海淀区万寿路 173 信箱　　邮编：100036
开　　本：787×1092　1/16　印张：16　字数：460 千字
版　　次：2004 年 2 月第 1 版
　　　　　2023 年 10 月第 5 版
印　　次：2024 年 12 月第 4 次印刷
定　　价：65.00 元

凡所购买电子工业出版社图书有缺损问题，请向购买书店调换。若书店售缺，请与本社发行部联系。联系及邮购电话：（010）88254888，（010）88258888。

质量投诉请发邮件至 zlts@phei.com.cn，盗版侵权举报请发邮件至 dbqq@phei.com.cn。

本书咨询联系方式：（010）88254535，wyj@phei.com.cn。

前　　言

本书第 1 版于 2004 年出版，近二十年来，被许多高等学校采用作为教材，深受广大读者的喜爱。我们根据读者反馈的一些宝贵意见再次进行修订，使本书更加符合当前电子技术基础课程教学的需求。

本书依据教育部高等学校电工电子基础课程教学指导分委员会课程教学基本要求编写，同时继续遵循一贯的编写原则："确保基础、精选内容、加强概念、推陈出新、联系实际、侧重集成、避免遗漏、防止重复、统一符号、形成系统"。

第 5 版从原有的"先器件，后电路"的章节安排，调整为"边器件，边电路"的安排，主要包括以下内容：

（1）第 4 版第 1 章集中介绍的二极管、晶体管和场效应管，分别与各自的电路内容集成，形成第 1 章半导体及半导体二极管、第 2 章双极型晶体管及其基本放大电路、第 3 章放大电路的频率响应、第 4 章场效应管及其基本放大电路，重点介绍单管放大电路的组成、工作原理、分析方法和典型应用，从而打通"认识元器件-搭建电路-器件建模-分析电路-应用电路"的知识链路，并通过相似器件和电路的迭代类比，强化对电子电路核心概念、基本方法的理解。

（2）在小信号电压放大电路的基础上，第 5 章功率放大电路，强化对器件特性和电路功能的理解。第 6 章集成运算放大器，主要介绍集成电路的特点及基本电路结构，围绕其核心模块——电流源电路、差分放大电路进行详细介绍，并对 LM741 和 C14573 集成运放电路进行具体分析，最后介绍集成运放的主要参数和电路模型。至此，完成了从器件到分立电路，再到集成电路的构建过程。

（3）第 7 章放大电路中的反馈，围绕着"是什么？是哪类？怎么样？怎么用？"4 个核心问题，重点介绍反馈的概念和一般表达式、反馈的分类和判别、负反馈的 4 种组态、负反馈对放大电路性能的影响、深度负反馈放大电路闭环增益的估算以及负反馈放大电路的稳定性。有了对集成运放的了解和反馈的基础，第 8 章集成运算放大器的应用中，从集成运放建模和分析依据出发，介绍以运算电路和有源滤波器为代表的线性应用，以及以电压比较器为代表的非线性应用。

（4）第 9 章信号产生电路，介绍正弦波振荡器和非正弦波发生电路；第 10 章直流稳压电源，主要介绍直流电源的组成、小功率整流滤波电路、硅稳压管稳压电路、串联型直流稳压电路、集成稳压器以及开关型稳压电路。

本次修订在内容方面主要有以下调整：

● 在全书正文之前，增加了"绪论"部分，以便为后续的学习做好准备。
● 第 1 章增加了二极管的建模、电路分析方法及典型应用，强化非线性电路的分析理念。
● 加强了场效应管的工作原理和放大电路的内容。
● 重构了功率放大电路一章，条理更加清晰。
● 加强了工程实践内容，包括器件的电路选型、使用注意事项及保护电路设计等。

本书作为国家级一流本科线上线下混合式课程的教材，体现了新形态教材的特点和优势，对模拟电子技术教材的内容进行总结，提炼出若干主要的知识点，提供微课视频、电子课件、思维导图、

Multisim 仿真实例及程序代码、参考答案等数字化资源，形成立体化教材模式，对课程理论和实践的教与学进行了深度和广度的拓展延伸，便于教师教学和学生自学。教辅资源请登录华信教育资源网 http://www.hxedu.com.cn 注册下载，或扫描书中二维码在线学习。

本书由国防科技大学电子技术教学组编写和修订，杜湘瑜主编，庞礴、李德鑫、罗笑冰、于红旗编著，高吉祥主审。在修订工作中，电子工业出版社做了大量的调研和组织工作，提供了许多帮助，促进了修订工作的完成。

本次修订工作得到了国防科技大学电子科学学院的领导和许多老师的关心与支持。谨对以上所有帮助、关心和支持我们工作的老师致以诚挚的感谢。由于编者的水平有限，仍有不少错误和缺点，敬请广大读者给予批评指正，帮助我们不断加以改进。

杜湘瑜

2023 年 7 月

目　录

常用变量符号
说明

绪　　论

[内容提要]

　　为什么要学习模拟电子技术？又能从中学到什么？怎么才能把模拟电子技术学好？绪论部分将重点围绕"为什么？学什么？怎么学？"这3个问题，介绍电子技术的发展历史和应用现状，阐述本书的内容架构，探讨课程的学习方法，并简要阐述模拟电子技术学习的预备知识，为后续学习奠定基础。

0.1　电子技术的发展和应用

　　1964年，思想家马歇尔·麦克卢汉在《理解媒介》一书中写下了这句话："电子技术到来以后，人延伸出（或者说在体外建立了）一个活生生的中枢神经系统。"以当时的眼光，这是个有些高深莫测的说法。而进入21世纪，人们面对的是以微电子技术、计算机技术和网络技术为标志的信息化社会。现代电子技术的广泛应用使社会生产力和经济获得了空前的发展。可以说，电子技术无处不在，如计算机、手机、电视、音响、DVD、电子手表、数码相机、工业流水线、网络和通信设备、汽车电子系统、机器人、无人机、各类航空航天器、武器装备的电子装置等。没有电子技术，现代生活无法想象，电子技术的确像"中枢神经系统"一样，已经成为人们认识和改造世界的重要"器官"了。

　　那么，什么是电子技术呢？不同的领域对电子技术有不同的定义。从广义上讲，电子技术就是研究电子器件、电子电路及其应用的科学技术。电子技术是19世纪末20世纪初开始发展起来的新兴技术，在20世纪发展最迅速，应用最广泛，成为近代科学技术发展的一个重要标志。

　　以电子元器件的更新换代为标志，现代电子技术的发展可以分为电子管、晶体管、集成电路、大规模集成电路和超大规模集成电路4个典型阶段。

1. 电子管阶段

　　1883年美国发明家爱迪生发现了爱迪生效应，随后在1904年，英国物理学家弗莱明（John Ambrose Fleming）利用这个效应研制出一种能够充当交流电整流和无线电检波的特殊"灯泡"，这就是世界上第一只电子管，也是后来人们所说的电子二极管。它的发明标志着人类进入了无线电时代。1906年美国科学家德弗雷斯特（Lee deForest）在弗莱明的二极管中放进了第三个电极——栅极，进而发明了电子三极管，从而形成了早期电子技术上最重要的里程碑。到1920年，真空管技术已经成熟地应用于无线电接收机，使无线电广播成为可能。无线电通信、电视、广播、雷达、导航电子设备和计算机等相继问世，并得到迅速发展。

　　可以说，在20世纪初期，电子管电路在军事、通信、交通等领域独领风骚、大显神通。但是，在应用中，它也暴露出许多难以克服的弱点和缺陷，如体积和重量大、能耗大、寿命短、噪声大、制造工艺复杂等。

　　在第二次世界大战中，电子管的缺点更加暴露无遗。在雷达工作频段上使用的普通电子管，效果极不稳定。移动式军用器械和设备上使用的电子管更加笨拙，易出故障。因此，电子管本身的弱点和迫切的战时需要，都促使许多科研单位和广大科学家集中精力迅速研制能取代电子管的固体元器件。

2. 晶体管阶段

为了解决电子管所存在的问题，科学家们不断地尝试。1947 年美国贝尔实验室的肖克利（William B. Shockley）、巴丁（Walter H. Brattain）和布拉顿（John Bardeen）创造出了世界上第一只半导体放大器——晶体管。晶体管是科技史上具有划时代意义的成果，被誉为 20 世纪最伟大的发明之一，3 位科学家因此获得了 1956 年的诺贝尔物理学奖。与电子管相比，晶体管具有以下诸多优势。

（1）晶体管体积小，只有电子管的百分之一到十分之一。

（2）晶体管老化速度慢，寿命一般是电子管的 100～1000 倍。

（3）晶休管功耗低，仅为电子管的十分之一或几十分之一。

（4）晶体管可靠性强，耐冲击、耐振动。

（5）晶体管无须预热，其构成的电子系统通常一开机就可以工作。

（6）晶体管的制造工艺虽然精密，但工序简便，有利于提高元器件的安装密度。

可以说，晶体管解决了电子管存在的大部分问题，因此在大多数领域迅速取代了电子管，开创了电子设备朝小型化、微型化发展的新局面。

然而晶体管的出现，仍然不能满足电子技术飞速发展的需要。随着电子技术应用的不断推广和电子系统的日趋复杂，电子系统中的电子器件数量越来越多，系统的体积越来越庞大，系统可靠性难以保证，这些问题在军事和航天领域尤为突出。为了确保设备的可靠性，缩小其重量和体积，人们迫切需要在电子技术领域来一次新的突破。

3. 集成电路阶段

晶体管诞生十余年后的 1958 年，美国德州仪器公司（TI）的一位工程师基尔比（Jack S. Kilby）基于英国科学家达默提出的电路集成化的思想，制成了人类历史上第一个集成电路芯片。集成电路的出现使得电子技术出现了划时代的革命，基尔比也因此获得了 2000 年的诺贝尔物理学奖。

集成电路将几百个甚至上千个晶体管等元件及布线制作在一小块半导体晶片或基片上，形成一个整体，实现了材料、元件、电路三者之间的统一。由于这个电路是被封装起来的，电路的体积大大缩小，可靠性大大提高。随着双极型半导体器件和 CMOS（Complementary Metal Oxide Semiconductor，互补金属氧化物半导体）集成电路的出现，集成电路逐步成为现代电子技术和计算机技术发展的基础。从此以后，集成电路技术开始了长足的发展，同时几乎所有的电子和计算机相关技术都开始了飞速的发展。

4. 大规模集成电路和超大规模集成电路阶段

随着集成工艺的进步，在 20 世纪 70 年代，已经可以将数以万计的电子器件集成到一个芯片上，形成了大规模（集成度为 $10^3 \sim 10^5$）和超大规模（集成度为 $10^5 \sim 10^7$）集成电路，我们通常将其称为第四代电子器件。

超大规模集成电路的出现使得电子产品向着高效能、低消耗、高精度、高稳定和智能化的方向发展。例如，我们可以将一整台计算机的核心功能在一个小小的单片机上实现。随着大规模集成电路生产等关键技术问题的解决，设计者开始腾出更多的精力进行上层的逻辑设计，从而使较复杂电路的发明成为可能。

时至今日，电子技术仍向着集成度更高、信息处理速度更快、功耗更低的方向飞速发展，日新月异，而电子技术领域的新材料、新架构、新工艺、新理论等，将继续给我们带来意想不到的惊喜。

0.2 模拟电子技术课程的内容、特点和学习方法建议

1. 模拟电子技术课程的内容和特点

模拟电子技术课程是学生完成大类基础课程之后切入技术类课程的第一站，是一门入门性质的专业

基础课程，是沟通基础性课程和未来专业课程的桥梁，起到承上启下的作用，掌握好模拟电子技术对学生未来顺利切入专业课具有重要意义。

（1）课程的任务和内容。

本课程的主要任务是通过理论学习结合课程实践，使学生了解并掌握电子电路的基本概念、基本原理和基本分析方法，能够运用定性和定量相结合的方法解决电路分析与设计方面的问题，可以设计并实现基本的电子信号传输和处理电路，同时紧跟电子科技前沿发展动态，培养学生的创新性思维，为以后深入学习电子技术及其在专业领域的应用奠定基础。

本课程的内容主要包括基本电子器件（二极管、晶体管、场效应管和集成运放等）、基本放大电路及其分析（共射、共集、共基等）、组合放大电路（电流源电路、差分放大电路、功率放大电路、多级放大电路等）、频率响应、反馈和电子线路的应用（集成运放的应用、波形发生电路、直流稳压电源等）。电子技术是一门实用性和工程性很强的技术理论课，为此本书配备了大量的 Multisim 仿真实例，加强实践能力的培养。

（2）课程的特点。

本课程知识理论系统性强，基础理论较为成熟，虽然电子技术飞速发展，新器件、新电路日新月异，但其基本理论已经形成了相对稳定的体系。这些基本理论包括电子电路的基本概念、基本电路模块、基本分析方法等。电子电路中的概念往往比较抽象，而且关联性很强。基本电路模块相对清晰，但当多个基本电路组合起来形成较为复杂的电路结构时，对其进行分析具有较大难度。

本课程的工程性和实践性很强。事实上，电子技术就是在不断地实践中前进的。往往一个原理上没有问题的电路，在实际构建中要经过反复调试才能达到预期指标。正因如此，课程中的实践环节必不可少，掌握常用电子仪器的使用方法、电路测试方法、故障的诊断和排除方法等，也是课程的基本要求之一。

2. 模拟电子技术的学习方法建议

针对课程的特点，想要学习好模拟电子技术，建议把握以下几个环节。

（1）重视基本概念，掌握基本电路和基本分析方法。

"万变不离其宗"，本课程的"宗"就是概念，是分析和设计的基础，深入理解并掌握基本概念，明确其物理意义，是学好本课程的关键。电路虽然千变万化，但是基本电路和组成原则是不变的。切实掌握基本电路的结构、功能和性能特点，才能更好地理解和分析更加复杂的电路。不同的电路，不同的分析目的，有不同的基本分析方法，如估算法、等效电路法、图解法、实验调试法等，都是需要重点掌握的知识点。

（2）形成知识点之间的关联，融会贯通。

本课程的知识点繁多，同时相互之间关联紧密，系统性强。这就需要在学习的时候做到"自底向上学理论，自顶向下想设计"。也就是说，课程的内容是沿着器件—电路—方法—应用的主线自底向上组织的，而学习的时候，头脑中应始终带着"怎么样？怎么办？怎么用？"这样一些问题，时刻思考器件、方法和电路在实际应用中可能存在的问题和解决方案，这样才能有效形成知识点之间的关联，做到融会贯通。

（3）注重理论联系实际，重视实践动手能力的培养。

学习的目的在于应用，理论学习为应用能力服务。本课程的实践性很强，因此理论联系实际尤为重要。应掌握一种主流的电路仿真分析软件，并配备必要的实验仪器设备，在学好基本实验方法的基础上，独立设计实现一些小型电子电路或系统，强化实践环节，提高解决实际问题的能力和创新实践能力。只有在实践中巩固并内化理论知识，才能真正体会模拟电子技术的美妙和奥秘。

（4）学会辩证地分析电路中的问题，形成对知识的高阶理解。

本课程虽然是工科课程，但是处处渗透着发展观、系统观、重点观、定性定量相结合等辩证思想。例如，任何一种器件或电路都不是十全十美的，发现问题，改进方案，才能了解每个电路设计的来龙去脉，形成知识的纽带。而电路中的各项技术指标也往往是相互关联的，牵一发而动全身，这就需要我们在设计和调试电路的时候用系统观去评估每个指标对于当前应用的重要性，并做到合理折中，而不能顾此失彼。

0.3　课程相关的基本概念

1. 电子系统及其组成

电子技术的研究对象是电子系统。所谓电子系统，通常是指由若干相互连接、相互作用的基本电路组成的具有特定功能的电路整体。一个完整的电子系统（见图 0.1）往往是以真实世界的物理量为处理对象，通过传感器转换成相应的电子信号输入电子系统，经过一系列的信号处理（放大、滤波、计算等），产生合适的输出信号，用于驱动一个或多个执行机构。

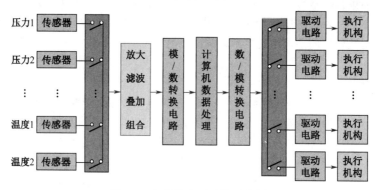

图 0.1　完整的电子系统示意图

2. 模拟信号和数字信号

在电子系统中，一个物理量的变化通常由电信号表示。信号是信息的载体，可以是模拟信号或数字信号。其中，模拟信号是指时间和数量上是连续变化的信号，如电话传输中的音频电压信号等。在理想情况下，模拟信号具有无穷大的分辨率。实现模拟信号的产生和处理的电路是模拟电路，模拟电路主要研究输入、输出信号间的幅度、相位、失真等方面的关系。模拟电路又分为高频和低频电子电路，本书重点讨论低频电子电路。本书中的模拟电路常用正弦波作为工作信号，因为任何连续信号都可以通过傅里叶级数将其分解为若干频率正弦信号的叠加。

数字信号是指时间和数值上都离散的信号。常用有限位的二进制数表示，只有 0、1 两个状态。数字信号抗干扰能力强，无噪声积累，可实现长距离、高质量的信号传输，还具有易压缩、易存储等优势。产生和处理数字信号的电路是数字电路，其主要研究电路输入、输出间的逻辑关系。

应该注意的是，绝大多数电子系统都是模拟电路和数字电路并存的。而如今，大规模、超大规模集成电路技术的不断完善使得数字电路在现代电子系统的比重越来越大，但应该知道的是，数字电路仍然是由基本电子器件构成的，它的功能仍然是由具有模拟特性的电子器件具体执行的。同时，对于一个具体电子系统来说，数字电路的功能设计只是它走向实用的第一步，而在具体的电路实现阶段，元件的连接、排列和布局，以及散热、电源，甚至机壳的设计都需要用到模拟电路的知识。因此，可以说，模拟电子技术是电子技术这座大厦的根基。

0.4　电子电路的计算机辅助分析和设计软件简介

随着电子技术和计算机技术的迅速发展，以计算机为工作平台的电子设计自动化（Electronic Design Automation，EDA）技术在电子设计领域日益得到广泛应用，推动电子产品性能不断提高，更新换代周期不断缩短。设计人员借助计算机储存量大、运行速度快的特点，通过 EDA 技术完成对电路的功能设计、逻辑设计、性能分析、模拟评估、参数优化、时序测试和数据库管理直至印制电路板的自动布线等工作，大大压缩产品研发周期和成本，目前已经成为集成电路、印制电路板、电子整机系统设计的主要技术手段。目前比较常用的电路仿真分析软件包括 PSpice/SPICE 和 Multisim。

1．PSpice/SPICE 简介

用于模拟电路仿真的 SPICE（Simulation Program with Integrated Circuit Emphasis）软件于 1972 年由美国加州大学伯克利分校的计算机辅助设计小组利用 Fortran 语言开发而成，主要用于大规模集成电路的计算机辅助设计。SPICE 的正式实用版 SPICE2 在 1975 年正式推出，该程序的运行环境至少为小型机。1985 年，加州大学伯克利分校用 C 语言对 SPICE 软件进行了改写，1988 年 SPICE 被定为美国国家工业标准。与此同时，各种以 SPICE 为核心的商用模拟电路仿真软件，在 SPICE 的基础上做了大量实用化工作，从而使其成为最为流行的电子电路仿真软件。PSpice 则是由美国 Microsim 公司在 SPICE2 版本的基础上升级并用于 PC 上的 SPICE 版本，其中采用自由格式语言的 5.0 版本自 20 世纪 80 年代以来在我国得到广泛应用，并且从 6.0 版本开始引入图形界面。

1998 年著名的 EDA 商业软件开发商 OrCAD 公司与 Micro-SIM 公司正式合并，正式推出了 OrCAD PSpice Release9.0。与传统的 SPICE 软件相比，PSpice9.0 在三大方面实现了重大变革：第一，在对模拟电路进行直流、交流和瞬态等基本电路特性分析的基础上，实现了蒙特卡罗分析、最坏情况分析以及优化设计等较为复杂的电路特性分析；第二，不但能够对模拟电路，而且能够对数字电路、数/模混合电路进行仿真；第三，集成度大大提高，电路图绘制完成后可直接进行电路仿真，并且可以随时分析观察仿真结果。PSpice Release9.0 共有六大功能模块，其中核心模块是 PSpice A/D，其余功能模块分别为 capture（电路原理图设计模块）、stimulus editor（激励信号编辑模块）、model editor（模型参数提取模块）、probe（模拟显示和分析模块）和 optimizer（优化模块）。虽然 PSpice 应用越来越广泛，但是也存在着明显的缺点。由于 SPICE 软件初期主要是针对信息电子电路设计而开发的，因此器件的模型都是针对小功率电子器件的，对于电力电子电路中所用的大功率器件存在的高电压、大注入现象不尽适用，有时甚至可能导致错误的结果。SPICE 采用变步长算法，对于以周期性的开关状态变化为基准的电力电子电路而言，将在寻求合适的步长上耗费大量的时间，从而导致计算时间的延长，有时甚至不收敛。另外，在磁性元件的模型方面 PSpice 也有待加强。

2．Multisim 简介

Multisim 是加拿大 Interactive Image Technologies 公司推出的 Windows 环境下的电路仿真软件，是广泛应用的 EWB（Electronics Workbench，电子工作台）的升级版，其具有以下功能和特点。

视频：
Multisim 软件
使用方法介绍

（1）直观的图形界面：整个操作界面就像一个电子实验工作台，绘制电路所需的元器件和仿真所需的测试仪器均可直接拖放到屏幕上，轻点鼠标可用导线将它们连接起来，软件仪器的控制面板和操作方式都与实物相似，测量数据、波形和特性曲线就像在真实仪器上看到的一样。

（2）丰富的元器件库：Multisim 大大扩充了 EWB 的元器件库，包括基本元件、半导体器件、运算放大器、TTL 和 CMOS 数字 IC、DAC、ADC 及其他各种部件，用户可通过元件编辑器自行创建或修改所需元件模型，还可在线获得元件模型的扩充和更新服务。

（3）丰富的测试仪器：除 EWB 具备的数字万用表、函数信号发生器、双通道示波器、扫频仪、信号发生器、逻辑分析仪和逻辑转换仪之外，Multisim 新增了瓦特表、失真分析仪、频谱分析仪和网络分析仪。尤其与 EWB 不同的是：所有仪器均可多台同时调用。

（4）完备的分析手段：除 EWB 提供的直流工作点分析、交流分析、瞬态分析、傅里叶分析、噪声分析、失真分析、参数扫描分析、温度扫描分析、极点-零点分析、传输函数分析、灵敏度分析、最坏情况分析和蒙特卡罗分析之外，Multisim 新增了直流扫描分析、批处理分析、用户定义分析、噪声图形分析和射频（RF）分析等，基本上能满足一般电子电路的分析设计要求。

（5）强大的仿真能力：Multisim 既可对模拟电路或数字电路分别进行仿真，也可进行数/模混合仿真，尤其是新增了射频电路的仿真功能。仿真失败时会显示出错信息、提示可能出错的原因，仿真结果可随时储存和打印。

由于 Multisim 的诸多优势，其已成为目前广泛应用于工程设计和教学的电路仿真软件，本书选用 Multisim 作为基本分析工具，为关键知识点配套仿真实验案例，辅助读者可以通过虚拟仿真实验检验理论学习的电路的运行和分析结果，促进理论和实践的结合。

思维导图 1：
半导体及半导体
二极管

第 1 章　半导体及半导体二极管

[内容提要]

　　半导体器件是组成各种电子电路的基础。为了更好地理解半导体器件的特性，本章首先简要介绍半导体的基本知识，包括本征半导体、杂质半导体的概念等，讨论 PN 结的单向导电性；然后介绍半导体二极管的基本结构和特性；最后引入二极管的线性等效模型、二极管电路的等效电路分析方法和典型应用。二极管是本书介绍的首个非线性器件，"认识器件—器件建模—电路分析—电路应用"的学习路线也将指导后续其他器件和内容的学习。

1.1　半导体基础

　　自然界的各种物质，根据其导电能力的差别，可以分为导体、绝缘体和半导体三大类。通常将电阻率小于 $10^{-4}\Omega \cdot cm$ 的物质称为导体，如银、铜和铝等金属材料都是良好的导体。一般将电阻率大于 $10^{9}\Omega \cdot cm$ 的物质称为绝缘体，如橡胶、塑料等。此外，还有一类物质，电阻率为 $10^{-4}\sim 10^{9}\Omega \cdot cm$，这类物质统称为半导体，如锗（Ge）、硅（Si）、砷化镓（GaAs）和一些硫化物、氧化物等。锗是最早被使用的一种半导体材料，它给我们带来了两个电子技术的"里程碑"——第一个晶体管和第一块集成电路。但锗在地球上分布分散，而且稳定性差。随着提纯工艺的进步，硅已经成为应用最广泛的一种半导体材料。而随着对器件处理速度需求的提升，以砷化镓为代表的第二代半导体材料开始崭露头角，这类材料更加适合制作高频高速大功率器件，在航天、军事等领域有着广泛的应用需求。在本书中，我们仍然以应用广泛的硅材料为主要研究对象。

　　半导体的导电性能是由其原子结构决定的。硅原子和锗原子的电子数分别为 32 和 14，最外层轨道上都有 4 个电子。图 1.1.1 给出了硅原子的结构模型和简化模型。原子外层轨道上的电子通常称为价电子，价电子不仅受到自身原子核的束缚，还受到相邻原子核的吸引。于是，两个相邻的原子共有一对价电子，这一对价电子组成所谓的共价键。晶体中的共价键结构如图 1.1.2 所示。在硅晶体中，每个原子都和周围的 4 个原子通过共价键的形式互相紧密地联系在一起。

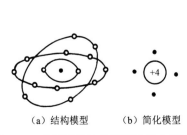

（a）结构模型　　　（b）简化模型

图 1.1.1　硅原子的结构模型和简化模型

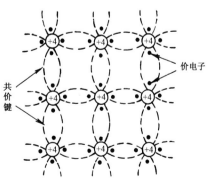

图 1.1.2　晶体中的共价键结构

半导体具有一些特殊性质，如热敏性、光敏性和掺杂性等。热敏性是指半导体的导电能力随着温度升高而迅速增加，利用热敏性可制成自动控制用的热敏元件（如热敏电阻等）。半导体的导电能力还会随着光照的变化而显著变化，利用这种光敏性可制成各类光敏元件，如光电池、光电管和光敏电阻等。半导体还有一个最重要的性质，即如果在纯净的半导体物质中适当地掺入微量杂质，其导电能力将会呈百万倍地增加，这就是掺杂性，利用这一特性可制造各种不同用途的半导体器件，如半导体二极管、三极管等。

1.1.1　本征半导体

为了更好地控制半导体的特性，必须首先将半导体提炼成纯净的、不含其他杂质的晶体结构，称为本征半导体。对本征半导体来说，在热力学温度零度（T=0K，相当于−273℃）时，价电子的能量不足以挣脱共价键的束缚，因此晶体中没有自由电子。所以，在 T=0K 时，半导体不能导电，就像绝缘体一样。

如果温度逐渐升高，如在室温条件下，将有少数价电子获得足够的能量，以克服共价键的束缚而成为自由电子，在原来的共价键中留下一个带有单位正电荷电量的空位，称为空穴，这种现象称为本征激发。本征半导体中的自由电子和空穴如图 1.1.3 所示。本征激发成对地产生自由电子和空穴。

当共价键失去自由电子产生空穴时，附近共价键中的电子就比较容易进来填补，自由电子和空穴又成对消失，称为复合。这样在附近的共价键中又留下一个新的空位，其他地方的自由电子又有可能来填补后一个空位。从效果上看，这个过程相当于带正电荷的空穴在运动一样。为了与自由电子的运动区别开来，称为空穴运动，并将空穴看成带正电的载流子。

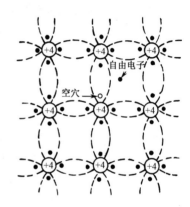

图 1.1.3　本征半导体中的自由电子和空穴

由此可见，半导体中存在着两种载流子：带负电的自由电子和带正电的空穴。在本征半导体中，自由电子和空穴总是成对地出现，成为电子-空穴对，因此两种载流子浓度是相等的，半导体整体呈电中性。在一定温度下，本征激发和复合两种运动达到了平衡，使电子-空穴对的浓度一定。

此时，本征半导体具有一定的导电能力，但因为载流子的数量很少，所以它的导电能力很差。但同时，本征半导体中载流子的浓度与温度密切相关，随着温度的升高，载流子的浓度基本上按指数规律增加。这就意味着，用半导体制成的各种器件的特性也与温度有关。

1.1.2　杂质半导体

利用半导体的掺杂性，在本征半导体中掺入某种特定的杂质，并控制掺杂的浓度，可以显著地改变和控制半导体的导电性能，形成杂质半导体。根据掺入杂质不同，可分为 N 型半导体和 P 型半导体。

1. N 型半导体

在 4 价硅或锗的晶体中掺入少量的 5 价杂质元素，如磷、锑、砷等，则原来晶格中的某些硅原子将被杂质原子代替。由于杂质原子的最外层有 5 个价电子，因此它与周围 4 个硅原子组成共价键时多出一个电子。这个电子不受共价键的束缚，在室温下即可激发成为自由电子。N 型半导体的晶体结构如图 1.1.4 所示。在这种杂质半导体中，自由电子的浓度将大大高于空穴的浓度，因而主要依靠电子导电，故称为电子型半导体或 N 型半导体。其中的 5 价杂质原子可以提供电子，所以称为施主原子。N 型半导体中的自由电子称为多数载流子（简称多子），而本征激发产生的空穴称为少数载流子（简称少子）。

2. P 型半导体

在硅（或锗）的晶体中掺入少量的 3 价杂质元素，如硼、镓、铟等，此时杂质原子的最外层只有 3 个价电子，当它和周围的硅原子组成共价键时，由于缺少一个电子而形成空穴。P 型半导体的晶体结构如图 1.1.5 所示。因此，在这种杂质半导体中，空穴的浓度将比自由电子的浓度高得多，因而主要依靠空穴导电，所以称为空穴型半导体或 P 型半导体。这种 3 价的杂质原子能够产生多余的空穴，起着接受电子的作用，所以称为受主原子。在 P 型半导体中，多数载流子是空穴，而少数载流子是自由电子。

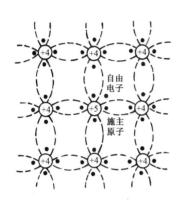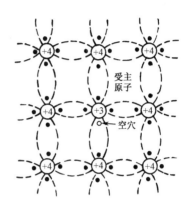

图 1.1.4　N 型半导体的晶体结构　　　　图 1.1.5　P 型半导体的晶体结构

在杂质半导体中，多数载流子的浓度主要取决于掺入的杂质浓度；而少数载流子的浓度与温度密切相关。无论是 N 型或 P 型半导体，从总体上看，仍然保持着电中性。

总之，在纯净的半导体中掺入杂质以后，导电性能将大大改善。例如，在 4 价的硅中掺入百万分之一的 3 价杂质硼后，在室温时的电阻率与本征半导体相比，将下降到五十万分之一，可见导电能力大大提高了。当然，仅仅提高导电能力不是最终目的，因为导体的导电能力更强。杂质半导体的奇妙之处在于：本征半导体掺入不同性质、不同浓度的杂质后，对 P 型半导体和 N 型半导体采用不同的方式组合，可以制造出形形色色、品种繁多、用途各异的半导体器件。

1.1.3　PN 结

如果将一块半导体的一侧掺杂成 P 型半导体，而另一侧掺杂成 N 型半导体，那么在二者的交界处将形成一个特殊的薄层，这就是 PN 结。

视频 1-1：

PN 结

1. PN 结的形成

在 P 型和 N 型半导体的交界面两侧，P 区中的空穴和 N 区中的自由电子相对于对方区域中的相应载流子来说浓度高得多，因此将出现多子从高浓度一侧向低浓度一侧的扩散运动，如图 1.1.6（a）所示。多子扩散到对方区域后，与对方区域的多子（极性相反）产生复合，在交界面两侧形成一个由不能移动的正、负离子组成的空间电荷区，如图 1.1.6（b）所示。由于空间电荷区内缺少可以自由运动的载流子，因此又称为耗尽层。空间电荷区的左侧（P 区）带负电，右侧（N 区）带正电，因此在二者之间产生了一个电位差 U_D，称为电位壁垒。它的电场方向是由 N 区指向 P 区，这个电场称为内电场。因为空穴带正电，而自由电子带负电，所以内电场的作用将阻止多数载流子继续进行扩散，因此它又称为阻挡层。但是，这个内电场却有利于少数载流子的运动，即有利于 P 区中的自由电子向 N 区运动，N 区中的空穴向 P 区运动。通常，将载流子在电场作用下的定向运动称为漂移运动。

由此可见，在空间电荷区中进行着两种载流子的运动：多数载流子的扩散运动和少数载流子的漂移运动。随着内电场的建立和增强，漂移运动逐渐增强，扩散运动逐渐减弱，当两种运动达到动态平衡时，空间电荷区的宽度也达到稳定，PN 结形成。一般，空间电荷区很薄，其宽度为几微米到几十微米。电位壁

垒 U_D 的大小与半导体材料有关，硅材料为 0.6～0.8V，锗材料为 0.2～0.3V。

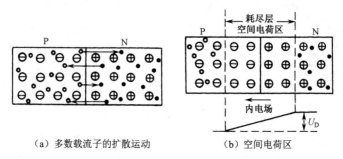

（a）多数载流子的扩散运动   （b）空间电荷区

图 1.1.6　PN 结的形成

2．PN 结的单向导电性

（1）外加正偏电压 PN 结导通。

假设在 PN 结上外加一个正向电压，即电源的正极接 P 区，电源的负极接 N 区。PN 结的这种接法称为正向接法或正向偏置（简称正偏），如图 1.1.7 所示。

在正偏时，外电场的方向与 PN 结中内电场的方向相反，因而削弱了内电场。此时，在外电场的作用下，P 区中的空穴和 N 区中的自由电子进入空间电荷区，中和了空间电荷区内的一部分离子，使空间电荷区的宽度变窄，电位壁垒也随之降低，这将有利于多数载流子的扩散运动，而不利于少数载流子的漂移运动。因此，扩散电流将大大超过漂移电流，最后形成一个较大的正向电流 I，其方向在 PN 结中是从 P 区流向 N 区（见图 1.1.7），称为正偏导通状态。PN 结正偏导通时呈现一个很小的等效电阻，为了防止回路中电流过大，一般需接入一个限流电阻 R。

（2）外加反偏电压 PN 结截止。

假设在 PN 结上加上一个反向电压，即电源的正极接 N 区，而电源的负极接 P 区。PN 结的这种接法称为反向接法或反向偏置（简称反偏），如图 1.1.8 所示。

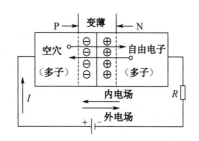

图 1.1.7　正向偏置的 PN 结

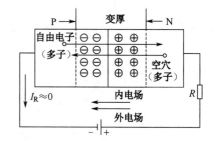

图 1.1.8　反向偏置的 PN 结

在反偏时，外电场与内电场的方向一致，因而增强了内电场的作用，抑制多子的扩散运动，而促进少子的漂移运动。此时，外电场使 P 区中的空穴和 N 区中的自由电子各自向着远离耗尽层的方向移动，从而使空间电荷区变宽，电位壁垒也随之增高，在回路中形成一个基本上由少数载流子运动产生的反向电流 I_R，方向为从 N 区流向 P 区（图 1.1.8）。因为少子的浓度很低，所以反向电流的数值非常小，PN结呈现高阻状态，称为反偏截止状态。

在一定温度下，当外加反向电压超过某个值（约零点几伏）后，几乎所有的少子均参与了导电，因此反向电流将不再随着外加反向电压的增加而增大，所以又称为反向饱和电流，通常用符号 I_S 表示。因为 I_S 是由少子运动产生的，所以对温度十分敏感。随着温度的升高，I_S 将急剧增大。

综上所述，当 PN 结正向偏置时，回路中将产生一个较大的正向电流，PN 结处于导通状态；当 PN

结反向偏置时，回路中的反向电流非常小，几乎等于零，PN 结处于截止状态。可见，PN 结具有单向导电性。

3. PN 结的电容效应

PN 结在外加电压时会出现半导体内电荷量的变化，具有电容效应，根据形成机理不同，可分为势垒电容和扩散电容。

（1）势垒电容 C_b。势垒电容是由 PN 结的空间电荷区（或耗尽层）形成的。在空间电荷区中，不能移动的正、负离子具有一定的电荷量，所以在 PN 结中存储了一定的电量。当加上正向电压时，空间电荷区变窄，则电荷量减少；当加上反向电压时，空间电荷区变宽，于是电荷量也增加了。总之，当加在 PN 结上的电压 U 改变时，其中的电荷量 Q 也随之发生变化，就像电容的放电和充电过程一样，这部分的电容效应等效为势垒电容。

势垒电容具有非线性可表示为

$$C_b = \frac{\mathrm{d}Q}{\mathrm{d}U} = \varepsilon \frac{S}{l} \tag{1.1.1}$$

式中，ε 为半导体材料的介电系数；S 为结面积；l 为耗尽层宽度。由此可见，对于同一个 PN 结，由于 l 随外加电压 U 而变化，不是一个常数，因此势垒电容也不是常数。

（2）扩散电容 C_d。当在二极管上加上正向电压时，N 区中的多子（自由电子）向 P 区扩散，同时 P 区中的多子（空穴）也向 N 区扩散。当正向电压变化时，扩散过程中的载流子积累的电荷量也随之发生变化，相当于电容的充电和放电过程，将这种电容效应等效为扩散电容。与势垒电容一样，扩散电容也具有非线性，其大小与流过 PN 结的正向电流 i 等因素有关，i 越大，C_d 越大。当 PN 结反向偏置时，扩散运动被削弱，扩散电容的作用可以忽略。

综上所述，PN 结的结电容 C_j 包括势垒电容 C_b 和扩散电容 C_d 两部分，即

$$C_j = C_b + C_d \tag{1.1.2}$$

一般来说，当二极管正向偏置时，扩散电容起主要作用，即可以认为 $C_j \approx C_d$；当二极管反向偏置时，势垒电容起主要作用，可以认为 $C_j \approx C_b$。

C_b 和 C_d 的值都很小，通常为几皮法到几十皮法，有些结面积大的二极管可达几百皮法。结电容的存在意味着，在半导体器件处理高频信号时需要考虑结电容的影响。

1.2　半导体二极管

1.2.1　二极管的结构和分类

在 PN 结的外面封装管壳，再引出两个电极，就可以构成半导体二极管。图 1.2.1（a）示出了二极管的基本结构。图 1.2.1（b）所示为二极管的图形符号。其中，阳极从 P 区引出，阴极从 N 区引出。

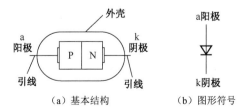

(a) 基本结构　　　　(b) 图形符号

图 1.2.1　半导体二极管的结构及图形符号

二极管的类型很多，按制造二极管的材料来分，有硅二极管和锗二极管等。按二极管的工艺结构来分，主要有点接触型、面接触型和平面型等，如图 1.2.2 所示。

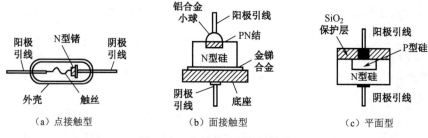

（a）点接触型　　　　　　（b）面接触型　　　　　　（c）平面型

图 1.2.2　半导体二极管的分类

点接触型二极管由一根金属丝经过特殊工艺与半导体表面相接，其特点是 PN 结的面积小，因而管子中不允许通过较大的电流，但是其结电容较小，通常在 1pF 以下，因此工作频率高，可达 100MHz 以上，适用于检波和小功率的整流电路，也可用于开关电路。

面接触型二极管是采用合金法工艺制成的，由于 PN 结的面积大，因此允许流过较大的电流，但只能在较低频率下工作，可用于大电流的整流电路。

平面型二极管采用扩散法制成，其中的二氧化硅是绝缘体，使得二极管漏电流小，工作稳定，而且结面积可大可小。当结面积大时，能通过较大的电流，适用于大功率整流；当结面积较小时，工作频率高，适用于开关电路。

1.2.2　二极管的伏安特性和电流方程

二极管的性能可用其伏安特性来描述。为了测得二极管的伏安特性，可采用图 1.2.3（a）所示电路，调整电源的电压极性和大小，电压表测得二极管两端电压 u_D，电流表测出流过二极管的电流 i_D，在平面直角坐标系中描述二极管电流与电压之间的关系曲线 $i_D=f(u_D)$，即为二极管的伏安特性。

一个典型二极管的伏安特性曲线如图 1.2.3（b）所示。

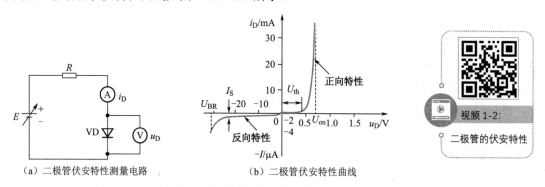

（a）二极管伏安特性测量电路　　　（b）二极管伏安特性曲线

视频 1-2：
二极管的伏安特性

图 1.2.3　二极管的伏安特性测量电路和特性曲线

特性曲线分为两部分：加正向电压时的特性称为正向特性；加反向电压时的特性称为反向特性。

1. 正向特性

当加在二极管上的正向电压比较小时，外电场还不足以克服 PN 结内电场，正向电流几乎等于零，这个区域称为死区，这一临界数值通常称为"死区电压"或"开启电压"，可用 U_{th} 表示，如图 1.2.3（b）所示。死区电压的大小与二极管的材料以及温度等因素有关。

当正向电压超过死区电压以后，随着电压的升高，正向电流将迅速增大，进入导通区。当二极管完全导通后，二极管两端电压基本保持不变，该电压称为导通压降 U_{on}。导通压降的大小与二极管的材料及温度等因素有关。

2. 反向特性

当在二极管上加上反向电压时，由少子漂移运动形成的反向电流的值很小。而且当反向电压超过零点几伏以后，反向电流不再随着反向电压增大而增大，即达到了饱和，这个电流称为反向饱和电流，用符号 I_S 表示，这个区域称为反向截止区。反向饱和电流 I_S 也与半导体材料有关。表 1.2.1 列出了两种常用半导体材料的小功率二极管的开启电压、导通压降与反向饱和电流的数量级。

表 1.2.1　两种常用半导体材料的小功率二极管参数对比

材料	开启电压 U_{th}/V	导通压降 U_{on}/V	反向饱和电流 I_S/μA
硅（Si）	≈0.5	0.6～0.8	<0.1
锗（Ge）	≈0.1	0.1～0.3	几十

如果使反向电压继续升高，当超过 U_{BR} 以后，反向电流将急剧增大，这种现象称为击穿，U_{BR} 称为反向击穿电压，这个区域称为反向击穿区。二极管击穿以后，不再具有单向导电性。

必须说明一点，发生击穿并不一定意味着二极管被损坏。当反向击穿时，要控制反向电流的数值，使其不要过大，以免因过热而烧坏二极管，而当反向电压降低后，二极管的性能仍可能恢复正常，这种可逆的击穿称为电击穿。

按照发生机理不同，电击穿可分为雪崩击穿和齐纳击穿。雪崩击穿通常发生在掺杂浓度较低的 PN 结中，当反向电压足够高时，内电场很强，少子运动速度加快，能量增大，与共价键中的价电子发生碰撞，有可能撞击出新的载流子，这一现象称为碰撞电离。碰撞电离产生的新的载流子又被加速，进而碰撞产生更多的载流子，使得反向电流急剧增大，这种击穿称为雪崩击穿。

在高掺杂浓度的 PN 结中，空间电荷区宽度较窄，在较低的反向电压（一般为几伏）下，内电场就较强，足以把共价键中的价电子激发出来，使得反向电流急剧增大，出现击穿，这种击穿称为齐纳击穿。

如果发生电击穿后，仍继续增加反向电压，反向电流持续增大，将导致管子因功耗过大、结温过高而被烧毁，这种击穿是不可逆的，称为热击穿。

3. 二极管（PN 结）电流方程

根据半导体物理的原理，也可从理论上分析得到二极管（PN 结）伏安特性的表达式，此式通常称为二极管电流方程，即

$$i_D = I_S \left(e^{u_D / U_T} - 1 \right) \tag{1.2.1}$$

式中，I_S 为反向饱和电流；U_T 为温度的电压当量，在常温（300K）下，$U_T \approx 26\text{mV}$。

由二极管电流方程可知，若给二极管加上一个反向电压，即 $u_D < 0$，而且 $|u_D| \gg U_T$，则 $i_D \approx -I_S$；若给二极管加上一个正向电压，即 $u_D > 0$，而且 $u_D \gg U_T$，则式（1.2.1）中的 $e^{u_D / U_T} \gg 1$，可得 $i_D \approx I_S e^{u_D / U_T}$，说明电流 i_D 与 u_D 基本上呈指数关系。

4. 温度对二极管特性的影响

二极管的伏安特性还与环境温度有关。当温度升高时，载流子运动速度加快，正向特性表现为在相同电压下电流增大，因此正向特性曲线左移，死区缩小，导通压降降低。对于小功率管，在相同电流下，温度每升高 1℃，二极管导通压降降低 2～2.5mV，即具有负的温度系数。由于二极管的反向饱和电流由少子漂移运动形成，而少子浓度对温度十分敏感，因此二极管的反向特性也与温度有关。一般来说，温度每升高 10℃，反向饱和电流将增大 1 倍。图 1.2.4 示出了点接触型锗二极管 2AP26 的伏安特性随温度变化的情况。

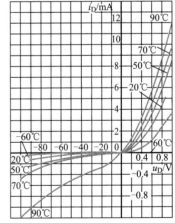

图 1.2.4　二极管 2AP26 的伏安特性随温度变化的情况

1.2.3　二极管的主要参数

视频 1-3：

二极管的主要参数

电子器件的参数是其特性的定量描述，也是实际工作中根据要求选用器件的主要依据。各种器件的参数可由手册得到。半导体二极管的主要参数如下。

（1）最大整流电流 I_F。I_F 是指二极管长期工作时，允许通过二极管的最大正向平均电流，其值与 PN 结面积和外部散热条件有关。在使用时，二极管的平均电流不得超过此值，否则可能使二极管过热而损坏。根据 I_F 值的大小，可以将二极管分为大功率管和小功率管。对于大功率管，应加装配套的散热装置。

（2）最高反向工作电压 U_R。U_R 是指二极管工作时允许外加的最大反向电压，反向电压超过此值时，二极管可能被击穿。为了留有余地，通常将击穿电压 U_{BR} 的 1/2 或 2/3 定为 U_R。

（3）反向电流 I_R。I_R 是指在室温条件下，在二极管两端加上规定的反向电压时（未击穿），流过二极管的反向电流。通常希望 I_R 值越小越好。反向电流越小，说明二极管的单向导电性越好。此外，由于反向电流是由少数载流子运动形成的，因此 I_R 受温度的影响很大。

（4）最高工作频率 f_M。f_M 是指二极管工作的上限截止频率，信号频率超过该值，二极管的单向导电性将变差。f_M 值主要决定于 PN 结结电容的大小。结电容越大，则二极管允许的最高工作频率越低。点接触型二极管的 f_M 可以达到几百兆赫兹，而面接触型二极管的 f_M 只能达到几十兆赫兹。

需要注意的是，二极管手册上给出的参数是在一定测试条件下得出的数值，在具体的使用条件下，通常实际特性与手册给出的数值不一致。此外，由于制造工艺等不确定的因素，即使是同一型号和批次的器件，参数的分散性也很大，因此手册上给出的往往是参数的一个参考范围，在具体使用时选择器件应注意留有余量。

1.3　二极管等效模型及二极管电路分析

视频 1-4：

二极管等效模型

1.3.1　二极管的等效模型

由二极管的伏安特性可知，二极管是一种非线性器件，对于非线性电路的分析与计算是比较复杂的。为了使电路的分析简化，在一定的条件下，可以用线性元件组成的电路来近似模拟二极管，使线性电路的电压、电流的关系和二极管的外特性近似一致，那么这个线性电路就称为二极管等效模型或等效电路。基于等效模型，可以将含有二极管的非线性电路转化为线性电路后进行分析。因此，在二极管电路的分析中，建模和选择合适的模型非常重要。下面介绍几种常用的二极管等效模型。

1．理想模型

理想模型是最简单的一种二极管等效模型，如图 1.3.1（a）所示。图中虚线为实际伏安特性，而粗实线为理想二极管的伏安特性。从该特性中可以看出，对于理想二极管模型，当二极管正偏（阳极电位高于阴极电位）时，二极管导通，管压降为零，正向电阻为零；而当二极管反偏（阳极电位低于阴极电位）时，二极管截止，其电流为零，反向电阻无穷大。基于该特性，可以将理想二极管等效为一个理想开关。图 1.3.1（b）所示为其线性等效电路。

2．恒压降模型

恒压降模型是在理想二极管模型的基础上考虑二极管的导通压降 U_{on}，对于硅管为 0.7V 左右，锗管为 0.3V 左右，如图 1.3.2（a）所示。在该模型下，当二极管正向压降大于 U_{on} 时，二极管导通，导通后正向电阻为零，管压降恒等于 U_{on}；当二极管正向压降小于 U_{on} 或反偏时，二极管截止，电流为零，等效电阻无穷大。因此可以在理想二极管的等效电路基础上串联一个恒压源 U_{on} 来等效恒压降模型，如图 1.3.2（b）所示。显然，恒压降模型比理想模型更接近二极管实际特性，因此该模型应用较为广泛，一般在二极管电流大于 1mA 的情况下，恒压降模型的精度基本可满足大部分电路分析的需求。

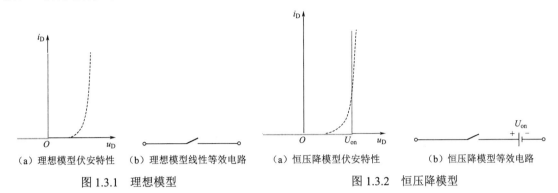

（a）理想模型伏安特性　　（b）理想模型线性等效电路　　　　　（a）恒压降模型伏安特性　　（b）恒压降模型等效电路

图 1.3.1　理想模型　　　　　　　　　　　　图 1.3.2　恒压降模型

3. 折线模型

如果需要进一步提高精度，可采用图 1.3.3 所示的折线模型来等效实际的二极管。折线模型是在恒压降模型的基础上，考虑二极管的静态电阻 r_D，该等效电阻反映的是二极管端电压的变化量与流经二极管电流的变化量之比，即 $r_D = \Delta U_D / \Delta I_D$。可以在恒压降模型等效电路基础上串联一个电阻 r_D 来等效折线模型，如图 1.3.3（b）所示。

4. 交流小信号模型

当给二极管外加直流电压时，二极管两端的电压、电流将为固定直流量，即在特性曲线上对应一个点，称为静态工作点，简称 Q（Quiescent）点，如图 1.3.4（a）所示。若在 Q 点基础上外加一个微小变化量，则在分析此时二极管电压、电流关系时，可以用特性曲线在 Q 点处的切线来近似该微小范围内的特性曲线（小范围线性化），如图 1.3.4（a）所示。此时，二极管可以等效为一个动态电阻 r_d，即 $r_d = \Delta u_D / \Delta i_D$［图 1.3.4（b）］，称为二极管交流小信号模型或二极管的微变等效模型。由二极管电流方程有

$$\frac{1}{r_d} = \frac{\Delta i_D}{\Delta u_D} \approx \frac{\mathrm{d} i_D}{\mathrm{d} u_D} = \frac{\mathrm{d}[I_S(\mathrm{e}^{\frac{u_D}{U_T}} - 1)]}{\mathrm{d} u_D} \approx \frac{I_S}{U_T} \cdot \mathrm{e}^{\frac{u_D}{U_T}} \approx \frac{I_D}{U_T}$$

$$r_d \approx \frac{U_T}{I_D} \tag{1.3.1}$$

式中，I_D 为 Q 点的直流电流。可见，由于二极管的正向特性近似为指数曲线，因此 Q 点越高，I_D 越大，r_d 的数值越小。在通常情况下，正向导通时二极管动态电阻较小，在几十欧姆量级。

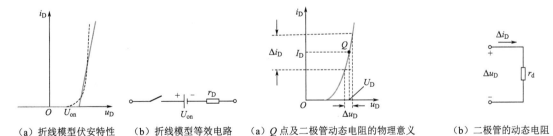

（a）折线模型伏安特性　　（b）折线模型等效电路　　　（a）Q 点及二极管动态电阻的物理意义　　（b）二极管的动态电阻

图 1.3.3　折线模型　　　　　　　　　　　　图 1.3.4　二极管交流小信号模型

以上模型都是对二极管特性的近似和等效，但是对具体的应用应具体分析和选用。其中，理想模型误差最大，折线模型误差最小，恒压降模型应用最为普遍，交流小信号模型只适用于二极管处于正向导通区且交流信号幅度较小、频率较低的情况。

1.3.2　二极管电路分析方法及典型应用

半导体二极管的单向导电性使其在电子电路中得到广泛的应用，可用于整流、限幅、检波、开关及保护电路等。对于这些二极管应用电路，可以利用 1.3.1 节介绍的二极管等效模型进行分析。

为了利用二极管等效模型来分析二极管电路，首先要判断电路中的二极管是处于导通状态还是截止状态。为此，可采用以下步骤：

（1）假设在电路中断开二极管，设定参考零电位点，分析电路断开点（二极管原阳极和阴极）电位。

（2）根据所选择等效模型的判定原则确定二极管的导通或截止。

（3）根据判断结果，将二极管替换为相应等效电路，得到原电路的线性等效电路。

（4）利用线性电路分析方法分析电路。

需要注意的是，当电路中有多个二极管并联时，在步骤（2）中应分别判断每个二极管两端的开路电压差，电压差大的二极管优先导通。进而，再逐一判断其他二极管的工作状态。下面结合几个二极管典型应用来介绍二极管电路的等效电路分析方法。

1. 限幅电路

在电子电路中，为了降低信号的幅度，以满足下游电路工作的需求，或者为了保护电路或器件不因信号电压幅度过大而损坏，可以利用二极管的单向导电性来限制信号的幅度，称为限幅电路。

【例 1.3.1】　二极管应用电路和输入信号波形如图 1.3.5 所示。其中二极管导通压降为 0.7V，用恒压降模型对其进行分析，画出输出电压 u_O 的波形。

解：假设断开两个二极管，选择 u_1 负极为参考零电位，分析可得

VD_1：$V_+=u_1$；$V_-=3V$

VD_2：$V_+=-2V$；$V_-=u_1$

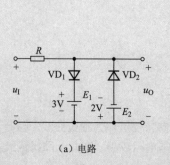

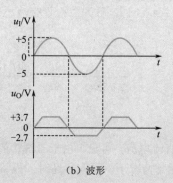

（a）电路　　　　　　　　　　　　（b）波形

图 1.3.5　二极管应用电路和输入信号波形

采用二极管恒压降模型状态判定原则，则有以下几种情况。

（1）当 $u_1 \geqslant 3.7V$ 时，二极管 VD_1 导通，VD_2 截止，则 $u_O=3.7V$。

（2）当 $u_1 \leqslant -2.7V$ 时，二极管 VD_1 截止，VD_2 导通，则 $u_O=-2.7V$。

（3）当 $-2.7V<u_1<3.7V$ 时，二极管 VD_1、VD_2 均截止，则 $u_O=u_i$，综上得到如图 1.3.5（b）所示的输出波形。

可见，该电路将 u_1 信号的上下部分削平后输出，也就是信号的幅度被限制在一定范围内，称为双向限幅电路，选择不同的电源 E_1 和 E_2，就可以得到不同的限幅电平。

2. 开关电路

二极管在电路中可以等效为开关，其导通状态等效为开关闭合，而截止状态等效为开关断开，这种开关特性使其在数字电路中得以广泛应用。

【例 1.3.2】　在图 1.3.6（a）所示电路中，设二极管为理想二极管。分析，当 V_{I1} 和 V_{I2} 为 0 或 3V 时，求 V_{I1} 和 V_{I2} 的值在不同组合情况下，输出电压 V_O 的值。

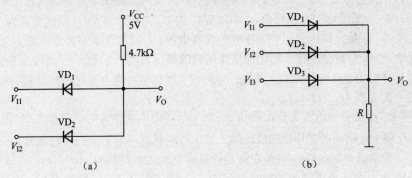

（a）　　　　　　　　　　　　　　（b）

图 1.3.6　二极管门电路

解： 假设断开各二极管，4.7kΩ 电阻中无电流，因此两个二极管阳极电位为电源电压 5V。而 V_{I1} 和 V_{I2} 的输入有 4 种组合情况。

（1）当 V_{I1}=0，V_{I2}=0 时，VD$_1$ 和 VD$_2$ 阳极电位均高于阴极电位，且各管电压差相同，因此均导通，V_O=0。

（2）当 V_{I1}=0，V_{I2}=3 时，VD$_1$ 和 VD$_2$ 阳极电位均高于阴极电位，但各管电压差不同，电压差大的 VD$_1$ 优先导通，使其阳极电位，即 V_O=0，则 VD$_2$ 截止。

（3）以此类推，可以得到 V_{I1} 和 V_{I2} 各种组合情况下，二极管状态和输出电压，如表 1.3.1 所示。

表 1.3.1　例 1.3.2 分析结果

输入电压/V		二极管工作状态		输出电压/V
V_{I1}	V_{I2}	VD$_1$	VD$_2$	V_O
0	0	导通	导通	0
0	3	导通	截止	0
3	0	截止	导通	0
3	3	导通	导通	3

从表 1.3.1 中可以看出，输入信号中，只要有一个为 0（低电平），输出即为 0（低电平），只有当输入均为 3V（高电平）时，输出才为 3V（高电平），这种关系在数字电路中称为与逻辑。举一反三，还可以利用二极管构成其他逻辑门电路，如图 1.3.6（b）所示电路实现了逻辑或运算。

1.4　稳压二极管

前面讲到普通二极管正偏导通，反偏截止，如果反向电压超过二极管的反向击穿电压，二极管将反向击穿，失去单向导电性。而有一种特殊二极管，它的正向特性与普通二极管相同，而反向特性却比较特殊：当反向电压增加到一定程度时，虽然二极管呈现击穿状态，但仍可以正常工作。此时，尽管流过二极管的电流变化量Δi_D 很大，但两端的电压变化量Δu_D 极小，可以起到稳压作用。这种特殊的二极管称为稳压二极管，简称稳压管。稳压二极管中的 PN 结通常掺杂浓度较高，发生的反向击穿以齐纳击穿为主，因此稳压二极管也称为齐纳二极管（Zener Diode）。

稳压管的伏安特性及符号如图 1.4.1 所示。

1. 稳压管的主要参数

（1）稳定电压 U_Z。U_Z 是指稳压管工作在反向击穿区时的稳定工作电压。U_Z 是根据要求挑选稳压管的主要依据之一。不同型号稳压管的 U_Z 的范围不同；同种型号的稳压管也常因工艺上的差异而有一定的分散性。所以，U_Z 一般给出的是范围值，如 2CW11 的 U_Z 为 3.2～4.5V（测试电流为 10mA）。

（2）稳定电流 I_Z。I_Z 是指稳压管正常工作时的参考电流。I_Z 通常在最小稳定电流 I_{Zmin} 与最大稳定电流 I_{Zmax} 之间。其中，I_{Zmin} 是指稳压管开始起稳压作用时的最小电流，电流低于此值时，稳压效果差；I_{Zmax} 是指稳压管稳定工作时的最大允许电流，超过此电流时，其功率可能会超过额定功耗，稳压管将发生永久性热击穿，故一般要求 $I_{Zmin}<I_Z<I_{Zmax}$。

（3）动态内阻 r_Z。r_Z 是指稳压管工作在稳压状态时，两端电压和电流的变化量之比，即 $r_Z = \Delta u_Z / \Delta i_Z$。$r_Z$ 值越小越好，r_Z 越小，反向击穿特性曲线越陡，稳压性能越好。对于同一个稳压管，一般工作电流越大时，r_Z 越小。一般手册上给出的 r_Z 值是在规定的稳定电流之下得到的。

（4）额定功耗 P_Z。由于稳压管两端加有电压 U_Z，而管子中又流过一定的电流，因此要消耗一定功率。这部分功耗转化为热能，使稳压管发热。稳压管的最大稳定电流 I_{Zmax} 与耗散功率 P_Z 之间的关系为 $I_{Zmax}=P_Z/U_Z$，如果手册上只给出 P_Z，可由该式自行计算出 I_{Zmax}。

2. 稳压管典型电路

为了使稳压管能够在电路中起到稳压作用，需要满足以下基本条件。首先，应保证稳压二极管反偏并工作于反向击穿区；其次，稳压管应与负载 R_L 并联，以获得负载两端电压的基本稳定；最后，由于稳压二极管在稳压工作区动态电阻非常小，因此必须在电路中串联电阻 R，以限制流过稳压管的电流 I_Z，使其不超过规定值，以免因过热而烧毁管子，故该电阻 R 称为限流电阻。稳压管构成的稳压电路如图 1.4.2 所示。

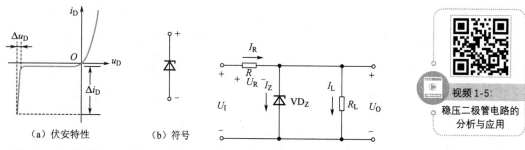

（a）伏安特性　　　（b）符号

图 1.4.1　稳压管的伏安特性和符号　　　图 1.4.2　稳压管构成的稳压电路

视频 1-5：
稳压二极管电路的分析与应用

3. 稳压原理和过程

在实际电路中，使输出电压不稳定的因素主要有两个：输入电压 U_I 的波动和负载 R_L 的变化。以图 1.4.2 为例，分别讨论以下两种情况。

（1）负载 R_L 不变，而输入电压 U_I 变化。假设 U_I 升高，则输出电压 U_O 有增大的趋势，稳压管两端电压 U_Z 也将增大。由稳压管伏安特性可知，U_Z 的微弱增大将引起稳压管电流 I_Z 显著上升，从而使得流过限流电阻 R 上的电流 I_R 增大，R 两端的电压 U_R 也增大，而 $U_O=U_I-U_R$，这就意味着 U_I 的大部分变化被 U_R 抵消，从而让本应变化的 U_O 保持稳定。同理，当 U_I 减小时，U_O 也将基本保持稳定。

（2）输入电压 U_I 不变，而负载 R_L 变化。假设 R_L 减小，则负载电流 I_L 有增大的趋势，导致 I_R 增大，U_R 也增大，因此电压 U_O 有减小的趋势，即 U_Z 将减小，从而引起稳压管电流 I_Z 显著减小。而 $I_R=I_Z+I_L$，意味着 I_Z 的减小补偿了 I_L 的增大，最终使 I_R 基本保持不变，从而输出电压 U_O 也维持基本稳定。

由此可见，稳压管电路的稳压作用是靠稳压管稳压特性和限流电阻的电压调节作用相互配合来实现的。

4. 限流电阻的选择

在图 1.4.2 所示的稳压电路中，若限流电阻 R 的阻值太大，则流过 R 的电流 I_R 很小，当 I_L 增大时，稳压管的电流可能减小到临界值以下，失去稳压作用；若 R 的阻值太小，则 I_R 很大。当 R_L 很大或开路时，I_R 都流向稳压管，可能超过其允许的最大电流而造成损坏。因此，限流电阻 R 的阻值必须选择适当，才能保证稳压电路很好地实现稳压作用。

假设稳压管允许的最大工作电流为 I_{Zmax}、最小工作电流为 I_{Zmin}，输入电压 U_I 的变化范围为 $U_{Imin} \sim U_{Imax}$，负载电流的最小值为 I_{Lmin}、最大值为 I_{Lmax}，则要使稳压管能正常工作，必须满足下列关系。

（1）当输入电压最高而负载电流最小时，I_Z 的值最大，此时 I_Z 不应超过允许的最大值，即

$$\frac{U_{Imax}-U_Z}{R}-I_{Lmin}<I_{Zmax} \quad 或 \quad R>\frac{U_{Imax}-U_Z}{I_{Zmax}+I_{Lmin}} \tag{1.4.1}$$

式中，U_Z 为稳压管的标称稳压值。

（2）当输入电压最低而负载电流最大时，I_Z 的值最小，此时 I_Z 不应低于其允许的最小值，即

$$\frac{U_{Imin}-U_Z}{R}-I_{Lmax}>I_{Zmin} \quad 或 \quad R<\frac{U_{Imin}-U_Z}{I_{Zmin}+I_{Lmax}} \tag{1.4.2}$$

若式（1.4.1）及式（1.4.2）不能同时满足，如既要求 $R>500\Omega$，又要求 $R<400\Omega$，则说明给定条件已超出稳压管的工作范围，需限制输入电压 U_I 或负载电流 I_L 的变化范围，或者选用更大电流范围的稳压管。

【例 1.4.1】　在图 1.4.3 所示稳压电路中，已知稳压管参数为 $U_Z=12V$，$I_Z=5mA$，$I_{ZM}=50mA$，试分析：

（1）若 $U_I=3V$，$R_L=R$，求 U_O。

（2）若 $U_I=20V$，其允许变化量为 $\pm2V$，I_O 的变化范围为 $0\sim15mA$，试选择限流电阻 R 的阻值与功率。

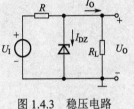

解：（1）当 $U_I=3V$ 时，稳压管反偏截止，因此

$$U_O=\frac{R_L}{R_L+R}U_I=\frac{3}{2}V=1.5V$$

图 1.4.3　稳压电路

（2）当 $U_I=20V$ 时，只要 R 值合适，稳压管可稳压工作。

当 U_I 最大且 I_O 最小时，流过稳压管的电流最大，R 值应使 $I_{DZ}\leq I_{ZM}$，即

$$R_{min}=\frac{U_{Imax}-U_Z}{I_{ZM}+I_{Omin}}=\frac{(20+2-12)V}{50mA}=200\Omega$$

当 U_I 最小且 I_O 最大时，流过稳压管的电流最小，R 值应使 $I_{DZ}\geq I_Z$，即

$$R_{max}=\frac{U_{Imin}-U_Z}{I_Z+I_{Omax}}=\frac{(20-2-12)V}{(5+15)mA}=300\Omega$$

应根据 $200\Omega\leq R\leq 300\Omega$ 选取 R 值。例如，若取 $R=270\Omega$，则 R 上的最大功耗为

$$P_{Rmax}=\frac{(U_{Imax}-U_Z)^2}{R}=\frac{(22V-12V)^2}{270\Omega}W\approx0.37W$$

考虑一定的安全裕量，可选用 270Ω、$1W$ 的电阻。

稳压二极管和普通二极管通常不能混用，选择和使用时需注意以下几点。

（1）稳压管工作在反向击穿区，普通二极管通常工作在正向导通区。

（2）稳压管反向击穿电压比普通二极管低，一般二极管的反向击穿电压为 $25\sim50V$，稳压管则较低，通常情况下，$6V$ 左右的稳压管最稳定。

（3）稳压管去掉反向击穿电压后，可以恢复正常，而普通二极管一旦反向击穿，则失去单向导电性，而且易于产生热击穿造成永久损坏。

1.5 其他特殊二极管

除了普通二极管和稳压二极管，二极管家族还有很多成员，下面简要介绍几种特殊二极管。

1. 变容二极管

变容二极管（Varactor Diode）是利用 PN 结的结电容可变的原理制成的半导体器件。变容二极管通常工作在反向偏置状态。前面已经讲到，当二极管反偏时结电容以势垒电容为主，而势垒电容的大小除了与本身结构尺寸和工艺有关，还与外加电压有关。当反偏电压增大时，势垒电容减小，改变反偏电压，即可改变其等效电容。图 1.5.1 给出了变容二极管的符号、电容量与外加电压的关系。

变容二极管应用十分广泛，特别是在高频技术中，如自动调谐、滤波电路、调频调幅、压控振荡器、频率的自动控制等电路中都有变容二极管的应用。

2. 光电二极管

光电二极管（Photo Diode）又称为光敏二极管，是一种能将光能转换为电能的二极管，广泛应用于光测量、光电控制、光纤通信等领域，还可以制成光电池，常见的传统太阳能电池就是通过大面积的光电二极管来产生电能的。光电二极管的特点是 PN 结的面积大，管壳上有透光的窗口便于接收光的照射。光电二极管的外形如图 1.5.2 所示。

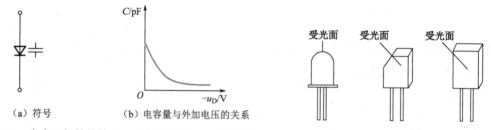

（a）符号　　（b）电容量与外加电压的关系

图 1.5.1　变容二极管的符号、电容量与外加电压的关系　　图 1.5.2　光电二极管的外形

光电二极管的符号如图 1.5.3（a）所示。光电二极管工作时，在电路中处于反向偏置。当无光照时，它的伏安特性和普通二极管一样，其反向电流很小，称为暗电流。当有光照时，半导体中的价电子获得了能量挣脱共价键的束缚，产生的电子−空穴对增多，使流过 PN 结的电流随着光照强度的增加而剧增，此时的反向电流称为光电流。在一定的反向电压范围内，反向电流与光照度 E 成正比关系。光电二极管的特性曲线如图 1.5.3（b）所示。

3. 发光二极管

发光二极管（Light Emitting Diode，LED）是一种将电能转换为光能的半导体器件，其符号如图 1.5.4 所示。发光二极管包含可见光、不可见光、激光等类型。发光二极管的结构与普通二极管一样，是由 PN 结组成的，伏安特性曲线也类似，同样具有单向导电性。但正向导通电压比普通二极管高，红色的导通电压在 1.6～1.8V 范围内，绿色的为 2V 左右。当发光二极管加上正向电压后，注入到 N 区和 P 区的载流子被复合而释放能量，当电流增加到一定值时开始发光，发光的亮度与正向电流成正比。电流越大，发光的亮度越强。

发光二极管由于体积小、工作电压低、工作电流小、发光均匀稳定、响应速度快、寿命长等优点，被广泛应用于各种电子电路、家电、仪器设备，作为电源指示、报警指示、输入/输出指示等，还可用多个 PN 结按分段式制成数码管或阵列显示器。

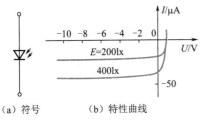

(a) 符号　　　(b) 特性曲线

图 1.5.3　光电二极管的符号和特性曲线

图 1.5.4　发光二极管的符号

本 章 小 结

本章首先介绍了半导体的基本知识，进而从微观角度探讨了 PN 结的形成机理和特性，为后续半导体器件的特性理解打下基础；然后重点介绍了半导体二极管的基本结构、符号和分类、伏安特性、主要参数、等效模型、电路分析基本方法和典型应用；最后简要介绍了稳压二极管等几种特殊二极管的原理及应用。

（1）半导体是一类导电特性介于导体和绝缘体之间的物质，其具有光敏性、热敏性和掺杂性等特性，硅和锗是两种常用的制造半导体器件的材料。

（2）本征半导体是纯净的、不含其他杂质的半导体。本征激发成对产生自由电子和空穴两种载流子，本征激发与温度密切相关。

（3）在本征半导体中掺杂少量的有用杂质，可以形成 P 型和 N 型两种杂质半导体。

（4）当把 P 型半导体和 N 型半导体结合在一起时，在多子扩散运动和少子漂移运动的平衡状态下，在两者的交界处形成 PN 结，PN 结具有单向导电性，是制造各种半导体器件的基础。PN 结有两种结电容，即扩散电容和势垒电容，因此半导体器件对信号的频率敏感。

（5）二极管就是利用一个 PN 结加上外壳，引出两个电极而制成的。二极管的伏安特性综合反映了二极管的特性。伏安特性可以划分为死区、正向导通区、反向截止区和反向击穿区，其对应的参数分别为死区电压 U_{th}、导通压降 U_{on}、反向饱和电流 I_S 与反向击穿电压 U_{BR}。二极管（PN 结）电流方程也可以近似描述二极管伏安特性。二极管的特性受温度影响。

（6）二极管的主要参数有最大整流电流、最高反向工作电压、反向饱和电流等。

（7）为了简化二极管电路分析，利用等效建模的理念，建立二极管线性等效模型，包括理想模型、恒压降模型、折线模型、交流小信号模型等。

（8）稳压二极管工作在反向击穿区时，即使流过二极管的电流变化很大，而两端的电压变化很小，因此可以在电路中起到稳压作用。

（9）其他特殊二极管还包括利用 PN 结的结电容效应制成的变容二极管、利用 PN 结光敏性制成的光电二极管和利用发光材料制成的发光二极管等，这些特殊二极管也都具有单向导电性。

习 题 一

习题一

答案

1.1　判断下列说法的正、误，在相应的括号内画 √ 表示正确，画 × 表示错误。

（1）掺杂半导体因含有杂质，所以在制造半导体器件时是没有用处的。（　　）

（2）N 型半导体可以通过在纯净半导体中掺入 3 价硼元素而获得。（　　）

（3）在 P 型半导体中，掺入高浓度的 5 价磷元素可以改型为 N 型半导体。（　　）

（4）P 型半导体带正电，N 型半导体带负电。（　　）

（5）PN 结内的漂移电流是少数载流子在内电场作用下形成的。（　　）

（6）由于 PN 结交界面两边存在电位差，因此当把 PN 结两端短路时就有电流流过。（　　）

（7）PN 结方程既描写了 PN 结的正向特性和反向特性，又描写了 PN 结的反向击穿特性。（　　）

（8）稳压管是一种特殊的二极管，它通常工作在反向击穿状态（　　），不允许工作在正向导通状态（　　）。

1.2　选择填空，将正确选项填入空内。

（1）在本征半导体中，空穴浓度_____自由电子浓度；在 N 型半导体中，空穴浓度_____自由电子浓度；在 P 型半导体中，空穴浓度_____自由电子浓度。

A．大于　　　　　　B．小于　　　　　　C．等于

（2）N 型半导体中多数载流子是_____，P 型半导体中多数载流子是_____。

A．空穴　　　　　　　　　　B．自由电子

（3）N 型半导体_____，P 型半导体_____。

A．带正电　　　　B．带负电　　　　C．呈中性

（4）PN 结中扩散电流的方向是_____，漂移电流的方向是_____。

A．从 P 区到 N 区　　　　　　B．从 N 区到 P 区

（5）在杂质半导体中，多数载流子的浓度主要取决于_____，而少数载流子的浓度与_____关系十分密切。

A．温度　　　　B．掺杂工艺　　　　C．杂质浓度

（6）普通小功率硅二极管的正向导通压降为_____，反向电流一般_____；普通小功率锗二极管的正向导通压降为_____，反向电流一般_____。

A．0.1～0.3V　　　　　　B．0.6～0.8V

C．小于 1μA　　　　　　D．大于 1μA

（7）在保持二极管反向电压不变的条件下，二极管的反向电流随温度升高而_____；在保持二极管的正向电流不变的条件下，二极管的正向导通电压随温度升高而_____。

A．增大　　　　B．减小　　　　C．不变

（8）在图 P1.1 所示的电路中，当 V=3V 时，测得 I=1mA，U_D = 0.7V 。当 V 调到 6V 时，则 I 将为_____。

A．1mA　　　　　　B．大于 1mA，但小于 2mA

C．2mA　　　　　　D．大于 2mA

（9）变容二极管_____，（A1. 是二极管，B1. 不是二极管，C1. 是特殊二极管）它工作在_____状态。（A2. 正偏，B2. 反偏，C2. 击穿）

1.3　假设一个二极管在 50℃时的反向电流为 10μA，试问它在 20℃和 80℃时的反向电流大约分别为多大？已知温度每升高 10℃，反向电流大致增加一倍。

1.4　某二极管的伏安特性曲线如图 P1.2（a）所示。

（1）如果在二极管两端通过 1kΩ 的电阻加上 1.5V 的电压，如图 P1.2（b）所示，此时二极管的电流 i_D 和电压 u_D 各为多少？

（2）如果将图 P1.2（b）中的 1.5V 电压改为 3V，则二极管的电流和电压各为多少？

提示：可用图解法。

1.5　假设用模拟万用表的 $R×10$ 挡测得某个二极管的正向电阻为 200Ω，若改用 $R×100$ 挡测量同一个二极管，则测得的结果将比 200Ω 大还是小，还是正好相等？为什么？

提示：在使用万用表的欧姆挡时，表内电路为 1.5V 电池与一个电阻串联。但不同量程时这个串联电阻的值不同，$R×10$ 挡时的串联电阻值较 $R×100$ 挡时小。

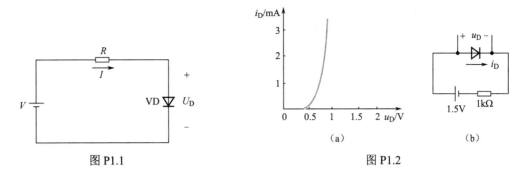

图 P1.1　　　　　　　　　　　　　　图 P1.2

1.6　在图 P1.3（a）所示电路中，已知 $u_I=10\sin\omega t$ V，$R_L=1k\Omega$，试在图 P1.3（b）中，对应画出二极管的电流 i_D、电压 u_D 以及输出电压 u_O 的波形，并在波形图上标出幅值。设二极管的正向压降和反向电流可以忽略。

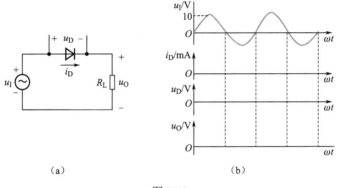

图 P1.3

1.7　求图 P1.4 所示电路中流过二极管的电流 I_D 和 A 点对地电压 U_A。设二极管的正向导通电压为 0.7V。

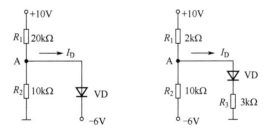

图 P1.4

1.8　假设图 P1.5 中二极管的正向压降为 0.7V，判断图中各二极管是否导通，并求出 U_O 的值。

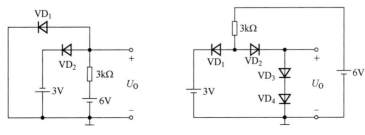

图 P1.5

1.9　假设图 P1.6（a）所示电路中二极管是理想的，输入电压 u_I 的波形如图 P1.6（b）所示，画出输出电压 u_O 的波形（关键点的幅度和时间要标明）。

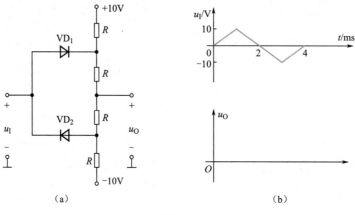

（a）　　　　　　　　　　　（b）

图 P1.6

1.10　如果使稳压管具有良好的稳压特性，它的工作电流 I_Z、动态内阻 r_Z 及温度系数 α_U 等各项参数，大一些好还是小一些好？

1.11　某稳压管在温度为 20℃、工作电流为 5mA 时，稳定电压 U_Z=10V，已知其动态电阻 r_Z=8Ω，电压的温度系数 α_U=0.09%/℃，试问：

（1）当温度不变，工作电流改为 20mA 时，U_Z 为多少？

（2）当工作电流仍为 5mA，但温度上升至 50℃时，U_Z 为多少？

1.12　已知图 1.7 所示电路中稳压管 VD_{Z1} 和 VD_{Z2} 的稳定电压分别为 6V 和 9V，求电压 U_O 的值。

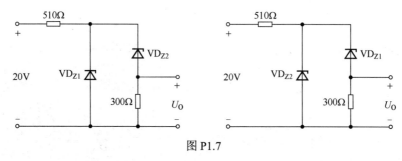

图 P1.7

1.13　在图 P1.8 中，已知电源电压 U=10V，R=200Ω，R_L=1kΩ，稳压管的 U_Z=6V，试求：

（1）稳压管中的电流 I_Z 是多少？

（2）当电源电压 U 升高到 12V 时，I_Z 将变为多少？

（3）当 U 仍为 10V，但 R_L 改为 2kΩ时，I_Z 将变为多少？

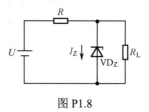

图 P1.8

第 2 章　双极型晶体管及其基本放大电路

思维导图 2:
双极型晶体管及其
基本放大电路

[内容提要]

　　本章首先介绍双极型晶体管的结构和分类、放大原理、伏安特性以及主要参数。然后明确放大的本质和技术指标，进而从直流偏置和交流组态两个层面来逐步构建基本放大电路。以单管共发射极放大电路为例，阐明放大电路的组成及实现放大作用的基本原理。接着介绍电子电路最常用的两种分析方法——图解法和微变等效电路法，并利用上述方法分析单管共发射极放大电路的静态工作点、电压放大倍数和输入/输出电阻。为了稳定静态工作点，介绍分压偏置静态工作点稳定电路。除了单管共发射极放大电路，还介绍放大电路的另外两种组态——共集电极组态放大电路和共基极组态放大电路，并对 3 种不同组态放大电路的特点进行列表比较。最后介绍复合管构成原理和特性。

2.1　双极型晶体管

　　双极型晶体管（Bipolar Junction Transistor，BJT）又称为半导体三极管，以下简称三极管。它是一种能够将输入电流进行放大的半导体元器件，因此常常是组成各种电子电路，特别是放大电路的核心器件。三极管有 3 个电极，其常见外形如图 2.1.1 所示。

　　三极管种类很多，按照制造材料可分为硅管和锗管等；按照工作频率可分为高频管、低频管等；按照功率可分为大功率三极管、中功率三极管和小功率三极管等。无论采用哪种材料，从三极管的结构来看，都有 NPN 和 PNP 两种类型，它们的工作原理是类似的。下面主要以 NPN 型为例进行讨论。

　（a）低频大功率三极管　　　（b）硅铜塑封三极管　　　（c）塑封管　　（d）小功率三极管　　（e）贴片三极管

图 2.1.1　三极管的常见外形

2.1.1　三极管的结构和符号

　　通过不同的掺杂方式在一个硅（或锗）片上形成 3 个掺杂区，两个 N 区夹一个 P 区（NPN 型）或两个 P 区夹一个 N 区（PNP 型）。从 3 个区域各引出一个电极，分别命名为发射极（e）、基极（b）和集电极（c），3 个电极对应的区域分别称为发射区、基区和集电区。3 个区之间自然形成两个 PN 结，其中靠近发射极的 PN 结称为发射结，靠近集电极的 PN 结称为集电结。因此，三极管的结构可以概括为"3 个极、3 个区、2 个结"。NPN 型和 PNP 型三极管的结构和符号如图 2.1.2 所示。显然，三极管符号中的发射极上箭头的指向是发射结正偏时发射极电流的实际方向。

　　由于 NPN 型和 PNP 型三极管的工作原理相似，因此本章主要讨论 NPN 型三极管及其电路，结论对于 PNP 型三极管同样适用，只是两者所需偏置电压的极性和 3 个电极的电流方向相反，请读者举一反三。

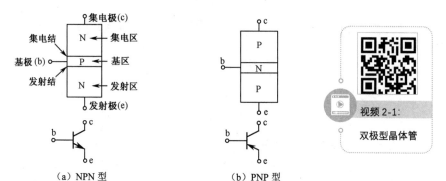

视频 2-1：
双极型晶体管

（a）NPN 型   （b）PNP 型

图 2.1.2   NPN 型和 PNP 型三极管的结构和符号

2.1.2   三极管的放大作用和载流子的运动

1. 三极管放大的条件

三极管最显著的特性是能够实现电流的放大。从以上 NPN 型三极管的结构来看，似乎相当于两个二极管（PN 结）背靠背地串联在一起，如图 2.1.3 所示。但是，假设将两个单独的二极管按如图 2.1.3 所示连接起来，将会发现它们并不具有放大作用。事实上，为了保证三极管能够放大，三极管必须满足特定的内部结构和外部偏置两个方面的条件。

视频 2-2：
晶体管的放大原理

从三极管的内部结构来看，三极管的 3 个区的制造工艺和掺杂浓度均不相同。其中，基区做得很薄，通常只有几微米到几十微米，而且掺杂浓度最低，这意味着基区中多子的浓度很低。而发射区和集电区虽然都是同种类型的杂质半导体，但是两者有明显区别：发射区掺杂浓度最高，因而其中的多子浓度很高，而集电区掺杂浓度低于发射区，但面积比较大，有利于收集载流子。由此可见，三极管的结构不对称，发射极和集电极不能互换使用。

从外部条件来看，外加电源的极性应使发射结处于正向偏置状态，而集电结处于反向偏置状态，即对于 NPN 型三极管来说，要求 3 个电极的电位满足 $V_b>V_e$、$V_c>V_b$；对于 PNP 型三极管来说，则要求 $V_b<V_e$、$V_c<V_b$。

2. 载流子传输过程

在满足上述内部和外部条件的情况下，三极管内载流子的运动有以下 3 个过程。

（1）发射结正偏，扩散运动形成发射极电流。由于发射结正向偏置，因此外加电场有利于多子的扩散运动。又因为发射区的多子（自由电子）的浓度很高，所以大量的电子不断通过发射结扩散到基区，形成扩散电流 I_{EN}，其方向与电子运动方向相反，如图 2.1.4 所示。与此同时，基区中的多子（空穴）也向发射区扩散而形成空穴电流 I_{EP}，上述电子电流和空穴电流的总和就是发射极电流 I_E。由于基区中空穴的浓度比发射区中自由电子的浓度低得多，因此与 I_{EN} 相比，I_{EP} 可以忽略。可以认为，I_E 主要由发射区发射的电子电流所产生，即

$$I_E=I_{EN}+I_{EP}\approx I_{EN}$$

（2）载流子在基区复合和扩散，形成复合电流。电子到达基区后，使得发射结附近的电子浓度远高于集电结附近的电子浓度，形成浓度差。因此在基区内电子由高浓度的发射结一侧向集电结附近扩散。在扩散的过程中，部分自由电子与基区中的多子空穴复合，形成复合电流 I_{BN}，基区被复合掉的空穴由外电源 V_{BB} 不断进行补充。由于基区很薄，而且掺杂浓度很低，自由电子与空穴复合的机会很少，因此基极电流 I_{BN} 比发射极电流 I_E 小得多。大多数自由电子在基区中继续扩散，到达靠近集电结一侧。

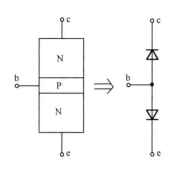

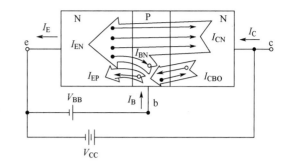

图 2.1.3　三极管中的两个 PN 结　　　　　　图 2.1.4　三极管内部载流子的运动和各极电流

（3）集电结反偏，漂移运动形成集电极电流。由于集电结反偏，外电场将阻止集电区多子（自由电子）向基区运动，而对基区中扩散到达集电结一侧的自由电子有很强的吸引作用，使其漂移穿过集电结，被集电区收集，形成漂移电流 I_{CN}，其方向与自由电子漂移运动方向相反。同时，基区的少子（自由电子）和集电区的少子（空穴）也在集电结的反偏作用下进行漂移运动，形成集电结反向电流，用 I_{CBO} 表示。I_{CN} 和 I_{CBO} 共同构成了集电极电流 I_C。

可以看出，在三极管放大的过程中，两种载流子（自由电子和空穴）都参与了导电，故称为双极型晶体管（三极管）。

3．三极管的电流分配关系

综上所述，可将管内载流子的运动及各电极电流示于图 2.1.4 中。由图 2.1.4 中的电流关系可以看出

$$I_E = I_{EN} + I_{EP} = I_{CN} + I_{BN} + I_{EP} \tag{2.1.1}$$

$$I_B = I_{BN} + I_{EP} - I_{CBO} \tag{2.1.2}$$

$$I_C = I_{CN} + I_{CBO} \tag{2.1.3}$$

综合式（2.1.1）～式（2.1.3），三极管的 3 个电极电流满足

$$I_E = I_B + I_C \tag{2.1.4}$$

I_E 在基极电流和集电极电流之间的分配比例主要取决于基区的宽度、发射区多子的浓度。为了描述这种分配关系和各极电流之间的比例关系，定义如下参数。

（1）共基极直流电流放大系数。把 I_{CN} 与发射极电流 I_E 之比定义为三极管共基极直流电流放大系数，即

$$\bar{\alpha} = I_{CN} / I_E \approx I_C / I_E \tag{2.1.5}$$

显然，$\bar{\alpha}$ 小于 1 而接近于 1，它反映了发射极电流对集电极电流的控制作用。

（2）共发射极直流电流放大系数。将式（2.1.5）代入式（2.1.3）有

$$I_C = I_{CN} + I_{CBO} = \bar{\alpha} I_E + I_{CBO} = \bar{\alpha}(I_B + I_C) + I_{CBO} \tag{2.1.6}$$

整理得

$$I_C = \frac{\bar{\alpha}}{1 - \bar{\alpha}} I_B + \frac{I_{CBO}}{1 - \bar{\alpha}} \tag{2.1.7}$$

定义 $\bar{\beta} = \dfrac{\bar{\alpha}}{1 - \bar{\alpha}}$ 为共发射极直流电流放大系数。所以

$$I_C = \bar{\beta} I_B + \left(1 + \bar{\beta}\right) I_{CBO} = \bar{\beta} I_B + I_{CEO} \approx \bar{\beta} I_B \tag{2.1.8}$$

其中，穿透电流 I_{CEO} 为　　　　　　$$I_{CEO} = \left(1 + \bar{\beta}\right) I_{CBO} \tag{2.1.9}$$

故

$$\bar{\beta} \approx \frac{I_C}{I_B} \tag{2.1.10}$$

一般而言，$\overline{\beta}$ 为几十到几百，它表明了基极电流对集电极电流的控制能力，也体现了三极管具有电流放大能力。晶体管不但对直流电流具有放大作用，对交流信号也具有放大能力，在放大状态下，基极电流有一个微小的变化量 Δi_{B} 时，相应的集电极电流将产生较大的变化量 Δi_{C}。两者之间的关系为

$$\beta = \frac{\Delta i_{\mathrm{C}}}{\Delta i_{\mathrm{B}}} \tag{2.1.11}$$

式中，β 为共发射极交流电流放大系数，它直接体现了三极管的电流放大作用。

2.1.3 三极管的特性曲线

三极管的特性曲线是管子内部载流子运动的外部表现，能全面地描述三极管的各极电流和电压之间的关系，直观地反映三极管的性能，是分析和设计三极管电路的基础。本节主要介绍 NPN 型三极管的共射特性曲线。

逐点测试三极管共射输入、输出特性曲线的电路，如图 2.1.5 所示。由于该电路的输入回路和输出回路公用了发射极，因此为共射极接法。

1. 输入特性

当 u_{CE} 不变时，输入回路中的电流 i_{B} 与电压 u_{BE} 之间的关系曲线称为输入特性曲线，可用以下表达式来表示。

$$i_{\mathrm{B}} = f\left(u_{\mathrm{BE}}\right)\Big|_{u_{\mathrm{CE}} = 常数} \tag{2.1.12}$$

每改变一个 u_{CE}，都可测得一条特性曲线。可见，输入特性是一个曲线簇。图 2.1.6 展示了 u_{CE} 分别为 0 和 2V 两种情况下的输入特性曲线。

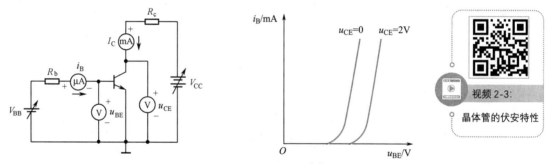

图 2.1.5 三极管共射输入、输出特性曲线测试电路   图 2.1.6 三极管的输入特性曲线

当 $u_{\mathrm{CE}}=0$ 时，从三极管的输入回路来看，基极和发射极之间相当于两个 PN 结（发射结和集电结）并联，所以三极管的输入特性曲线与二极管（PN 结）的正向特性曲线相似，也具备死区和正向导通区，当发射结正偏导通时，硅管的 u_{BE} 为 0.6～0.8V。当 u_{CE} 增大时，集电极收集自由电子的能力逐渐增强，从而减小了基区中自由电子和空穴复合的机会，即在相同的 u_{BE} 下，i_{B} 将减小，因此输入特性曲线将右移。

当 u_{CE} 大于某一数值（如 1V）以后，在一定的 u_{BE} 下，集电结的反向偏置电压已足以将注入基区的电子基本上都收集到集电极，即使 u_{CE} 再增大，i_{B} 也不会减小很多。因此，u_{CE} 大于某一数值以后，不同 u_{CE} 对应的输入特性曲线十分密集，几乎重叠在一起，所以常常用 u_{CE} 大于 1V 时的一条输入特性曲线（如 $u_{\mathrm{CE}}=2$V）来代表 u_{CE} 更高的情况。在实际的放大电路中，三极管的 u_{CE} 一般都大于零，因而 u_{CE} 大于 1V 时的输入特性更有实用意义。

2. 输出特性

当 i_{B} 不变时，输出回路中的电流 i_{C} 与电压 u_{CE} 之间的关系曲线称为输出特性曲线。其表达式为

$$i_{\mathrm{C}} = f\left(u_{\mathrm{CE}}\right)\Big|_{i_{\mathrm{B}} = 常数} \tag{2.1.13}$$

NPN 型三极管的输出特性曲线如图 2.1.7 所示。可以看到，每个 I_B 都对应一条输出特性曲线。当 u_{CE} 较小（特性曲线靠近纵轴的部分）时，集电结还没有反偏，随着 u_{CE} 逐渐增大，集电区收集自由电子的能力逐渐增强，i_C 逐渐增大；当 u_{CE} 增大到一定的值时，集电结完全反偏，此时漂移进入集电区的自由电子数量基本稳定，即 i_C 不再增大，表现出恒流状态。

三极管发射结、集电结的偏置状态与工作状态的关系如表 2.1.1 所示。

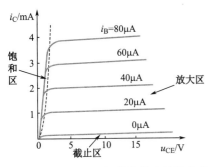

图 2.1.7　NPN 型三极管的输出特性曲线

表 2.1.1　三极管发射结、集电结的偏置状态与工作状态的关系

工作状态	发射结偏置状态	集电结偏置状态
截止	反偏或零偏	反偏
放大	正偏	反偏
饱和	正偏	正偏或零偏

在输出特性曲线上可以划分为 3 个区域：放大区、饱和区与截止区。

（1）放大区。当三极管满足发射结正偏、集电结反偏条件时，其工作于放大状态。在放大区内，各条输出特性曲线比较平坦，近似为水平的直线，表示当 i_B 一定时，i_C 的值基本上不随 u_{CE} 而变化。此时，i_C 的大小几乎只受控于 i_B，因此三极管是一种电流控制器件。同时放大区的特性曲线之间几乎等距，这意味着集电极电流的变化量 Δi_C 与基极电流的变化量 Δi_B 之比基本为一常量，这就是前面定义的共射交流电流放大系数 β，即

$$\Delta i_C = \beta \Delta i_B \qquad\qquad (2.1.14)$$

（2）饱和区。各条输出特性曲线的上升部分属于三极管的饱和区，如图 2.1.7 中纵坐标附近虚线以左的部分。三极管工作在饱和区时，发射结和集电结都处于正向偏置状态。也就是说，当 u_{CE} 较小时，管子的集电极电流 i_C 基本上不随基极电流 i_B 而变化，这种现象称为饱和。在饱和区，三极管失去了放大作用，此时不能用 β 来描述 i_C 和 i_B 的关系。

一般认为，当 $u_{CE} = u_{BE}$，即 $u_{CB} = 0$ 时，三极管达到临界饱和状态。当 $u_{CE} < u_{BE}$ 时，称为过饱和。三极管饱和时的集电极与发射极间的压降用 U_{CES} 表示，一般小功率硅三极管的饱和管压降 $U_{CES} < 0.4V$。

（3）截止区。当发射结和集电结都反偏时，发射区不再向基区注入电子，则 $i_B \leq 0$，三极管处于截止状态，没有放大作用。一般将 $i_B \leq 0$ 的区域称为截止区。在图 2.1.7 中，对应于 $i_B = 0$ 的曲线以下的部分，此时 i_C 也近似为零。

其实，当 $i_B = 0$ 时，集电极回路的电流并不真正为零，而是有一个较小的穿透电流 I_{CEO}，硅三极管的穿透电流通常小于 1μA，锗三极管的穿透电流为几十微安到几百微安。

各种型号三极管的特性曲线可从半导体器件手册查得。测试某个三极管的特性曲线，除了逐点测试，还可利用专用的晶体管特性图示仪，它能够在荧光屏上完整地显示三极管的特性曲线簇。

显然，在放大电路中，应使三极管工作于放大区，以实现信号的放大。而当三极管处于饱和状态时，其 u_{CE} 很小，即集电极和发射极之间的压降很小，可以近似等效为短路；当三极管处于截止状态时，其 i_C 约为 0，集电极和发射极之间可等效成开路。由此可见，晶体管除了具有放大能力，还具有开关作用，这一特性使得三极管也可以被广泛应用于数字电路中。

3. 三极管工作状态的判定

通常判定三极管处于哪种工作状态可用下述 3 种方法。

（1）三极管结偏置的判定法。由前面的介绍可知，不同工作区的发射结和集电结偏置状态不同，如表 2.1.1 所示。在实际电路中，可通过 3 个电极电位的测量来判断结偏置状态，从而确定三极管的工作区。

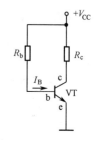

图 2.1.8　NPN 型三极管组成的共射电路

（2）三极管电流关系判定法。NPN 型三极管组成的共射电路如图 2.1.8 所示。为了确定该电路中三极管的工作状态，可以假设三极管处于临界饱和状态，即假设 $U_{CE}=U_{CES}$，则可求得三极管临界饱和时基极电流 I_{BS}，即

$$I_{BS} = \frac{V_{CC} - U_{CES}}{\beta R_c} \tag{2.1.15}$$

将该临界值与电路实际的基极电流 I_B 比较，即可确定三极管的工作区，如表 2.1.2 所示。

通常对硅管而言，临界饱和时三极管集电极、发射极间的饱和压降 $U_{CES}=0.7V$，深度饱和时的 U_{CES} 为 0.1～0.3V。

（3）三极管电位判定法。共射电路三极管基极电位 V_B、集射极电位 V_C 与工作状态的关系，如表 2.1.3 所示。

表 2.1.2　三极管中电流与工作状态的关系

工作状态	I_B	I_C	I_E
截止	$I_B \leq 0$	$< I_{CEO}$	$< I_{CEO}$
放大	$0 < I_B < I_{BS}$	βI_B	$I_B + I_C = (1+\beta)I_B$
饱和	$I_B \geq I_{BS}$	$< \beta I_B$	$< (1+\beta)I_B$

表 2.1.3　三极管电位 V_B、V_C 与工作状态的关系

工作状态	V_B/V	V_C/V
截止	≤ 0	V_{CC}
放大	0.7	$U_{CES} < V_C < V_{CC}$
饱和	0.7	U_{CES}

在 3 种判定方法中，第三种常用于实验测定，而第二种则常用于理论分析。

【例 2.1.1】　NPN 型三极管接成图 2.1.9 所示的 3 种电路。试分析电路中三极管 VT 处于哪种工作状态。假设 VT 的 $U_{BE}=0.7V$，临界饱和压降 $U_{CES}=0.7V$。

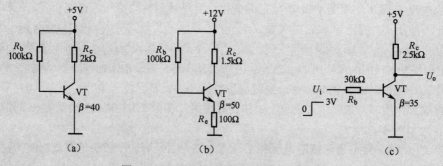

图 2.1.9　NPN 型三极管接成的 3 种电路

解：采用电流关系判定法分析三极管 VT 的状态。

（1）对于图 2.1.9（a）所示的电路，基极偏置电流 I_B 为

$$I_B = \frac{V_{CC} - U_{BE}}{R_b} = \frac{(5 - 0.7)V}{100k\Omega} = 0.043mA = 43\mu A$$

临界饱和时的基极偏置电流 I_{BS} 为

$$I_{BS} = \frac{V_{CC} - U_{CES}}{\beta R_c} \approx \frac{(5 - 0.7)V}{40 \times 2k\Omega} \approx 0.054mA = 54\mu A$$

由于 $I_B < I_{BS}$，因此三极管 VT 处于放大状态。

（2）图 2.1.9（b）所示电路中考虑到三极管发射极有电阻 R_e，故基极偏置电流 I_B 的表达式应为

$$I_B = \frac{V_{CC} - U_{BE}}{R_b + (1+\beta)R_e} = \frac{(12-0.7)\text{V}}{100\text{k}\Omega + 51 \times 0.1\text{k}\Omega} \approx 0.11\text{mA}$$

而 I_{BS} 的计算式为

$$I_{BS} = \frac{V_{CC} - U_{CES}}{\beta(R_c + R_e)} = \frac{(12-0.7)\text{V}}{50 \times (1.5+0.1)\text{k}\Omega} \approx 0.14\text{mA}$$

由于 $I_B < I_{BS}$，因此图 2.1.9（b）所示电路中三极管 VT 也处于放大状态。

（3）对图 2.1.9（c）所示电路的讨论，应分为 $U_i=0$ 和 $U_i=3$V 两种情况。

① 当 $U_i=0$ 时，三极管的发射结无正向偏置，故三极管 VT 处于截止状态。

② 当 $U_i=3$V 时，可直接求得 I_B，即

$$I_B = \frac{U_i - U_{BE}}{R_b} = \frac{(3-0.7)\text{V}}{30\text{k}\Omega} \approx 0.077\text{mA}$$

临界饱和基极偏置电流 I_{BS} 为

$$I_{BS} = \frac{V_{CC} - U_{CES}}{\beta R_c} = \frac{(5-0.7)\text{V}}{35 \times 2.5\text{k}\Omega} \approx 0.049\text{mA}$$

因为 $I_B > I_{BS}$，所以图 2.1.9（c）所示电路中的三极管 VT 处于饱和状态。

2.1.4 三极管的主要参数

1. 电流放大系数

三极管的电流放大系数是表征其放大作用大小的参数。综合前面的讨论，有以下几个参数。

（1）共射电流放大系数体现共射接法时三极管的电流放大作用。根据放大信号类型的不同，可以分为共射直流电流放大系数 $\bar{\beta}$ 和共射交流电流放大系数 β。

β 的定义为集电极电流与基极电流的变化量之比，即

$$\beta = \frac{\Delta i_C}{\Delta i_B} \tag{2.1.16}$$

当忽略穿透电流 I_{CEO} 时，$\bar{\beta}$ 近似等于集电极电流与基极电流的直流量之比，即

$$\bar{\beta} \approx \frac{I_C}{I_B} \tag{2.1.17}$$

虽然两个电流放大系数的物理含义不尽相同，但是当三极管工作于放大区，也就是输出特性曲线较为平坦时，$\bar{\beta}$ 和 β 的数值较为接近。因此，在通常情况下，可认为 $\bar{\beta} = \beta$。

（2）共基电流放大系数体现共基接法时三极管的电流放大作用，可以分为共基直流电流放大系数 $\bar{\alpha}$ 和共基交流电流放大系数 α，通常情况下两种可以混用。

α 的定义为集电极电流与发射极电流的变化量之比，即

$$\alpha = \frac{\Delta i_C}{\Delta i_E} \tag{2.1.18}$$

当忽略反向饱和电流 I_{CBO} 时，$\bar{\alpha}$ 近似等于集电极电流与发射极电流的直流量之比，即

$$\bar{\alpha} \approx \frac{I_C}{I_E} \tag{2.1.19}$$

通过前面的分析已经知道，β 和 α 这两个参数不是独立的，而是互有联系的，二者之间存在以下关系

$$\alpha = \frac{\beta}{1+\beta} \quad \text{或} \quad \beta = \frac{\alpha}{1-\alpha} \tag{2.1.20}$$

2. 极间反向电流

（1）集电极-基极间反向饱和电流 I_{CBO}。I_{CBO} 是指当发射极 e 开路时，集电极 c 和基极 b 之间的反向电流。测量 I_{CBO} 的电路如图 2.1.10（a）所示。一般小功率锗三极管的 I_{CBO} 为几微安至几十微安，硅三极管的 I_{CBO} 要小得多，有的可以达到纳安数量级。

（2）集电极-发射极之间的穿透电流 I_{CEO}。I_{CEO} 是指当基极 b 开路时，集电极 c 和发射极 e 之间的电流。测量 I_{CEO} 的电路如图 2.1.10（b）所示。

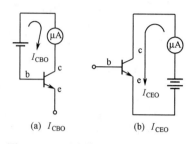

(a) I_{CBO} 　　(b) I_{CEO}

图 2.1.10　反向饱和电流的测量电路

由式（2.1.9）可知，上述两个反向电流之间存在以下关系

$$I_{CEO} = \left(1 + \bar{\beta}\right) I_{CBO} \tag{2.1.21}$$

因此，若三极管的 $\bar{\beta}$ 值越大，则该管的 I_{CEO} 也越大。

在实际工作中选用三极管时，要求 I_{CBO} 和 I_{CEO} 尽可能小一些，这两个反向电流的值越小，表明三极管的质量越好，性能越稳定。

3. 极限参数

三极管的极限参数是指使用时不得超过的限度，以保证三极管的安全或保证三极管参数的变化不超过规定的允许值。

（1）集电极最大允许电流 I_{CM}。当集电极电流过大时，三极管的 β 值将减小。当 $i_C = I_{CM}$ 时，管子的 β 值下降到额定值的 2/3，导致三极管放大能力减弱。工程上应使 I_{CM} 大于实际最大工作电流 i_{cmax} 的 2 倍以上。

（2）极间反向击穿电压。极间反向击穿电压是指外加在三极管各电极之间的最大允许反向电压。若超过这个极限电压，则三极管的反向电流将急剧增大，甚至三极管可能被击穿而损坏。极间反向击穿电压主要有以下两项。

① $U_{(BR)CEO}$：基极开路时，集电极和发射极之间的反向击穿电压。

② $U_{(BR)CBO}$：发射极开路时，集电极和基极之间的反向击穿电压。

（3）集电极最大允许耗散功率 P_{CM}。当三极管工作时，集电结上消耗的功率为 $P_C = i_C u_{CE}$，此功率将使三极管的温度升高。如果温度过高，将导致三极管的性能恶化甚至被损坏，所以集电极损耗功率应小于最大允许耗散功率 P_{CM}。

根据给定的极限参数 P_{CM}、I_{CM} 和 $U_{(BR)CEO}$，可以在三极管的输出特性曲线上画出其安全工作区，如图 2.1.11 所示。

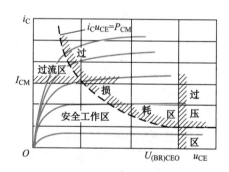

图 2.1.11　三极管的安全工作区

4. 温度对晶体管特性的影响

在晶体管工作时，管内多数载流子和少数载流子均参与导电，而少子的浓度与工作温度有着密切的联系，所以三极管的特性和参数在多方面受温度的影响。

（1）温度对输入特性的影响。和二极管正向特性受温度的影响机理一样，若温度升高，对相同的 u_{BE}，i_B 增大，输入特性曲线左移，如图 2.1.12 所示。u_{BE} 随温度变化的规律为 $\Delta u_{BE}/\Delta T = -(2 \sim 2.5)\,\mathrm{mV/℃}$。

（2）温度对 β 的影响。若温度升高，电子运动更加剧烈，使得在基区中的自由电子被复合的机会变小，从而更多地漂移到集电区，使得 I_C 增大，β 提高，其变化规律是温度每升高 1℃，β 值增大 0.5%~1%，即有 $\dfrac{\Delta\beta}{\beta\Delta T} \approx (0.5 \sim 1)\% / ℃$。

（3）温度对 I_{CBO}、I_{CEO} 的影响。I_{CBO} 和 I_{CEO} 都是由少数载流子的运动形成的，所以对温度非常敏感。当温度升高时，I_{CBO} 和 I_{CEO} 都将急剧地增大。在室温下，温度每上升 10℃，I_{CBO} 大约增大为原来的 2 倍。因 $I_{CEO} = \left(1 + \overline{\beta}\right) I_{CBO}$，故温度升高，$I_{CEO}$ 也提高。

（4）温度对输出特性的影响。由于温度升高，使 I_{CBO}、I_{CEO} 和 β 增大，对同样的 i_B，i_C 将增大，从而使输出特性曲线向上移，且间距拉大，如图 2.1.13 所示。

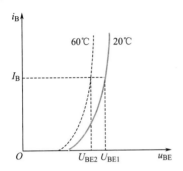

图 2.1.12　输入特性受温度的影响

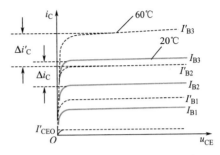

图 2.1.13　输出特性受温度的影响

2.1.5　特殊三极管

1. 光敏三极管

光敏三极管又称为光电三极管，它是在光敏二极管的基础上发展起来的光电器件，光敏三极管常用的材料是硅，它是靠光的照射强度来控制电流的器件，可等效看作一个光电二极管与一个三极管的结合，所以它具有放大作用。其等效电路和符号如图 2.1.14 所示，一般仅引出集电极和发射极，其外形与发光二极管一样，也有引出基极的光电三极管，它常作为温度补偿用。

光敏三极管的输出特性与一般晶体管相似，差别仅在于参变量不同，晶体管的参变量为基极电流，而光敏三极管的参变量是入射的光照度 E，如图 2.1.15 所示。

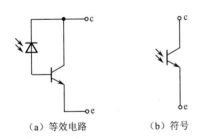

（a）等效电路　　　（b）符号

图 2.1.14　光敏三极管的等效电路和符号

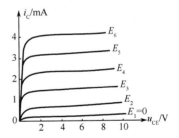

图 2.1.15　光敏三极管的输出特性

当无光照射时，流过光敏三极管的电流就是正常情况下光敏三极管集电极与发射极之间的穿透电流 I_{CEO}，称为光敏三极管的暗电流，它受温度的影响很大，温度每升高 25℃，I_{CEO} 约上升 10 倍。当有光照射时，集电极电流称为光电流，当管压降 u_{CE} 足够大时，i_C 仅仅取决于入射的光照度 E。

光敏三极管的主要参数有暗电流、光电流、集电极-发射极击穿电压、最高工作电压、最大集电极功耗、峰值波长、光电灵敏度等。

2. 光耦合器

光耦合器（Optical Coupler，OC）也称为光电隔离器，简称光耦，它是以光为媒介来传输电信号的器件。通常把发光器（如发光二极管）与受光器（如光敏三极管、光敏二极管等）封装在同一个管壳内。常用的三极管光耦合器的原理图如图 2.1.16 所示。

当输入端加电信号时发光器发出光线，受光器接收光线之后就产生光电流，从输出端流出，从而实现了"电—光—电"转换。光耦合器以光为媒介传输电信号，输入回路与输出回路之间各自独立，没有电气联系，也没有共地，因而具有良好的电绝缘能力和抗干扰能力，光电耦合可起到很好的安全保障作用，即使当外部设备出现故障，甚至输入信号线短接时，也不会损坏仪表。因为光耦合器的输入回路和输出回路之间可以承受几千伏的高压，并且工作稳定、无触点、使用寿命长、传输效率高，现已被广泛应用于电气绝缘、电

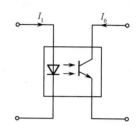

图 2.1.16　常用的三极管光耦合器的原理图

平转换、级间耦合、驱动电路、开关电路、斩波器、多谐振荡器、信号隔离、级间隔离、脉冲放大电路、数字仪表、远距离信号传输、脉冲放大、固态继电器（SSR）、仪器仪表、通信设备及微机接口中。在单片开关电源中，利用线性光耦合器可构成光耦反馈电路，通过调节控制端电流来改变占空比，达到精密稳压目的。

光耦合器的技术参数主要有发光二极管正向压降 U_F、正向电流 I_F、电流传输比（CTR）、输入级与输出级之间的绝缘电阻、集电极-发射极反向击穿电压 $U_{(BR)CEO}$、集电极-发射极饱和压降。

2.2　放大电路的基本概念和技术指标

2.2.1　放大电路的基本概念

放大电路的应用十分广泛，我们从传感器获得的电信号和经过系统处理过的信号往往比较微弱，因此为了后续的处理和应用，在电子系统的前置模块和输出驱动模块中往往都有各种各样的放大电路。例如，从收音机天线接收到的信号，或者从传感器得到的信号，有时只有微伏或毫伏数量级，必须经过放大才能驱动扬声器发出声音，或者驱动指示设备和执行机构，便于进行观察、记录和控制。

1. 放大的本质和要求

放大电路的结构示意图如图 2.2.1 所示。放大电路的作用是把微弱的电信号（电压、电流和功率）放大到所需的量级。也就是说，放大的基本特征是功率放大，即负载上获得比输入信号大得多的电压、电流或功率。显然，负载上获得的能量远比信号源提供的能量大，而这部分能量的来源是每个电路必不可少的直流电源。放大电路利用三极管等具有控制作用的器件，将直流电源的能量转换为输出交流信号的能量。

图 2.2.1　放大电路的结构示意图

这类能够对能量进行控制和转换的器件称为有源器件。因此，电子电路中放大的本质是实现了能量的控制和转换。

放大电路的根本目的仍然是传递信息，而信号的变化量承载了信息，因此放大的对象是信号的变化量。也就是说，当输入信号有一个比较小的变化量时，要求在负载上得到一个较大变化量的输出信号。

同时，为了能从输出信号中准确还原输入信号携带的信息，要求输出信号与输入信号始终保持线性关系，这就是所谓的不失真，即线性放大。三极管等控制器件工作于放大区（线性区）是保证电路不失真的前提。

2. 静态和动态

如图 2.2.1 所示，放大电路中有两类独立源，既有提供能量的直流电源 V_{CC}，也有承载信息的交流

信号源。两类源对电路将产生两种激励，使得放大电路有两种工作状态：静态和动态。

（1）静态。当放大电路没有输入信号（$u_i=0$）时，在直流电源 V_{CC} 的作用下，电路中各处的电压、电流都是直流量，这种状态称为直流工作状态或静止工作状态，简称静态。

（2）动态。当放大电路加上输入信号（$u_i\neq0$）时，电路中各处的电压和电流随交流信号而变化，这种状态称为交流工作状态，简称动态。

对于放大电路，在电路分析、设计和调试等过程中，都可以从静态和动态两个角度来讨论和实践。静态是动态的基础，因此，在分析和设计电路时，应秉承先静后动的理念，这将是我们后续放大电路学习的主要思路。

2.2.2　放大电路的主要技术指标

衡量一个放大器质量的优劣，一般由放大器的技术指标决定。放大电路的技术指标以定量的方式描述电路的有关技术性能。根据电路工作状态的不同，可以将指标分为静态指标和动态指标两大类。

1. 静态指标

当放大电路处于静态时，三极管各极的电流和电压均为直流，这些直流电流和电压在三极管的输入、输出特性上各自对应一个点，称为静态工作点，简称 Q（Quiescent 的第一个字母）。采用 Q 处的基极电流、基-射极间电压、集电极电流、集-射极间电压来描述 Q 点，即 Q（I_{BQ}、U_{BEQ}、I_{CQ}、U_{CEQ}），如图 2.2.2 所示。放大电路建立合适的静态工作点，是保证三极管工作在线性区且能够不失真放大信号的前提。

2. 动态指标

动态指标用于表征放大电路的各项动态性能，即放大电路对交流信号的响应能力。在测试时，通常在放大电路的输入端加上一个正弦测试电压，然后测量电路中的其他有关电量。测试技术指标的电路如图 2.2.3 所示。需要强调的是，以下技术指标只在输出电压和输出电流仍是正弦波，即输出信号没有明显失真的情况下才有意义。放大电路的主要技术指标简要介绍如下。

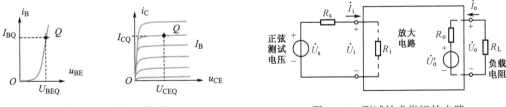

图 2.2.2　静态工作点　　　　　　图 2.2.3　测试技术指标的电路

（1）放大倍数。放大倍数是衡量放大电路放大能力的重要指标，是放大电路输出信号与输入信号变化量之比。由于放大电路有两个输入量（输入电压 $\dot{U}_i$ 和输入电流 $\dot{I}_i$）、两个输出量（输出电压 $\dot{U}_o$ 和输出电流 $\dot{I}_o$），按照不同的对比量，可以定义 4 种放大倍数。

电压放大倍数定义为输出电压与输入电压的变化量之比。当输入一个正弦测试电压时，也可用输出电压与输入电压的正弦相量之比来表示，即

$$\dot{A}_u = \frac{\dot{U}_o}{\dot{U}_i} \tag{2.2.1}$$

电流放大倍数定义为输出电流与输入电流的变化量之比，同样可用两者的正弦相量之比来表示，即

$$\dot{A}_i = \frac{\dot{I}_o}{\dot{I}_i} \tag{2.2.2}$$

与此类似，还可以定义输出电压与输入电流的变化量之比为互阻放大倍数 $\dot{A}_r$，定义输出电流与输入电压变化量之比为互导放大倍数 $\dot{A}_g$。4 种放大倍数中电压放大倍数最为常用，其他的放大倍数可以

通过电压放大倍数换算得到。

（2）输入电阻。从放大电路的输入端看进去的等效电阻称为放大电路的输入电阻，如图 2.2.3 所示。此处只考虑中频段的情况，故从放大电路输入端看，等效为一个纯电阻 R_i。输入电阻 R_i 的大小等于外加正弦输入电压与相应的输入电流之比，即

$$R_i = \frac{U_i}{I_i} \tag{2.2.3}$$

输入电阻反映了放大电路对信号源索取电流的能力。对于电压放大电路来说，通常希望放大电路的输入电阻越大越好。R_i 越大，说明放大电路对信号源索取的电流越小，信号源负担越小，同时，放大电路输入电压 $\dot{U}_i$ 就越接近信号源电压 $\dot{U}_s$，信号拾取能力越强。

（3）输出电阻。从放大电路的输出端看，放大电路可以利用戴维南定理等效为具有内阻的电压源，则定义等效电压源的内阻为输出电阻，如图 2.2.3 所示。在中频段，从放大电路的输出端看，同样等效为一个纯电阻 R_o，即

$$R_o = \left. \frac{\dot{U}_o}{\dot{I}_o} \right|_{\substack{\dot{U}_s=0 \\ R_L=\infty}} \tag{2.2.4}$$

输出电阻是描述放大电路带负载能力的一项技术指标。对于电压放大电路，通常希望放大电路的输出电阻越小越好。R_o 越小，当负载发生变化时，输出电压变化越小，这意味着放大电路的带负载能力越强。

（4）最大不失真输出电压。最大不失真输出电压是指在输出波形没有明显失真的情况下，放大电路能够提供给负载的最大输出电压（或最大输出电流），一般指电压的有效值，以 U_{om} 表示。

（5）通频带。由于放大器件本身存在极间电容，还有一些放大电路中接有电抗性元件，因此放大电路的放大倍数将随着信号频率的变化而变化。一般情况下，当频率升高或降低时，放大倍数都将减小，而在中间一段频率范围内，因各种电抗元件的作用可以忽略，故放大倍数基本不变，如图 2.2.4 所示。通常将放大倍数在高频段和低频段分别下降至中频段放大倍数的 $1/\sqrt{2}$ 时所包括的频率范围定义为放大电路的通频带，用符号 BW 表示，如图 2.2.4 所示。

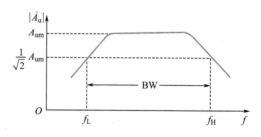

图 2.2.4　放大电路的通频带

显然，通频带越宽，表明放大电路对信号频率的变化具有越强的适应能力，第 3 章将对该项指标进行重点讨论。

（6）最大输出功率与效率。最大输出功率是指在输出信号不产生明显失真的前提下，负载上能够获得的最大输出功率，通常用符号 P_{om} 表示。负载上得到的输出功率，本质上是利用放大器件的控制作用将直流电源的功率转换成交流功率而得到的。通常用最大输出功率 P_{om} 与直流电源消耗的功率 P_V 之比来描述转换效率，称为放大电路的效率 η，即

$$\eta = \frac{P_{om}}{P_V} \tag{2.2.5}$$

2.3　放大电路的组成原则和组态划分

2.3.1　放大电路的组成原则

为了实现不失真的放大，必须从静态和动态两个方面遵循以下几个原则。

（1）在静态下，外加直流电源的极性必须使三极管的发射结正向偏置而集电结反向偏置，以保证三极管工作在放大区，并配置大小合适的直流电源和电阻以获得合适的静态工作点。此时，若基极电流有一个微小的变化量Δi_B，则将控制集电极电流产生一个较大的变化量Δi_C，二者之间的关系为$\Delta i_C = \beta \Delta i_B$。

（2）输入回路的接法应该使输入电压的变化量Δu_I能够传送到三极管的基极回路，并使基极电流产生相应的变化量Δi_B。

（3）输出回路的接法应使输出电流的变化量Δi_C或Δi_E能够转化为集电极电压的变化量Δu_{CE}，并传送到放大电路的输出端和负载上。

2.3.2 放大电路的偏置和组态

1. 直流偏置

利用直流电源为电路设置固定直流电压和电流（静态工作点）的过程称为偏置。对于放大电路来说，偏置电路的设计目标就是为电路设置合适的静态工作点，同时要求静态工作点在外界因素的影响下，仍然能够保持稳定。事实上，第二个目标在现实中更为重要，这也将是后面讨论的重要问题之一。图 2.3.1 所示为常见的偏置电路形式。本书会陆续讨论这些偏置电路。

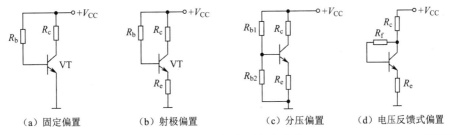

（a）固定偏置   （b）射极偏置   （c）分压偏置   （d）电压反馈式偏置

图 2.3.1 常见的偏置电路形式

视频 2-7:
放大电路的偏置

2. 三极管放大电路的 3 种组态

前面讲到，构成放大电路要求输入的交流信号能够在输入回路中激励Δi_B，而在输出回路中获得输出放大后的信号，这就意味着三极管构成的放大电路中，输入回路和输出回路必然公用三极管的一个电极。据此，可以形成三极管放大电路的 3 种组态，分别为共发射极放大电路（组态）、共基极放大电路（组态）、共集电极放大电路（组态），如图 2.3.2 所示。

视频 2-8:
放大电路的组态及判别

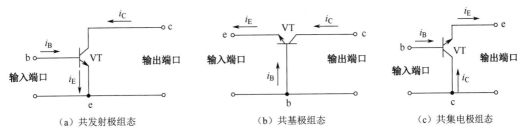

（a）共发射极组态   （b）共基极组态   （c）共集电极组态

图 2.3.2 三极管放大电路的 3 种组态

其中，共发射极组态中信号从基极输入，从集电极输出，简称共射放大电路；共基极组态中信号从发射极输入，从集电极输出，简称共基放大电路；共集电极组态中信号从基极输入，从发射极输出，简称共集放大电路。由此可见，确定信号输入和输出的电极，就可以快速判别电路的组态。

共射放大电路是 3 种组态中应用最广泛的电路。下面先以共射放大电路为例介绍放大电路的共性知识，然后举一反三讨论其他两种组态。

2.4　共射放大电路的组成和工作原理

2.4.1　单管共射放大电路的组成

图 2.4.1（a）所示为单管共射放大电路的原理电路图，图 2.4.1（b）所示为它的简化画法。

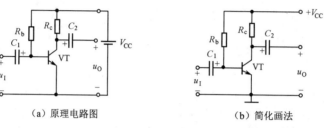

（a）原理电路图　　　　　　　　（b）简化画法

图 2.4.1　单管共射放大电路的原理电路图及其简化画法

在电路中，NPN 型三极管 VT 是核心器件，担负着放大作用；V_{CC} 是集电极直流电源，保证三极管正确偏置的同时，为电路提供能量；基极电阻 R_b 不仅为三极管的发射结提供正向偏置电压通路，还和 V_{CC} 配合产生静态基极电流 I_B，I_B 的大小与电路的放大作用及放大电路的其他性能有着密切的关系；集电极电阻 R_c 的主要作用是将集电极电流的变化转换为集电极电压的变化，然后传送到放大电路的输出端；C_1、C_2 是耦合电容，一般容量较大，起到隔直通交的作用。也就是说，对交流信号而言，容抗可以忽略，而对直流信号而言相当于开路。这种通过电抗元件连接放大电路与信号源及负载的方式称为阻容耦合。

2.4.2　单管共射放大电路的工作原理

假设电路中的参数及三极管的特性能够保证三极管工作在放大区。此时，若在放大电路的输入端加上一个微小的输入电压变化量 Δu_I，则三极管基极与发射极之间的电压 u_{BE} 也将随之发生变化，产生 Δu_{BE}。由三极管的输入特性曲线可知，当 u_{BE} 发生变化时，将引起基极电流 i_B 产生相应的变化，得到 Δi_B。由于三极管工作在放大区，基极电流的变化将引起集电极电流 i_C 发生更大的变化，即 $\Delta i_C = \beta \Delta i_B$。由图 2.4.1 可知，$u_{CE} = V_{CC} - i_C R_c$，因此集电极电流的变化量 Δi_C 将使 u_{CE} 也发生相应的变化。显然，u_{CE} 的变化量 Δu_{CE} 与 Δi_C，也就是输入信号的极性相反，即 $\Delta u_{CE} = -\Delta i_C R_c$。最后经过耦合电容 C_2，在负载上得到输出电压 u_O，即 $\Delta u_O = \Delta u_{CE}$。

综上可知，当输入电压有一个变化量 Δu_I 时，在电路中将依次产生以下各个电压或电流的变化量：$\Delta u_I \rightarrow \Delta u_{BE} \rightarrow \Delta i_B \rightarrow \Delta i_C \rightarrow \Delta u_{CE} \rightarrow \Delta u_O$，各电压电流波形如图 2.4.2 所示。当电路参数满足一定条件时，可使输出电压的变化量 Δu_O 比输入电压的变化量 Δu_I 大得多，且由波形可知，共射放大电路输入信号和输出信号相位相差 180°，为反相放大器。

视频 2-9：
共射放大电路的
工作原理

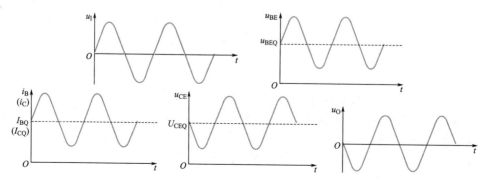

图 2.4.2　共射放大电路各电压电流波形

2.4.3 直流通路和交流通路

由图 2.4.2 所示波形可知，放大电路中交直流共存，其中直流分量是放大电路的静态工作点，是保证其不失真放大的基础和前提；而交流分量则是放大的对象。在放大过程中，交流信号是叠加在直流分量上传输的。由于放大电路中可能存在着电抗性元件，而电抗性元件对直流信号和交流信号呈现的阻抗不同。例如，电容对直流信号的阻抗是无穷大，可视为开路；但对交流信号而言，电容容

抗的大小为 $\dfrac{1}{\omega C}$，当电容值足够大，交流信号在电容上的压降可以忽略时，可视为短路。电感对直流信号

的阻抗为零，相当于短路；而对交流信号而言，感抗的大小为 ωL。此外，对于电路中电压恒定不变的点，即电压的变化量等于零，如理想电压源，在交流通路中相当于短路。而对于电路中电流恒定不变的支路，即电流的变化量等于零，如理想电流源，在交流通路中相当于开路。由此可见，直流分量的通路和交流分量的通路可能不同。其中，在无交流信号源作用时，直流电流流经的通路称为直流通路，用来分析静态工作点。而在输入信号的作用下，交流信号流经的通路称为交流通路，可以分析各项动态技术指标。

画直流通路的基本方法如下。

（1）交流电压信号源短路，保留内阻。

（2）交流电流信号源开路，保留内阻。

（3）电容视为开路。

（4）电感视为短路。

画交流通路的基本方法如下。

（1）大容量电容视为短路。

（2）电路中电压固定不变的点视为短路，如直流电压源 V_{CC} 应视为短路。

（3）电路中电流固定不变的点视为开路，如恒流源应视为开路。

现以图 2.4.3（a）所示的单管共射放大电路为例，画出其直流通路和交流通路。在直流通路中，隔直电容 C_1、C_2 相当于开路。在交流通路中，C_1、C_2 相当于短路。此外，直流电源 V_{CC} 也被短路。于是可得单管共射放大电路的直流通路和交流通路分别如图 2.4.3（b）和（c）所示。

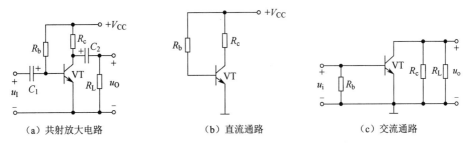

（a）共射放大电路   （b）直流通路   （c）交流通路

图 2.4.3 单管共射放大电路和直、交流通路

根据放大电路的直流通路和交流通路，即可分别进行静态分析和动态分析。在工程中，静态分析和动态分析常采用近似分析方法，包括静态估算法、动态微变等效电路分析法和图解法等。下面，首先介绍静态分析的估算法和图解法，然后介绍动态分析的微变等效电路分析法和图解法。

2.5 放大电路的静态分析

静态分析的目的是基于直流通路求取放大电路的静态工作点，对于共射放大电路来说，即求取静态下三极管各极的电流和电压（I_{BQ}、I_{CQ}、U_{BEQ}、U_{CEQ}）。常用的静态分析方法包括估算法和图解法。

2.5.1 静态工作点估算法

基于图 2.4.3（b）所示的直流通路，可以进行两个方面的近似。

（1）发射结导通压降的近似。由三极管的输入特性可知，当三极管工作时 U_{BEQ} 的变化范围很小，可近似认为硅管 $U_{BEQ}=(0.6\sim0.8)\text{V}$；锗管 $U_{BEQ}=(0.1\sim0.3)\text{V}$。

在进行电路分析时，可以将 U_{BE} 视为常数，如硅管可视为 0.7V。这种近似导致的计算误差不会影响结论的可信性，因此在工程上可以使用。

（2）对三极管电流关系的近似。

$$I_C=\beta I_B+I_{CEO}\approx\beta I_B \tag{2.5.1}$$

在进行静态分析时，可以忽略 I_{CEO}，认为 $I_C=\beta I_B$。

由此，根据直流通路中的基极回路，可求得单管共射放大电路的静态基极电流为

$$I_{BQ}=\frac{V_{CC}-U_{BEQ}}{R_b} \tag{2.5.2}$$

若给定 V_{CC} 和 R_b，则可估算得到 I_{BQ}。通常情况下，$V_{CC}\gg U_{BEQ}$，有

$$I_{BQ}=\frac{V_{CC}-U_{BEQ}}{R_b}\approx\frac{V_{CC}}{R_b} \tag{2.5.3}$$

即当电路结构和器件参数确定时，基极电流 I_{BQ} 将基本固定，称这类电路偏置为固定偏置。进而，可求得

$$I_{CQ}=\beta I_{BQ} \tag{2.5.4}$$

根据集电极通路可得

$$U_{CEQ}=V_{CC}-I_{CQ}R_c \tag{2.5.5}$$

至此，完成了静态工作点 Q（I_{BQ}、U_{BEQ}、I_{CQ}、U_{CEQ}）的求取。

【例 2.5.1】 设图 2.4.3（a）所示的单管共射放大电路中，V_{CC}=12V，R_c=3kΩ，R_b=280kΩ，NPN 型硅三极管的 β=50，试估算静态工作点。

解：设三极管的 U_{BEQ}=0.7V，则根据式（2.5.2）、式（2.5.4）和式（2.5.5）可得

$$I_{BQ}=\frac{V_{CC}-U_{BEQ}}{R_b}=\frac{(12-0.7)\text{V}}{280\text{k}\Omega}\approx40\mu\text{A}$$

$$I_{CQ}=\beta I_{BQ}=50\times0.04\text{mA}=2\text{mA}$$

$$U_{CEQ}=V_{CC}-I_{CQ}R_c=12\text{V}-2\text{mA}\times3\text{k}\Omega=6\text{V}$$

2.5.2 静态分析图解法

所谓图解法，就是通过作图的方法来分析电路性能的方法。其思路是利用晶体管内部的特性曲线来表示其电压和电流的关系，利用直线（或者曲线）来表示晶体管外部电路的电压和电流的关系，然后利用作图的方法来求解电路性能。图解法的前提是有器件的实际伏安特性曲线。

视频 2-11：

静态分析图解法

对于图 2.4.3（a）所示的单管共射放大电路，其直流通路如图 2.4.3（b）所示，假设三极管的实际输入、输出特性如图 2.5.1 所示。显然，电路中的电压电流关系满足三极管的伏安特性。同时，也必定满足外电路的电压电流约束关系，即

输入回路：
$$I_B=\frac{V_{CC}-U_{BE}}{R_b}$$

输出回路：
$$U_{CE}=V_{CC}-I_CR_c$$

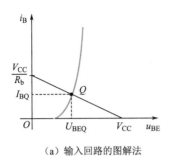 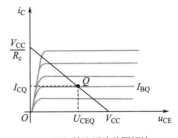

（a）输入回路的图解法　　　　　　（b）输出回路的图解法

图 2.5.1　静态分析图解法

据此，可以在输入特性曲线坐标系中画出直线，与横坐标的交点为 $(V_{CC}, 0)$，与纵坐标的交点为 $(0, V_{CC}/R_b)$，如图 2.5.1（a）所示。该直线与三极管输入特性曲线相交，交点即为静态工作点 Q，其坐标对应的值即为 U_{BEQ} 和 I_{BQ}。

根据输出回路方程，在输出特性曲线上画直线

$$I_C = -\frac{1}{R_c}U_{CE} + \frac{V_{CC}}{R_c} \tag{2.5.6}$$

这条直线表示外电路的伏安特性，称为直流负载线，其斜率为 $-\frac{1}{R_c}$，如图 2.5.1（b）所示。直流负载线与 I_{BQ} 对应特性曲线的交点即为静态工作点 Q，其坐标对应的值即为 U_{CEQ} 和 I_{CQ}。综上所述，即可以通过作图的方法求得 Q（I_{BQ}、U_{BEQ}、I_{CQ}、U_{CEQ}）。

在实际工程计算中，因为输入特性在晶体管手册中一般不提供，所以一般求输入特性静态参数（U_{BEQ}、I_{BQ}）时采用近似估算法。

【例 2.5.2】　在图 2.5.2（a）所示的单管共射放大电路中，已知 R_b=280kΩ，R_c=3kΩ，集电极直流电源 V_{CC}=12V，三极管的输出特性曲线如图 2.5.2（b）所示。试用图解法确定静态工作点。其中 VT 为 NPN 型硅管。

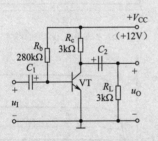 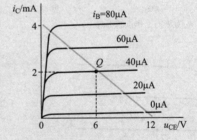

（a）单管共射放大电路　　　　　　（b）三极管的输出特性曲线

图 2.5.2　单管共射放大电路及三极管的输出特性曲线

解： 首先估算 I_{BQ}，即

$$I_{BQ} = \frac{V_{CC} - U_{BEQ}}{R_b} = \frac{(12-0.7)V}{280k\Omega} \approx 0.04mA = 40\mu A$$

然后在输出特性曲线上作直流负载线。直线上的两个特殊点为：当 i_C=0 时，u_{CE}=12V；当 u_{CE}=0 时，$i_C \approx \frac{12}{3}mA$=4mA。连接以上两点，便可画出直流负载线，如图 2.5.2（b）所示。

直流负载线与 i_B=40μA 的一条输出特性曲线的交点，即为静态工作点 Q。由图 2.5.2（b）可得，静态工作点处的 I_{CQ}=2mA，U_{CEQ}=6V。

通过比较可知，本例中用图解法求出的静态工作点与例 2.5.1 中估算得到的结果一致。

2.5.3　电路参数对静态工作点的影响

用图解法非常直观地显示了静态工作点在特性曲线上的位置,有利于观察电路参数对静态工作点的影响。下面结合图2.4.3（a）所示的电路,讨论电路参数变化对静态工作点的影响。在讨论某一参数变化的影响时,假设其他参数不变。

（1）基极电阻R_b变化。R_b的大小将直接影响基极电流I_B,因此会影响静态工作点。当R_b变化时,静态工作点将沿着直流负载线上下移动,如图2.5.3（a）所示。当R_b增大时,I_{BQ}减小,静态工作点下移到Q'';反之,上移到Q'。在实际电路中,改变R_b是调整静态工作点的有效手段。

（2）集电极电阻R_c变化。R_c的大小将影响直流负载线的斜率,从而影响静态工作点。当R_c变化时,静态工作点将随着直流负载线斜率的变化左右移动,如图2.5.3（b）所示。当R_c增大时,直流负载线斜率减小,静态工作点左移到Q';反之,向右移动。

（3）电源电压V_{CC}变化。V_{CC}的变化将使得直流负载线平移,影响静态工作点。例如,V_{CC}增大,直流负载线向上平移,Q点向上平移到Q',如图2.5.3（c）所示。

（4）三极管β变化。β的变化表现为特性曲线的变化,静态工作点随之变化。例如,由某种原因导致β增大,这意味着对相同的I_{BQ},I_{CQ}将增大,特性曲线上移,间距增大,由此导致Q点上移到Q',如图2.5.3（d）所示。

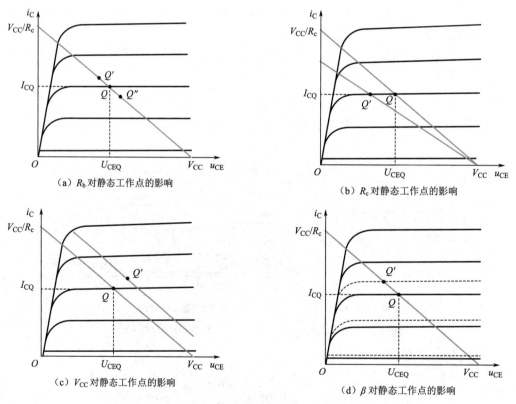

图2.5.3　电路参数对静态工作点的影响

2.6　放大电路的微变等效电路分析法

前面已经获得了单管共射放大电路的交流通路,在这个通路中由于三极管的非线性特性,使得放大电路本质上是一个非线性电路。对于这个非线性电路，进行精确分析过于复杂且没有必要。观察三极管的伏安特性不难发现，在一个微小的工作范围内，三极管电压、电流变化量之间的关系基本上是线性的，因此可以用一个等效线性电路来代替这个三极管，从而将具有非线性器件的放大电路转换为我们熟悉的线性电路，大大简化了分析过程，这就是微变等效电路分析法，也称为小信号模型分析法。

三极管的等效电路种类很多，这里只介绍简化的 h 参数微变等效电路。需要强调的是，这种 h 参数微变等效电路有 3 个适用条件：一是只适用于小信号的工作情况；二是仅适用于动态分析，而且要求三极管工作于放大区；三是仅适用于三极管放大电路的通频带范围内，也就是不考虑结电容等的影响。

2.6.1　三极管的 h 参数微变等效电路

1. 三极管的 h 参数微变等效模型的建立

所谓等效，就是从线性电路 3 个引出端看进去，其电压、电流的变化关系和原来的三极管端口特性一致。因此，从三极管的输入、输出特性入手建立其等效模型。

由图 2.6.1（a）可知，在输入特性 Q 点附近，特性曲线基本上是一段直线，即可认为 Δi_B 和 Δu_{BE} 成正比，因而可以用一个等效电阻 r_{be} 来代表输入电压和输入电流之间的关系，即 $r_{be}=\dfrac{\Delta u_{BE}}{\Delta i_B}$，称为三极管的输入电阻。

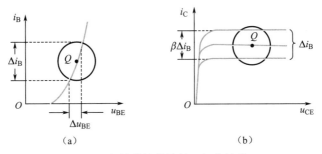

图 2.6.1　三极管特性曲线的局部线性化

从图 2.6.1（b）中可以看出，假定在 Q 点附近特性曲线基本上是水平的，即 Δi_C 与 Δu_{CE} 无关，而只取决于 Δi_B，也就是在这个区间 Δi_C 只受控于 Δi_B，在数量关系上有 $\Delta i_C=\beta\Delta i_B$。因此，从三极管的输出端看进去，可以用一个大小为 $\beta\Delta i_B$ 的受控电流源来等效这种关系。受控电流源 $\beta\Delta i_B$ 实质上体现了基极电流 i_B 对集电极电流 i_C 的控制作用。

严格地说，除了以上关系，三极管的输入特性和输出特性还受 u_{CE} 的影响。从三极管的输入特性曲线看，当 u_{CE} 增大时，输入特性曲线将逐渐右移，但当 u_{CE} 大于某一值（1V 以上）时，各条输入特性曲线基本上重合在一起，因此可忽略 u_{CE} 对输入特性的影响。同时，从三极管的输出特性曲线看，当 u_{CE} 增大时，线性区内的特性曲线也稍有倾斜，这一影响可以等效为三极管 c、e 极之间的一等效电阻 r_{ce}，称为三极管的输出电阻，如图 2.6.2（b）中虚线所示。但是实际上在放大区内，三极管的输出特性近似为水平的直线，因此 r_{ce} 电阻值很大（几百千欧姆），通常远大于并联在 c、e 极之间的负载，因此大部分情况下也可以忽略不计。

这样，就得到了图 2.6.2（b）中的三极管微变等效模型。在这个等效模型中，忽略了 u_{CE} 对 i_C 的影响（输出电阻），也没有考虑 u_{CE} 对输入特性的影响（三极管的反向电压传输比），所以称为简化的 h（混合的英文单词 hybrid 的缩写）参数微变等效模型。

2. r_{be} 的近似估算公式

三极管输入电阻 r_{be} 是 h 参数微变等效模型的重要组成部分，可以从三极管的结构分析得到。图 2.6.3 所示为三极管的结构示意图。从图 2.6.3 中可以看到，r_{be} 是由以下三部分组成的。

（1）基区的体电阻 $r_{bb'}$。对于不同类型的三极管，$r_{bb'}$ 的数值有所不同，一般低频、小功率三极管的

$r_{bb'}$ 为几百欧姆。

（2）发射区的体电阻 $r_{e'}$。由于发射区多子的浓度很高，因此其体电阻 r_e 较小，为几欧姆，与 $r_{b'e'}$ 相比，一般可以忽略。

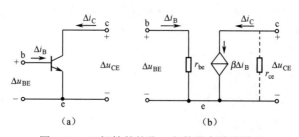

图 2.6.2　三极管的简化 h 参数微变等效模型

视频 2-12:　r_{be} 的确定

（3）基射之间的结电阻 $r_{b'e'}$。根据 PN 结电流方程，流过发射结的电流 i_E 与 PN 结两端电压 u_{BE} 之间存在以下关系

$$i_E = I_S \left[e^{u_{BE}/U_T} - 1 \right] \qquad (2.6.1)$$

三极管工作在放大区时，发射结正向偏置，u_{BE} 通常大于 0.1V，则 $e^{u_{BE}/U_T} \gg 1$，于是式（2.6.1）可简化为

$$i_E \approx I_S e^{u_{BE}/U_T} \qquad (2.6.2)$$

将此式对 u_{BE} 求导数，可得 $r_{b'e'}$ 的倒数为

$$\frac{1}{r_{b'e'}} = \frac{di_E}{du_{BE}} \approx \frac{I_S}{U_T} e^{u_{BE}/U_T} \approx \frac{i_E}{U_T} \qquad (2.6.3)$$

在静态工作点附近一个比较小的变化范围内，可认为 $i_E \approx I_{EQ}$，则可得

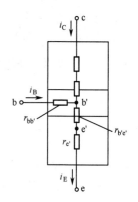

图 2.6.3　三极管的结构示意图

$$r_{b'e'} = \frac{U_T}{I_{EQ}} \approx \frac{26\text{mV}}{I_{EQ}} \qquad (2.6.4)$$

式（2.6.4）中的分子为 26mV，若分母 I_{EQ} 的单位为 mA，则式中 $r_{b'e'}$ 的单位为 Ω。

由图 2.6.3 可知，流过 $r_{bb'}$ 的电流是 i_B，而流过 $r_{b'e'}$ 和 $r_{e'}$ 的电流是 i_E。因为 $r_{e'}$ 与 $r_{b'e'}$ 相比可以忽略，所以可得

$$u_{BE} \approx i_B r_{bb'} + i_E r_{b'e'} = i_B r_{bb'} + (1+\beta) i_B \frac{26\text{mV}}{I_{EQ}} \qquad (2.6.5)$$

将此式对 i_B 求导数，可得

$$r_{be} = \frac{du_{BE}}{di_B} \approx r_{bb'} + (1+\beta) \frac{26\text{mV}}{I_{EQ}} \qquad (2.6.6)$$

式（2.6.6）就是 r_{be} 的近似估算公式。以后，在利用微变等效电路分析法分析放大电路时，可以根据式（2.6.6）估算 r_{be}。对于低频、小功率三极管，如果没有特别说明，可以认为式中的 $r_{bb'}$ 约为 300Ω。

通过 r_{be} 的表达式不难发现，其值与静态电流 I_{EQ} 密切相关，因此在进行动态分析之前，必须首先进行静态分析。静态和动态是相互关联的，动态性能与静态工作点参数值的大小及稳定性关系密切，r_{be} 架起了沟通静态和动态的桥梁。

2.6.2　微变等效电路分析法

以图 2.6.4（a）所示的单管共射放大电路为例，利用 h 参数微变等效模型来分析该电路的电压放大倍数和输入/输出电阻，基本步骤如下。

（1）采用图解法或估算法完成静态分析，确定电路的静态工作点。

视频 2-13:　微变等效电路分析法

（2）画微变等效电路。

① 画出交流通路。

② 将交流通路中的晶体管替换为 h 参数微变等效模型，得到放大电路的微变等效电路，如图 2.6.4（b）所示。

可见，该电路只含有线性元件，是一个等效的线性电路。现在假设加上一个正弦输入电压，图中 $\dot{U}_i$ 和 $\dot{U}_o$、$\dot{I}_B$ 和 $\dot{I}_C$ 分别代表有关电压或电流的正弦相量。

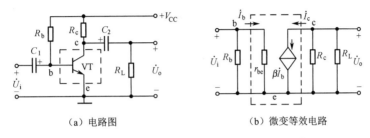

（a）电路图　　　　（b）微变等效电路

图 2.6.4　单管共射放大电路及其微变等效电路

（3）估算 r_{be}。根据静态分析结果，按式（2.6.6）估算 r_{be}。

（4）求电压放大倍数 $\dot{A}_u$。由图 2.6.4（b）中的输入回路可知

$$\dot{U}_i = \dot{I}_b r_{be}$$

由输出回路可知

$$\dot{U}_o = -\dot{I}_c R_L' = -\beta \dot{I}_b R_L', \quad 其中 R_L' = R_c \,//\, R_L$$

则

$$\dot{U}_o = -\frac{\beta \dot{U}_i}{r_{be}} R_L'$$

所以

$$\dot{A}_u = \frac{\dot{U}_o}{\dot{U}_i} = -\frac{\beta R_L'}{r_{be}} \tag{2.6.7}$$

（5）求输入电阻 R_i。根据输入电阻的定义，可由图 2.6.4（b）求得电路的输入电阻 R_i 为

$$R_i = r_{be} \,//\, R_b \tag{2.6.8}$$

由于在图 2.6.4（b）所示电路的实际应用中，通常 $R_b \gg r_{be}$，因此该电路的 $R_i \approx r_{be}$。

（6）求输出电阻 R_o。根据输出电阻的定义，分 3 个步骤来求输出电阻：首先负载开路；然后电路交流信号源置零；最后通过外加激励法求出输出端口的等效电阻。

因此该电路的输出电阻 R_o 为

$$R_o = R_c \tag{2.6.9}$$

【例 2.6.1】　在图 2.5.2（a）所示的放大电路中，已知 $R_L=3\text{k}\Omega$，试估算三极管的 r_{be} 以及放大电路的 $\dot{A}_u$、R_i 和 R_o。如果要提高 $|\dot{A}_u|$，可采用哪种措施？应调整电路中哪些参数？

解： 例 2.5.2 已解得此电路的 $I_{CQ}=2\text{mA}$，$U_{CEQ}=6\text{V}$。由图 2.5.2（b）可得，Q 点处的 $\beta=50$。可认为 $I_{EQ} \approx I_{CQ}=2\text{mA}$，则由式（2.6.6）可得

$$r_{be} = r_{bb'} + (1+\beta)\frac{26\text{mV}}{I_{EQ}} = 300\Omega + 51 \times \frac{26\text{mV}}{2\text{mA}} = 963\Omega$$

而

$$R_L' = R_c \,//\, R_L = 1.5\text{k}\Omega$$

则

$$\dot{A}_u = -\frac{\beta R_L'}{r_{be}} = -\frac{50 \times 1.5\text{k}\Omega}{0.96\text{k}\Omega} \approx -78$$

由式（2.6.8）和式（2.6.9）可得

$$R_i = r_{be} // R_b \approx r_{be} = 963\Omega$$

$$R_o = R_c = 3k\Omega$$

如果要提高$|\dot{A}_u|$，可调整 Q 点使 I_{EQ} 增大，则 r_{be} 减小，$|\dot{A}_u|$ 升高。例如，将 I_{EQ} 增大到 3mA，则此时

$$r_{be} = 300\Omega + 51 \times \frac{26mV}{3mA} \approx 742\Omega$$

$$\dot{A}_u = -\frac{50 \times 1.5k\Omega}{0.74k\Omega} \approx -101$$

2.7 放大电路的动态分析图解法

2.7.1 动态分析图解法

图 2.4.3（a）所示电路的交流通路如图 2.7.1 所示。可以根据输入电压 u_i 的波形，通过图解法确定输出电压 u_o 的波形，从而进行动态性能参数的求解。与微变等效电路分析法一样，进行动态分析图解法之前，应采用图解法或估算法获取电路的静态工作点。

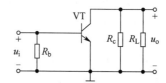

图 2.7.1　图 2.4.3（a）所示电路的交流通路

在图 2.4.3（a）所示电路中，显然输入信号 u_i 是叠加在 U_{BEQ} 上进入输入回路的，即

$$u_{BE} = U_{BEQ} + u_i \tag{2.7.1}$$

通过作图可以逐点对应，画出基极电流 i_B 的波形，如图 2.7.2（a）所示。可见，i_b 也是叠加在静态值 I_{BQ} 之上的，即

$$i_B = I_{BQ} + i_b \tag{2.7.2}$$

通过图 2.7.1 的输出回路，可以求得输出电流 i_c 与输出电压 u_{ce} 的电路方程，有

$$i_c = -\frac{1}{R_L'}u_{ce}, \text{ 其中 } R_L' = R_c // R_L \tag{2.7.3}$$

此外，由于输入信号是一个正弦信号，输入电压必定有瞬时零点，可认为此时放大电路相当于静态时的情况，此时的工作点即为静态工作点。由此，可以确定一条斜率为 $-\frac{1}{R_L'}$，并且通过 Q 点的直线，称为交流负载线。和斜率为 $-\frac{1}{R_c}$ 的直流负载线相比，通常情况下，交流负载线更加陡峭，如图 2.7.2（b）所示。交流负载线描述了在交流信号作用下，电路工作点的运动轨迹，也就是 i_C 与 u_{CE} 的关系。

根据 i_B 的波形，沿交流负载线画出 i_C 和 u_{CE} 的波形，如图 2.7.2（b）所示。可以看出，i_C 和 u_{CE} 也是叠加在静态值 I_{CQ} 和 U_{CEQ} 之上的。同时，由于交流负载线的斜率为负，u_{CE} 波形与 u_i 反相。经过输出耦合电容 C_2 后，即可得到输出交流信号 u_o 的波形。当电路工作在线性范围内时，三极管的 u_{BE}、i_B、i_C 和 u_{CE} 都将围绕各自的静态值基本上按正弦规律变化。此时，可以测量并读取输入信号 u_i 和输出信号 u_o 的幅值，则电路的电压放大倍数为

$$A_u = \frac{u_{om}}{u_{im}} \tag{2.7.4}$$

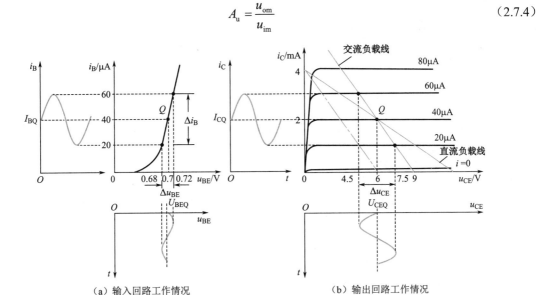

（a）输入回路工作情况　　　　　　　　（b）输出回路工作情况

图 2.7.2　加正弦输入信号时放大电路的动态工作情况

【例 2.7.1】　在图 2.5.2（a）所示的单管共射放大电路中，已知负载电阻 R_L=3kΩ，试用图解法求电压放大倍数。三极管的输入、输出特性曲线如图 2.7.2 所示。

解： 首先求出 R_L'，即

$$R_L' = R_c // R_L = 1.5k\Omega$$

在图 2.7.2（b）中，过 Q 点作斜率为 $-\frac{1}{R_L'}$ 的直线，即可得到交流负载线。

利用作图的方法，可先作一条斜率为 $-\frac{1}{R_L'}$ 的辅助线。例如，在 i_C 轴上选择一个合适的 i_C 值（本例中为 4mA），再算出 $i_C R_L'$（本例中为 4mA×1.5kΩ=6V），在 u_{CE} 轴上找到相应的一点，连接此两点的直线（图中的点画线）就是斜率为 $-\frac{1}{R_L'}$ 的辅助线。然后通过 Q 点作平行于此辅助线的直线即可得到交流负载线。

为了求出电压放大倍数，在图 2.7.2（a）中测量出 u_i 的幅值，即 Δu_{BE}=0.72−0.68=0.04V，再从图 2.7.2（b）的交流负载线上查出 u_o 的幅值，即 Δu_{CE}=4.5−7.5=−3V，则

$$A_u = \frac{\Delta u_{CE}}{\Delta u_{BE}} = \frac{-3V}{0.04V} = -75$$

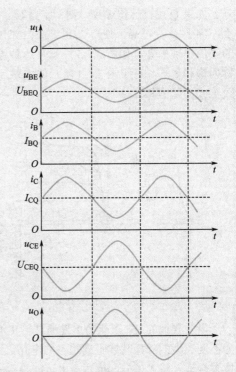

图 2.7.3　单管共射放大电路的电压、电流波形

根据以上图解法分析过程，可以整理得到当加上正弦波输入电压 u_I 时，放大电路中相应的 u_{BE}、i_B、i_C、u_{CE} 和 u_O 的波形，如图 2.7.3 所示。

仔细观察这些波形，可以得到以下几点重要结论。

（1）电路在放大的过程中，交流分量与直流分量共存，交流分量叠加在直流分量之上。

（2）当输入电压有一个微小的变化量时，通过放大电路，在输出端可得到一个比较大的电压变化量，可见单管共射放大电路能够实现电压的放大。

（3）当输入一个正弦电压 u_I 时，输出端的正弦电压信号 u_O 的相位与 u_I 相反，通常称为单管共射放大电路的倒相作用。

2.7.2　放大电路非线性失真分析

视频 2-15：
非线性失真分析

由上述图解法分析可知，在放大过程中，交流信号是叠加在直流分量之上的，因此要使信号能够不失真地放大，必须设置合适的静态工作点，保证在交流信号的整个周期内，三极管都工作于放大区。否则，若交流信号在周期内进入了饱和区或截止区，则输出信号会出现失真。由于这种失真本质上是由器件特性的非线性引起的，因此称为非线性失真。三极管的非线性失真主要包括截止失真与饱和失真两种。

1. 截止失真

如果 Q 点设计得过低，则 U_{BEQ} 和 I_{BQ} 过小。在输入回路中，三极管输入电压 u_{BE} 负半周将部分进入截止区，使得 i_B 出现底部失真。同理，由于输出特性曲线上的 Q 点过低，使得 i_C 和 u_{CE} 也出现失真，最终输出信号 u_o 的顶部出现失真，如图 2.7.4 所示。这种由静态工作点偏低导致部分工作信号进入截止区而产生的失真称为截止失真。对于图 2.4.3 所示的电路，可以通过减小 R_b 的方式改善或消除截止失真。

2. 饱和失真

如果 Q 点设计得过高，则 U_{BEQ} 和 I_{BQ} 过大。在输入回路中，u_{BE} 和 i_B 不会出现失真。而在输出曲线上，由于 Q 点过高，使得 i_B 正半周内部分信号进入饱和区，导致 i_C 和 u_{CE} 出现失真，最终输出信号 u_o 的底部出现失真，如图 2.7.5 所示。这种由静态工作点过高导致部分工作信号进入饱和区而产生的失真称为饱和失真。对于图 2.4.3 所示的电路，可以通过增大 R_b（Q 点下移）或减小 R_c（Q 点右移）的方式改善或消除饱和真。

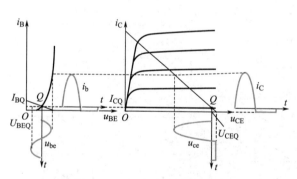

图 2.7.4　截止失真波形

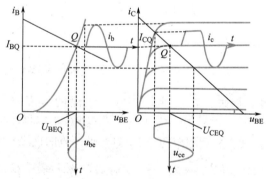

图 2.7.5　饱和失真波形

需要强调的是，不能简单地通过输出波形的顶部或底部的失真就判断是截止失真还是饱和失真，因为不同类型的三极管或不同组态的电路，其输出波形的失真现象都有可能不同。此外，即使静态工作点位置合适，输入信号幅度过大也可能导致非线性失真。因此，需要具体问题具体分析。

3. 最大不失真输出电压幅度

对于一个实际电路，通过分析，在不失真的前提下负载能够获得的最大输出电压幅度，对于电路的应用和调试具有意义。在图 2.7.6 中，分别计算 U_{OM1} 和 U_{OM2}，其中

$$U_{OM1} = V'_{CC} - U_{CEQ} = R'_L I_{CQ} \tag{2.7.5}$$

$$U_{OM2} = U_{CEQ} - U_{CES} \tag{2.7.6}$$

取两者中的较小者为最大不失真电压幅度，其有效值即为 2.2.2 节中定义的最大不失真输出电压。

由此可见，对于小信号放大来说，为了获得最大不失真输出电压，可以将静态工作点尽量设置在交流负载线的中间位置。当然，如果已知输出电压幅度很小，就可以在保证不失真的前提下适当降低静态工作点，以减小管子的功耗，提高电路的效率。

至此，介绍了两种分析放大电路的方法：微变等效电路分析法和图解法，现将它们各自的特点及应用范围简要比较。

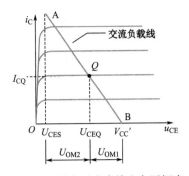

图 2.7.6　最大不失真输出电压幅度

（1）图解法。图解法的主要优点是直观、形象。利用作图可以清楚地看出静态工作点的设置是否合适、电路参数改变对静态工作点的影响、观察电路中各点的电流和电压波形、分析电路失真的情况等。图解法尤其适用于分析具有特殊输入、输出特性的三极管以及工作在大信号状态下的放大电路，如后面的功率放大电路即采用图解法进行分析。

图解法的缺点包括以下几点。首先，为了得到准确的结果，特性曲线必须是所用三极管的实际特性曲线。由于三极管参数的离散性，从手册上查得的特性与实际三极管的特性之间常有较大的差别。其次，作图的过程比较麻烦，容易带来作图误差。此外，图解法不能分析放大电路的其他动态指标，如输入电阻、输出电阻等。对于较为复杂的电路，也不便直接由图解法求得电压放大倍数。最后，当信号频率较高时，特性曲线已经不能正确代表三极管的性能，因此图解法也就不适用了。

（2）微变等效电路分析法。这种方法适用于任何简单或复杂的电路，只需其中的放大器件基本上工作在线性范围内。由于将非线性的三极管转化成线性电路，分析过程无须作图，因此比较简单方便。另外，虽然微变等效电路是在小信号的假设前提下引出的，但是对于实际的放大电路，即使信号较大，只要非线性程度不严重或对计算精度要求不高，仍可使用微变等效电路分析法进行分析。微变等效电路分析法的局限是，只能解决交流分量的计算问题，不能用来确定静态工作点，也不能用以分析非线性失真及最大输出幅度等问题。

在解决放大电路的具体问题时，两种方法可以结合起来使用，这样常常使分析过程更为简便。

2.8　静态工作点稳定技术

从以上分析不难看出，放大电路的多项重要技术指标均与静态工作点的位置密切相关。合适的静态工作点是不失真放大的前提，且静态工作点也直接影响放大电路的动态技术指标。而对于实际电路，温度变化、三极管老化、电源电压波动等外部因素都将引起静态工作点的变动，严重时将使放大电路不能正常工作，其中影响最大的是温度的变化。那么，在温度变化影响下，使静态工作点保持稳定，是电路从原理走向实用的关键一步。

2.8.1　温度对静态工作点的影响

在 2.1.3 节中已经介绍过三极管是一种对温度十分敏感的器件。温度变化使 U_T、I_{CBO}、I_{CEO} 和 β 发生变化。对于图 2.4.3（a）所示的电路，其中

$$I_C = \beta I_B + I_{CEO} = \beta \frac{V_{CC} - U_{BE}}{R_b} + (1+\beta)I_{CBO} \tag{2.8.1}$$

当温度升高时，I_{CBO} 和 β 将增大，U_{BE} 将减小，最终将导致集电极电流 I_C 增大，使输出特性曲线上移，且间隔拉大。例如，20℃时三极管的输出特性如图 2.8.1 中实线所示，而当温度上升至 50℃时，输出特性可能变为图中的虚线。静态工作点将由 Q 点上移至 Q' 点。由图 2.8.1 可知，该放大电路在常温下能够正常工作，但当温度升高时，静态工作点移近饱和区，可能使输出波形产生严重的饱和失真。

2.8.2　静态工作点稳定电路

通过上面的分析可知，引起静态工作点波动的外因是环境温度的变化，内因则是三极管本身所具有的温度特性，所以要解决这个问题，需要从以上两个方面来想办法。

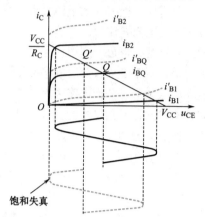

实线：20℃时的输出特性曲线；虚线：50℃时的输出特性曲线

图 2.8.1　温度对 Q 点和输出波形的影响

从外因来解决，就是要保持放大电路的工作温度恒定。例如，将放大电路置于恒温槽中。可以想象，这种办法要付出的代价是很大的。不过，在一些有特殊要求的场合也可采用。而从以上分析的三极管参数随温度变化的内因出发，改进电路偏置是一种在实际电路应用中常见的方案。

对于图 2.4.3（a）所示的固定偏置电路来说，I_B 几乎不随温度变化而变化，即

$$I_B = \frac{V_{CC} - U_{BEQ}}{R_b} \approx \frac{V_{CC}}{R_b} \tag{2.8.2}$$

由于 $I_C = \beta I_B$，当温度上升导致 β 增大时，必然使得 I_C 增大，因此固定偏置不能稳定静态工作点。如果在温度上升时，能使 I_B 减小，这样就可能抑制 I_C 的增大，起到稳定静态工作点的作用，这就是静态工作点稳定电路的基本设计思想。

1. 电路组成及工作原理

图 2.8.2（a）给出了最常用的静态工作点稳定电路。相比于图 2.4.3（a）中的固定偏置放大电路，该电路增加了射极电阻 R_e 和电容 C_e，另外直流电源 V_{CC} 经电阻 R_{b1}、R_{b2} 分压后接到三极管的基极，所以这种偏置通常称为分压偏置。

视频 2-16：
静态工作点稳定
电路的工作原理

图 2.8.2（b）是该电路的直流通路，当适当选择 R_{b1}、R_{b2} 阻值，使得 $I_2 \gg I_{BQ}$ 时，可认为三极管的静态基极电位 U_{BQ} 由 V_{CC} 经电阻分压后得到，即

$$U_{BQ} \approx \frac{R_{b2}}{R_{b1} + R_{b2}} V_{CC} \tag{2.8.3}$$

故可认为其不受温度变化的影响，基本上是稳定的。当集电极电流 I_C 随温度的升高而增大时，发射极电流 I_E 也将相应地增大，此 I_E 流过 R_e 使发射极电位 U_E 升高，则三极管的发射结电压 $U_{BE} = U_{BQ} - U_E$ 将降低，从而使静态基极电流 I_B 减小，于是 I_C 也随之减小，结果使静态工作点基本保持稳定。I_C 稳定过程如下。

$$T \uparrow \rightarrow I_C \uparrow \rightarrow I_E \uparrow \rightarrow U_E \uparrow \xrightarrow{\;U_{BQ}\text{固定}\;} U_{BE} = U_{BQ} - U_E \downarrow$$
$$I_C \downarrow \leftarrow I_B \downarrow \leftarrow\!$$

可见，本电路是通过发射极电阻 R_e 响应输出电流 I_E（I_C）的变化，反过来削弱输入电压 U_{BE}，这个

过程称为负反馈（第 7 章将系统论述反馈相关内容）。

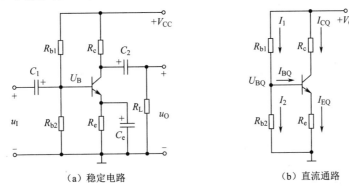

（a）稳定电路　　　　　　　　　（b）直流通路

图 2.8.2　最常用的静态工作点稳定电路及其直流通路

2. 静态分析

在分析分压偏置放大电路的静态工作点时，可先从估算 U_{BQ} 入手。由于 $I_2 \gg I_{BQ}$，可得

$$U_{BQ} \approx \frac{R_{b2}}{R_{b1} + R_{b2}} V_{CC} \tag{2.8.4}$$

集电极电流为

$$I_{CQ} \approx I_{EQ} = \frac{U_{BQ} - U_{BEQ}}{R_e} \tag{2.8.5}$$

视频 2-17：
分压偏置共射放大电路的静态分析及 R_e 的选取

基极电流为

$$I_{BQ} \approx \frac{I_{CQ}}{\beta} \tag{2.8.6}$$

集–射极之间的静态电压为

$$U_{CEQ} = V_{CC} - I_{CQ}R_c - I_{EQ}R_e \approx V_{CC} - I_{CQ}\left(R_c + R_e\right) \tag{2.8.7}$$

通过以上分析可知，R_e 的选择对电路的温度稳定性能至关重要。显然，R_e 越大，同样的 I_E 变化量所产生的 U_E 的变化量也越大，反馈越强，电路的温度稳定性越好。但是，R_e 增大以后，其静态功耗也将增大。同时，U_E 值随之增大，使得 U_{CE} 减小，为了得到同样的输出电压幅度并避免三极管饱和，必须增大 V_{CC} 值。因此 R_e 不宜取值太大，在小电流工作状态下，R_e 可取几百欧姆到几千欧姆；在大电流工作时，R_e 为几欧姆到几十欧姆。

为了保证 U_{BQ} 基本稳定，要求流过分压电阻 R_{b2} 的电流 I_2 比 I_{BQ} 大得多，一般取 $I_2 = (5 \sim 10) I_{BQ}$，且 $U_B = (5 \sim 10) U_{BEQ}$。

3. 动态分析

当分压偏置放大电路中的 C_e 足够大时，在交流通路中可视为短路，R_e 被旁路，C_e 称为旁路电容。因此，图 2.8.2（a）所示的分压偏置放大电路的微变等效电路与图 2.4.3（a）所示的固定偏置电路相同，如图 2.8.3 所示。

经过分析可知，分压偏置放大电路的电压放大倍数与单管共射放大电路相同，即

$$\dot{A}_u = -\frac{\beta R_L'}{r_{be}} \tag{2.8.8}$$

视频 2-18：
分压偏置共射放大电路的动态分析

其中

$$R_L' = R_c /\!/ R_L$$

电路的输入电阻为

$$R_i = r_{be} /\!/ R_{b1} /\!/ R_{b2} \approx r_{be} \qquad (2.8.9)$$

输出电阻为

$$R_o \approx R_c \qquad (2.8.10)$$

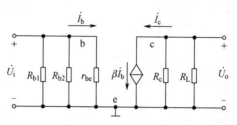

图 2.8.3　分压偏置放大电路的微变等效电路

【例 2.8.1】　在图 2.8.2（a）所示的分压偏置放大电路中，已知 R_{b1}=7.5kΩ，R_{b2}=2.5kΩ，R_c=2kΩ，R_L=2kΩ，R_e=1kΩ，V_{CC}=12V，三极管的 β=30。

（1）试估算放大电路的静态工作点以及电压放大倍数 $\dot A_u$、输入电阻 R_i 和输出电阻 R_o。

（2）若换上 β=60 的三极管，电路其他参数不变，则静态工作点有何变化？

（3）若旁路电容 C_e 断开，再次估算放大电路的静态工作点以及电压放大倍数 $\dot A_u$、输入电阻 R_i 和输出电阻 R_o。

解：（1）结合图 2.8.2（b）所示的直流通路，由式（2.8.4）～式（2.8.7）可得

$$U_{BQ} \approx \frac{R_{b2}}{R_{b1} + R_{b2}} V_{CC} = \frac{2.5\text{k}\Omega}{(2.5+7.5)\text{k}\Omega} \times 12\text{V} = 3\text{V}$$

$$I_{CQ} \approx I_{EQ} = \frac{U_{BQ} - U_{BEQ}}{R_e} = \frac{(3-0.7)\text{V}}{1\text{k}\Omega} = 2.3\text{mA}$$

$$I_{BQ} \approx \frac{I_{CQ}}{\beta} = \frac{2.3\text{mA}}{30} \approx 0.077\text{mA} = 77\mu\text{A}$$

$$U_{CEQ} \approx V_{CC} - I_{CQ}(R_c + R_e) = 12\text{V} - 2.3\text{mA} \times (2+1)\text{k}\Omega = 5.1\text{V}$$

为了求得 $\dot A_u$，需先估算 r_{be}，由式（2.6.6）可得

$$r_{be} = r_{bb}' + (1+\beta)\frac{26\text{mV}}{I_{EQ}} = 300\Omega + \frac{31 \times 26\text{mV}}{2.3\text{mA}} \approx 650\Omega$$

而

$$R_L' = R_c /\!/ R_L = 1\text{k}\Omega$$

所以

$$\dot A_u = -\frac{\beta R_L'}{r_{be}} = -\frac{30 \times 1\text{k}\Omega}{0.65\text{k}\Omega} \approx -46.2$$

$$R_i = r_{be} /\!/ R_{b1} /\!/ R_{b2} = \frac{1}{\dfrac{1}{0.65\text{k}\Omega} + \dfrac{1}{2.5\text{k}\Omega} + \dfrac{1}{7.5\text{k}\Omega}} \approx 0.483\text{k}\Omega = 483\Omega$$

$$R_o \approx R_c = 2\text{k}\Omega$$

（2）若换上 β=60 的三极管，则根据以上估算过程可知，U_{BQ}、I_{EQ}、I_{CQ} 和 U_{CEQ} 的值均基本保持不变，即仍为

$$U_{BQ} \approx 3\text{V}$$

$$I_{CQ} \approx I_{EQ} = 2.3\text{mA}$$

$$U_{CEQ} \approx 5.1\text{V}$$

该电路具有静态工作点稳定能力。

（3）由于旁路电容 C_e 断开不影响电路的直流通路，因此对静态工作点没有影响，与（1）中所求

的 Q 点值一致。

当旁路电容 C_e 断开时, 交流通路如图 2.8.4 所示。

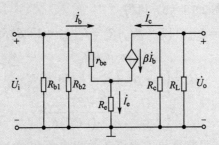

图 2.8.4　无旁路电容 C_e 的分压偏置放大电路微变等效电路

电压放大倍数为

$$\dot{A}_u = \frac{\dot{U}_o}{\dot{U}_i} = -\frac{\beta R_L'}{r_{be} + (1+\beta) R_e} = -\frac{30 \times 1\text{k}\Omega}{0.65\text{k}\Omega + (1+30) \times 1\text{k}\Omega} \approx -0.95 \qquad (2.8.11)$$

从式 (2.8.11) 中可以看出, 由于 C_e 断开, 交流通路中引入发射极电阻 R_e 后, 放大电路的电压放大倍数大大降低了。

在式 (2.8.11) 中, 一般情况下, $(1+\beta) R_e \gg r_{be}$, 则该式可简化为

$$\dot{A}_u \approx -\frac{R_L'}{R_e} \qquad (2.8.12)$$

此时电压放大倍数仅取决于 R_L' 和 R_e 的比值, 而与三极管的参数 β、r_{be} 无关, 稳定性大大提高。

输入电阻为

$$R_i = \frac{\dot{U}_i}{\dot{I}_i} = R_{b1} \,/\!/\, R_{b2} \,/\!/\, \left[r_{be} + (1+\beta) R_e \right] \approx 1.77\text{k}\Omega \qquad (2.8.13)$$

可见, 引入 R_e 后, 输入电阻增大了。

输出电阻保持不变, 为

$$R_o \approx R_c = 2\text{k}\Omega \qquad (2.8.14)$$

2.9　共集放大电路和共基放大电路

视频 2-19:
基本共集放大电路

在以上几节中, 以单管共射放大电路为例, 系统地介绍了放大电路的基本原理、分析方法等。除了共射组态, 三极管还可以构成共集组态和共基组态的放大电路, 它们的组成原则和分析方法与共射放大电路相同, 但电路结构和特性有所不同。

2.9.1　共集放大电路

图 2.9.1 (a) 所示为共集组态的单管放大电路, 图 2.9.1 (b) 所示为其微变等效电路。从图 2.9.1 (b) 中可以看出, 输出信号从发射极引出, 因此这种电路也称为射极输出器。

1. 静态分析

根据图 2.9.1 (a) 所示电路的直流通路可求得

$$I_{BQ} = \frac{V_{CC} - U_{BEQ}}{R_b + (1+\beta) R_e} \qquad (2.9.1)$$

则

$$I_{EQ} \approx I_{CQ} = \beta I_{BQ} \qquad (2.9.2)$$

$$U_{CEQ} = V_{CC} - I_{EQ}R_e \approx V_{CC} - I_{CQ}R_e \qquad (2.9.3)$$

2. 动态分析

（1）电压放大倍数 $\dot{A}_u$。由图 2.9.1（b）可得

$$\dot{U}_i = \dot{I}_b r_{be} + (\dot{I}_b + \beta \dot{I}_b)R_L' = \dot{I}_b [r_{be} + (1+\beta)R_L']$$

其中
$$R_L' = R_e // R_L$$

$$\dot{U}_o = (\dot{I}_b + \beta \dot{I}_b)R_L' = \dot{I}_b(1+\beta)R_L'$$

所以
$$\dot{A}_u = \frac{\dot{U}_o}{\dot{U}_i} = \frac{(1+\beta)R_L'}{r_{be} + (1+\beta)R_L'} \qquad (2.9.4)$$

由上式可知，$\dot{A}_u$ 为正，说明共集放大电路的输出电压和输入电压是同相的。一般情况下，$(1+\beta)R_L' \gg r_{be}$，故射极输出器的电压放大倍数 $|\dot{A}_u|$ 接近于 1，而略小于 1，共集放大电路没有电压放大能力，即输出电压和输入电压同相且大小近似相等。因此，共集放大电路又称为射极跟随器。

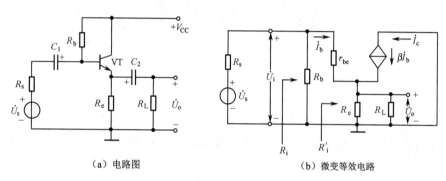

（a）电路图　　（b）微变等效电路

图 2.9.1　共集放大电路

（2）输入电阻 R_i。由图 2.9.1（b）可得

$$R_i = R_b // R_i' \qquad (2.9.5)$$

而
$$R_i' = \frac{\dot{U}_i}{\dot{I}_b} = r_{be} + (1+\beta)R_L' \qquad (2.9.6)$$

由此可知，与共射基本放大电路比较，射极输出器的输入电阻高得多，通常为 $10^5 \sim 10^6 \Omega$ 量级，比共射基本放大电路的输入电阻大几十倍到几百倍，且输入电阻与电路的负载有关。

（3）输出电阻 R_o。根据输出电阻的定义，信号源短路，但保留 R_s，在输出端去掉负载电阻 R_L 并接一个电压源 $\dot{U}_o$，可以得到图 2.9.2 所示的等效电路。求取输出电阻 R_o，其中

$$R_o' = \frac{\dot{U}_o}{\dot{I}_e} = \frac{(r_{be} + R_s // R_b)\dot{I}_b}{(1+\beta)\dot{I}_b} = \frac{r_{be} + R_s // R_b}{1+\beta} \qquad (2.9.7)$$

$$R_o = R_e // R_o' = R_e // \frac{r_{be} + R_s'}{1+\beta}，\text{其中 } R_s' = R_s // R_b \qquad (2.9.8)$$

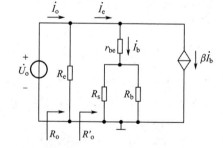

式（2.9.8）说明，输出电阻 R_o 是由发射极电阻 R_e 与电阻 $\frac{r_{be} + R_s'}{1+\beta}$ 并联组成的。后一部分是基极回路电阻折合到发射极回路的等效电阻，通常 $R_e \gg \frac{R_s' + r_{be}}{1+\beta}$。又因为 $\beta \gg 1$，于是

$$R_o \approx \frac{r_{be} + R_s'}{\beta} \qquad (2.9.9)$$

图 2.9.2　输出电阻的等效电路

由此可知，共集放大电路的输出电阻很低，可以达十几欧姆，且与信号源的内阻有关。

综上所述，共集放大电路具有如下特点。

① 电压放大倍数小于 1 而接近于 1，输出电压与输入电压的极性相同，具有电压跟随特性。

② 虽然无电压放大，但有电流放大作用，电流放大倍数 $\dot{A}_i \approx \dfrac{\dot{I}_e}{\dot{I}_b} = 1+\beta$，即有功率放大作用。

③ 输入电阻高且与 R_L 有关，可减小放大器对信号源（或前级）索取的电流，信号获取能力强。

④ 输出电阻低且与 R_s 有关，具有恒压输出特性，带负载能力强。

这样的优点使得射极输出器得到了广泛的应用。例如，利用其输入电阻高、从信号源索取电流小的特点，将其作为多级放大电路的输入级，减小在信号源内阻 R_s 上的压降，提高对信号源的电压利用率；利用其输出电阻小、带负载能力强的特点，可将其作为多级放大电路的输出级，稳定输出电压；还可以利用其输入电阻高、输出电阻低以及电压跟随的特点，将其用于多级放大电路的中间级，以隔离前后级之间的相互影响，或者在电路中起到阻抗变换的作用，称为缓冲级或隔离级。

【例 2.9.1】 在图 2.9.1（a）所示的共集放大电路中，设 $V_{CC}=10V$，$R_e=5.6k\Omega$，$R_b=240k\Omega$，三极管的 $\beta=40$，信号源内阻 $R_S=10k\Omega$，负载电阻 R_L 开路。试估算静态工作点，并计算其电压放大倍数和输入电阻、输出电阻。

解： 首先估算 Q 点。由式（2.9.1）～式（2.9.3）可得

$$I_{BQ} = \frac{V_{CC}-U_{BEQ}}{R_b+(1+\beta)R_e} = \frac{(10-0.7)V}{240k\Omega+41\times5.6k\Omega} \approx 0.02mA$$

$$I_{CQ} \approx \beta I_{BQ} = 40\times0.02mA = 0.8mA$$

$$U_{CEQ} \approx V_{CC}-I_{CQ}R_e = 10V-0.8mA\times5.6k\Omega = 5.52V$$

然后计算 $\dot{A}_u$、R_i 和 R_o。根据式（2.9.4）可知

$$\dot{A}_u = \frac{(1+\beta)R_L'}{r_{be}+(1+\beta)R_L}$$

其中

$$R_L' = R_e // R_L = 5.6k\Omega$$

$$r_{be} = r_{bb}' + (1+\beta)\frac{26mV}{I_{EQ}} = 300\Omega + \frac{41\times26mV}{0.8mV} \approx 1633\Omega \approx 1.6k\Omega$$

则

$$\dot{A}_u = \frac{41\times5.6k\Omega}{1.6k\Omega+41\times5.6k\Omega} \approx 0.993$$

由式（2.9.5）可求得

$$R_i = \left[r_{be}+(1+\beta)R_L'\right]//R_b = \left[1.6k\Omega+(1+40)\times5.6k\Omega\right]//240k\Omega \approx 117.8k\Omega$$

由式（2.9.9）可求得

$$R_o = \frac{r_{be}+R_s'}{1+\beta}//R_e$$

其中

$$R_s' = R_s // R_b \approx 9.6k\Omega$$

则

$$\frac{r_{be}+R_s'}{1+\beta} = \frac{1.6k\Omega+9.6k\Omega}{41} \approx 0.273k\Omega$$

所以

$$R_o = 260\Omega$$

2.9.2 共基放大电路

图 2.9.3（a）所示为单管共基放大电路原理图。图中 R_c 为集电极电阻，R_{b1}、R_{b2} 均为基极偏置电阻，用来保证三极管 VT 有合适的静态工作点，C_b 为基极旁路电容，C_1、C_2 均为耦合电容。图 2.9.3（b）所示为直流通路，图 2.9.3（c）所示为交流通路，其中 $R_L' = R_c // R_L$，图 2.9.3（d）所示为微变等效电路。

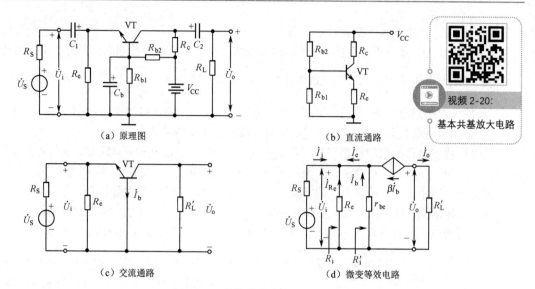

（a）原理图　　　　　　　　　　　（b）直流通路

视频 2-20：
基本共基放大电路

（c）交流通路　　　　　　　　　　（d）微变等效电路

图 2.9.3　共基放大电路

1. 静态分析

由图 2.9.3（b）可知，该电路的直流通路是 2.8.2 节所介绍的分压偏置，因此求静态值的方法同前，即

$$U_{BQ} \approx \frac{R_{b1}}{R_{b1} + R_{b2}} V_{CC} \tag{2.9.10}$$

$$I_{CQ} \approx I_{EQ} = \frac{U_{BQ} - U_{BEQ}}{R_e} \tag{2.9.11}$$

$$I_{BQ} \approx I_{CQ} / \beta \tag{2.9.12}$$

$$U_{CEQ} = V_{CC} - I_{CQ}R_c - I_{EQ}R_e \approx V_{CC} - I_{CQ}\left(R_c + R_e\right) \tag{2.9.13}$$

2. 动态分析

（1）电压放大倍数 $\dot{A}_u$。由图 2.9.3（d）可得

$$\dot{U}_i = -\dot{I}_b r_{be} \tag{2.9.14}$$

$$\dot{U}_o = -\beta \dot{I}_b R_L' \tag{2.9.15}$$

其中　　　　　　　　　　　　　　$R_L' = R_c // R_L$

于是

$$\dot{A}_u = \frac{\dot{U}_o}{\dot{U}_i} = \frac{-\beta \dot{I}_b R_L'}{-\dot{I}_b r_{be}} = \frac{\beta R_L'}{r_{be}} \tag{2.9.16}$$

可见，共基放大电路具有电压放大能力，且是一个同相放大器。

（2）电流放大倍数 $\dot{A}_i$。由图 2.9.3（d）可得

$$\dot{I}_i = -\dot{I}_e - \dot{I}_{R_e}$$

$$\dot{I}_o = -\dot{I}_c$$

于是

$$\dot{A}_i = \dot{I}_o / \dot{I}_i = \frac{\dot{I}_c}{\dot{I}_e + \dot{I}_{R_e}} \tag{2.9.17}$$

若不考虑 $\dot{I}_{R_e}$ 的分流作用，则

$$\dot{A}_i \approx \frac{\dot{I}_c}{\dot{I}_e} = \alpha \tag{2.9.18}$$

由式（2.9.16）和式（2.9.18）可知，共基放大电路虽然具有电压放大能力，但是没有电流放大能力，具有电流跟随的特点。因此，其放大能力仍然不如同时具有电压和电流放大能力的共射放大电路。

（3）输入电阻。由图 2.9.3（d）可得

$$R_i' = \frac{\dot{U}_i}{-\dot{I}_e} = \frac{-\dot{I}_b r_{be}}{-(1+\beta)\dot{I}_b} = \frac{r_{be}}{1+\beta} \tag{2.9.19}$$

$$R_i = R_e /\!/ R_i' = R_e /\!/ \left(\frac{r_{be}}{1+\beta}\right) \approx \frac{r_{be}}{1+\beta} \tag{2.9.20}$$

这说明共基放大电路的输入电阻比共射放大电路接法更低，通常只有几欧姆到十几欧姆，在对带有内阻的电压信号源进行放大时，会使输入信号严重衰减，因此不适合作为电压放大器，但可以作为"电流缓冲器"（Current Buffer）使用。

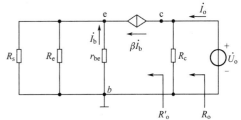

（4）输出电阻。基于图 2.9.4 可以求取共基放大电路的输出电阻。

由于

$$R_o' = \infty \tag{2.9.21}$$

因此

$$R_o = R_o' /\!/ R_c = R_c \tag{2.9.22}$$

图 2.9.4　共基放大电路输出电阻求解电路

【例 2.9.2】　在图 2.9.5 所示的共基放大电路中，已知 R_c=5.1kΩ，R_e=2kΩ，R_{b1}=3kΩ，R_{b2}=10kΩ，负载电阻 R_L=5.1kΩ，V_{CC}=12V，三极管的 β=50。试估算静态工作点，以及 $\dot{A}_i$、$\dot{A}_u$、R_i 和 R_o。

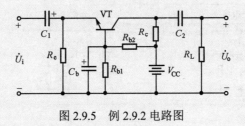

图 2.9.5　例 2.9.2 电路图

解： 由图 2.9.5 可知

$$I_{EQ} = \frac{1}{R_e}\left(\frac{R_{b1}}{R_{b1}+R_{b2}}V_{CC} - U_{BEQ}\right)$$

$$= \frac{1}{2\text{k}\Omega}\left(\frac{3\text{k}\Omega}{3\text{k}\Omega+10\text{k}\Omega}\times 12\text{V} - 0.7\text{V}\right) \approx 1.03\text{mA} \approx I_{CQ}$$

$$I_{BQ} = \frac{I_{EQ}}{1+\beta} = \frac{1.03\text{mA}}{51} \approx 0.02\text{mA} = 20\mu\text{A}$$

$$U_{CEQ} \approx V_{CC} - I_{CQ}(R_c + R_e) = 12\text{V} - 1.03\text{mA}\times(5.1+2)\text{k}\Omega \approx 4.7\text{V}$$

然后估算电流放大倍数、电压放大倍数和输入电阻、输出电阻。

$$\dot{A}_i = -\alpha = -\frac{\beta}{1+\beta} = -\frac{50}{51} \approx -0.98$$

为了计算 $\dot{A}_u$，首先求出 R_L' 和 r_{be}，其中

$$R_L' = R_c /\!/ R_L \approx 2.55\text{k}\Omega$$

$$r_{be} = r_{bb}' + (1+\beta)\frac{26\text{mV}}{I_{EQ}} = 300\Omega + \frac{51\times 26\text{mV}}{1.03\text{mA}} \approx 1587\Omega \approx 1.6\text{k}\Omega$$

$$\dot{A}_u = \frac{\beta R'_L}{r_{be}} = \frac{50 \times 2.55\text{k}\Omega}{1.6\text{k}\Omega} \approx 79.7$$

$$R_i = \frac{r_{bc}}{1+\beta} // R_e \approx 0.03\text{k}\Omega = 30\Omega$$

$$R_o = R_c = 5.1\text{k}\Omega$$

2.9.3 三种基本组态的比较

根据前面的分析，现对共射、共集和共基 3 种基本组态的性能特点进行比较，并列于表 2.9.1 中。

上述 3 种接法的主要特点和应用可以大致归纳如下。

（1）共射放大电路同时具有较大的电压放大倍数和电流放大倍数，输入电阻和输出电阻比较适中，所以一般只要是对输入电阻、输出电阻和频率响应没有特殊要求的应用需求，均可采用。因此，共射放大电路被广泛地用作低频电压放大电路的输入级、中间级和输出级。

（2）共集放大电路的特点是电压跟随，即电压放大倍数接近于 1 而略小于 1，而且输入电阻很高、输出电阻很低，由于具有这些特点，常被用作多级放大电路的输入级、输出级或作为隔离用的中间级。

（3）共基放大电路的突出特点在于它具有很低的输入电阻，使晶体管结电容的影响不显著，因而频率响应得到很大改善，所以这种接法常用于宽频带放大器中。

视频 2-21：
3 种组态放大
电路的对比

表 2.9.1　放大电路 3 种基本组态的比较

性能	组态		
	共射组态	共集组态	共基组态
电路			
$\dot{A}_i$	大 （几十到一百以上） β	大 （几十到一百以上） $-(1+\beta)$	小 （小于、接近于 1） α
$\dot{A}_u$	大 （几十到一百以上） $-\dfrac{\beta R'_L}{r_{be}}$	小 （小于、接近于 1） $\dfrac{(1+\beta)R'_L}{r_{be}+(1+\beta)R'_L}$	大 （数值同共射放大电路，但同相） $\dfrac{\beta R'_L}{r_{be}}$
R_i	中 （几百欧姆到几千欧姆） r_{be}	大 （几十千欧姆以上） $R_b // \left[r_{be}+(1+\beta)R'_L \right]$	小 （几欧姆到几十欧姆） $R_e // \left(\dfrac{r_{be}}{1+\beta} \right)$
R_o	中 （几十千欧姆到几百千欧姆） R_c	小 （几欧姆到几十欧姆） $\dfrac{r_{be}+R'_s}{1+\beta}$	大 （几百千欧姆到几兆欧姆） R_c
频率响应	差	较好	好

2.10 复合管及其放大电路

通过前面的分析可以发现，放大电路的各项性能与三极管的参数密切相关，如三极管的电流放大系数和输入电阻就直接关乎放大电路的放大能力与信号拾取能力。因此，如果能够提高三极管的电流放大系数和输入电阻，将对电路性能有明显提升。1953 年，贝尔实验室的工程师达林顿灵机一动，将两个三极管按照图 2.10.1（a）所示的方法连接起来，VT_1 的基极作为输入，VT_1 的发射极与 VT_2 的基极相连，VT_2 的发射极作为共同的发射极，而两个管子的集电极连在一起作为共同的集电极，这就形成了一个复合管，因此复合管又称为达林顿管（Darlington Transistor，DT）。

2.10.1 复合管的构成和特性

常见的复合管通常由两个三极管构成，根据不同类型的三极管组合，可以构成多种类型的复合管。复合管的等效类型（NPN 或 PNP）由输入管 VT_1 确定，如图 2.10.1 所示。

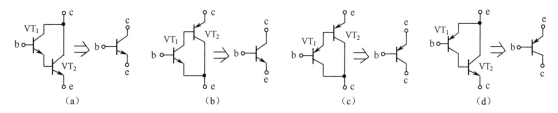

（a）　　　　　　　（b）　　　　　　　（c）　　　　　　　（d）

图 2.10.1 复合管及其等效类型

1. 复合管的构成原则

（1）在前后两个三极管的连接关系上，应保证前级三极管的输出电流与后级三极管的输入电流的实际方向一致。

（2）外加电压的极性应保证前后两个三极管均为发射结正偏、集电结反偏，即可使两管都工作在放大区。

（3）为实现放大，应将前一个三极管的集电极或发射极电流作为第二个三极管的基极电流。

下面以图 2.10.1（a）所示的复合管为例，讨论复合管的电流放大系数和输入电阻。

2. 复合管的电流放大系数

从图 2.10.1（a）中可以看出

$$\Delta i_B = \Delta i_{B1}$$
$$\Delta i_{B2} = \Delta i_{E1} = (1 + \beta_1)\Delta i_{B1}$$
$$\Delta i_C = \Delta i_{C1} + \Delta i_{C2} = \beta_1 \Delta i_{B1} + \beta_2 \Delta i_{B2}$$
$$\Delta i_C = \beta_1 \Delta i_{B1} + \beta_2(1+\beta_1)\Delta i_{B1} = (\beta_1 + \beta_2 + \beta_1\beta_2)\Delta i_{B1} = (\beta_1 + \beta_2 + \beta_1\beta_2)\Delta i_B$$

于是，等效共射电流放大系数为

$$\beta = \frac{\Delta i_C}{\Delta i_B} = \beta_1 + (1+\beta_1)\beta_2 \approx \beta_1\beta_2 \tag{2.10.1}$$

3. 复合管的输入电阻

$$\Delta u_{BE} = \Delta i_{B1}r_{be1} + \Delta i_{B2}r_{be2} = \Delta i_{B1}[r_{be1} + (1+\beta_1)r_{be2}] = \Delta i_B[r_{be1} + (1+\beta_1)r_{be2}]$$

$$r_{be} = \frac{\Delta u_{BE}}{\Delta i_B} = r_{be1} + (1+\beta_1)r_{be2} \tag{2.10.2}$$

用同样的方法，可以分析得到其他 3 种复合管的参数，如表 2.10.1 所示。可见，复合管相比于单个三极管，其电流放大系数大大提高，有利于获得更好的放大电路性能。

表 2.10.1 复合管的电流放大系数和输入电阻

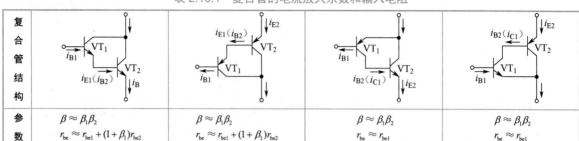

复合管结构				
参数	$\beta \approx \beta_1\beta_2$ $r_{be} \approx r_{be1} + (1+\beta_1)r_{be2}$	$\beta \approx \beta_1\beta_2$ $r_{be} \approx r_{be1} + (1+\beta_1)r_{be2}$	$\beta \approx \beta_1\beta_2$ $r_{be} \approx r_{be1}$	$\beta \approx \beta_1\beta_2$ $r_{be} \approx r_{be1}$

2.10.2 复合管放大电路

复合管具有电流放大系数大和输入电阻大的特点，将其作为核心元件构建放大电路，可有效改善放大电路的性能。

1. 复合管共射放大电路

图 2.10.2 所示为复合管共射放大电路。由于该复合管可以等效为 NPN 单管，因此这个电路可以等效为固定偏置共射放大电路。其放大倍数、输入电阻和输出电阻分析方法与 2.6 节中的分析方法相同，即

$$\dot{A}_u = -\beta_1\beta_2 \frac{R_c \,/\!/\, R_L}{r_{be1} + (1+\beta_1)r_{be2}} \tag{2.10.3}$$

$$R_i = R_b \,/\!/\, \left[r_{be1} + (1+\beta_1)r_{be2} \right] \tag{2.10.4}$$

$$R_o = R_c \tag{2.10.5}$$

由于 $(1+\beta_1)r_{be2} \gg r_{be1}$，因此该复合管放大电路的电压放大倍数与单管放大电路的放大倍数相当。但在输入电阻方面，显然比单管共射放大电路大得多，改善了共射放大电路的信号拾取能力。此外，由于共射放大电路的电流放大倍数约等于 β，因此复合管构成的共射放大电路的电流放大倍数约等于 $\beta_1\beta_2$，明显增大。

2. 复合管共集放大电路

图 2.10.3 所示为复合管构成的共集放大电路。可分析得到该电路的放大倍数、输入电阻和输出电阻，即

$$\dot{A}_u = \frac{(1+\beta_1)(1+\beta_2)R_L'}{r_{be1} + (1+\beta_1)r_{be2} + (1+\beta_1)(1+\beta_2)R_L'} \tag{2.10.6}$$

$$R_i = R_b \,/\!/\, [r_{be1} + (1+\beta_1)r_{be2} + (1+\beta_1)(1+\beta_2)R_L'] \tag{2.10.7}$$

$$R_o = R_e \,/\!/\, \frac{r_{be2} + \dfrac{R_S /\!/ R_b + r_{be1}}{1+\beta_1}}{1+\beta_2} \tag{2.10.8}$$

显然，相较于单管共集放大电路，复合管共集放大电路的输入电阻大幅增大，输出电阻大幅减小，因此电路的信号拾取和带负载能力进一步增强。

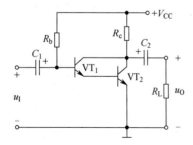

图 2.10.2 复合管共射放大电路

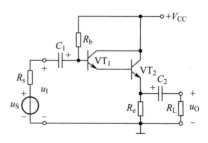

图 2.10.3 复合管构成的共集放大电路

本 章 小 结

本章首先介绍了双极型三极管放大的原理、伏安特性和主要参数，进而介绍了三极管放大电路的基本概念。以共射放大电路为例介绍了三极管放大电路的组成和工作原理、分析方法，最后举一反三地讨论了共集放大电路和共基放大电路的参数和特点。

（1）三极管是一种能够进行电流放大的有源器件。双极型三极管有两种类型：NPN 型和 PNP 型。三极管的结构可以用 3 个极（发射极、基极和集电极）、3 个区（发射区、基区和集电区）和 2 个结（发射结和集电结）来描述。

三极管实现放大作用的内部结构条件是：发射区掺杂浓度很高；基区做得很薄，且掺杂的浓度很低。另外，集电结的结面积大，且集电区多子浓度远没有发射区多子浓度高。实现放大作用的外部条件是：外加电源的极性应保证发射结正向偏置，而集电结反向偏置。

描述三极管放大作用的重要参数是共射电流放大系数 $\beta = \Delta i_C / \Delta i_B$，以及共基电流放大系数 $\alpha = \Delta i_C / \Delta i_E$。另外，可以用输入、输出特性曲线来描述三极管的特性。三极管的共射输出特性曲线可以划分为 3 个区：截止区、放大区与饱和区。为了对输入信号进行线性放大，避免产生严重的非线性失真，应使三极管工作在放大区内。

（2）放大电路是一种最基本、最常用的模拟电子电路。放大实质上是能量的控制与转换，放大的对象是变化量。

（3）组成放大电路的基本原则是：静态偏置应使三极管的发射结正向偏置、集电结反向偏置，以保证三极管工作在放大区；输入信号应能引起基极电流 i_B 的变化；放大后的信号应能转换为负载上电压或电流的变化。

（4）放大电路的基本分析方法有 3 种：估算法、图解法和微变等效电路分析法。在进行放大电路分析时，应秉承"先静后动"的原则，首先确定静态工作点，然后求解电压放大倍数、输入电阻和输出电阻等动态参数。

在静态工作点合适、小信号和中低频的条件下，可以使用 h 参数微变等效模型，得到放大电路的微变等效电路，然后就可以利用线性电路的定理、定律列出方程求解。

在用图解法分析放大电路时，要分别画出三极管部分（非线性）和负载部分（线性）的伏安特性，然后根据二者的交点求解。利用图解法还可以直观、形象地表示出静态工作点的位置与非线性失真的关系、估算最大不失真输出幅度，以及分析电路参数对静态工作点的影响等。

实际工作中常常将以上方法结合起来使用，以便取长补短，使分析过程更加简单方便。

（5）当温度变化时，三极管的各种参数将随之发生变化，使放大电路的静态工作点不稳定，甚至不能正常工作。常用的分压偏置工作点稳定电路实际上采用负反馈的原理，使 I_C 的变化影响输入回路中 U_{BE} 的变化，从而保持静态工作点基本不变。

（6）基本放大电路有 3 种接法（3 种组态），即共射接法、共集接法和共基接法。它们的主要特点和对比见表 2.9.1。

（7）采用复合连接的方式，可以构成复合管，复合管的电流放大系数相较于单管大幅增大。

本章引入了放大的相关概念、指标和基本电路的分析方法，为后续内容的展开打下基础。

习 题 二

2.1　选择填空，将正确选项或答案填入空内。

（1）晶体管工作在放大区时，b-e 间为_____，b-c 间为_____，

习题二

答案

工作在饱和区时，b-c 间为＿＿＿＿＿＿，b-c 间为＿＿＿＿＿＿。

A．正向偏置　　　　B．反向偏置　　　　C．零偏置

（2）工作在放大区的某晶体管，当 i_B 从 20μA 增大到 40μA 时，i_C 从 1mA 变成 2mA。它们的 β 约为＿＿＿＿＿＿。

A．10　　　　　　　B．50　　　　　　　C．100

（3）组成放大电路的基本原则是：外加电源的极性应使三极管的发射结＿＿＿＿＿＿、集电结＿＿＿＿＿＿，以保证三极管工作在放大区；输入信号应能＿＿＿＿＿＿；放大的信号应能＿＿＿＿＿＿。

（4）放大电路的静态基本分析方法有两种：＿＿＿＿＿＿和＿＿＿＿＿＿。

（5）微变等效电路分析法只能用于分析放大电路的＿＿＿＿＿＿情况，不能确定静态工作点。要确定静态工作点常采用＿＿＿＿＿＿和＿＿＿＿＿＿。

（6）分压偏置工作点稳定电路实际上采用＿＿＿＿＿＿的原理，使 I_C 的变化影响输入回路中＿＿＿＿＿＿的变化，从而保持静态工作点基本不变。

（7）图 P2.1 所示为两个 NPN 型三极管组成的复合管，设 VT$_1$ 的共射电流放大系数为 β_1，输入电阻为 r_{be1}；VT$_2$ 的共射电流放大系数为 β_2，输入电阻为 r_{be2}，则复合管的电流放大系数为 $\beta \approx$ ＿＿＿＿＿＿，输入电阻 $r_{be}=$＿＿＿＿＿＿。

2.2　一个三极管的输出特性曲线如图 P2.2 所示。试求出在图上 $u_{CE}=5V$、$i_C=6mA$ 处的电流放大系数 $\bar{\beta}$、$\bar{\alpha}$、β 和 α，并进行比较。

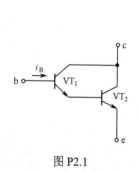

图 P2.1

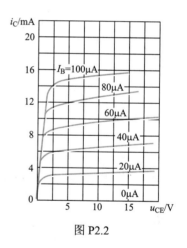

图 P2.2

2.3　假设题 2.2 中三极管的极限参数 $I_{CM}=14mA$，$U_{(BR)CEQ}=15V$，$P_{CM}=100mW$，试在图 P2.2 的特性曲线上画出该三极管的安全工作区。

2.4　有两个三极管，已知甲管的 $\bar{\beta}_1=99$，则 $\bar{\alpha}_1$ 为多少？当甲管的 $I_{B1}=10\mu A$ 时，其 I_{C1} 和 I_{E1} 各为多少？乙管的 $\bar{\alpha}_2=0.95$，其 $\bar{\beta}_2$ 为多少？若乙管的 $I_{E2}=1mA$，则 I_{C2} 和 I_{B2} 各为多少？

2.5　测得某电路中几个三极管的各极电位如图 P2.3 所示。试判断各三极管分别工作在截止区、放大区还是饱和区。

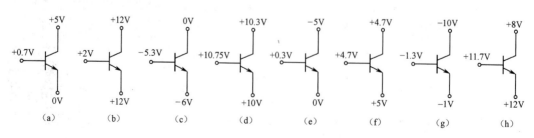

图 P2.3

2.6　已知图 P2.4（a）～（f）中各三极管的 β 均为 50，$U_{\text{BE}} \approx 0.7\text{V}$，试分别估算各电路中三极管的 I_C 和 U_{CE}，判断它们各自工作在哪个区（截止区、放大区或饱和区），并将各三极管的静态工作点分别画在图 P2.4（g）的输出特性曲线上。

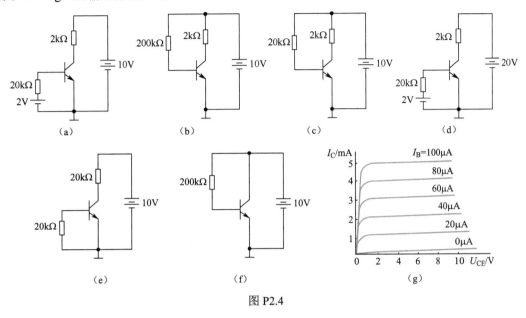

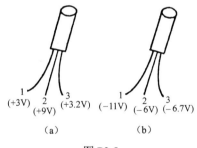

图 P2.4

2.7　分别测得两个放大电路中三极管的各极电位如图 P2.5（a）和（b）所示，试识别它们的引脚，分别标上 e、b、c，并判断这两个三极管是 NPN 型还是 PNP 型、硅管还是锗管。

图 P2.5

2.8　假设某三极管在 20℃时的反向饱和电流 I_{CBQ}=1μA，β=30，试估算该管在 50℃时的 I_{CBQ} 和穿透电流 I_{CEQ} 大致等于多少。已知每当温度升高 10℃时，I_{CBQ} 大约增加为原来的 2 倍，而当温度每升高 1℃时，β 大约增加 1%。

2.9　试判断图 P2.6 中各级放大电路有无放大作用，并简单说明理由。

2.10　在图 P2.7（a）中，已知 R_b=510kΩ，R_c=10kΩ，R_L=1.5kΩ，V_{CC}=10V。三极管的输出特性如图 P2.7（b）所示。

（1）试用图解法求出电路的静态工作点，并分析这个工作点选得是否合适。

（2）在 V_{CC} 和三极管不变的情况下，为了把三极管的静态集电极电压 U_{CEQ} 提高到 5V 左右，可以改变哪些参数？如何改变？

（3）在 V_{CC} 和三极管不变的情况下，为了使 I_{CQ}=2mA，U_{CEQ}=2V，应改变哪些参数？改成什么数值？

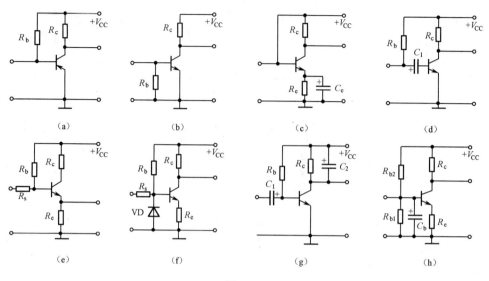

图 P2.6

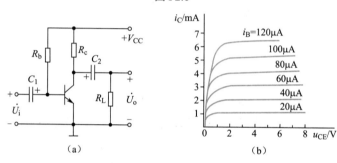

图 P2.7

2.11　在图 P2.8 所示的放大电路中，假设三极管的 $\beta=100$，$U_{BEQ}=-0.2V$，$r_{bb}=200\Omega$。

（1）估算静态时的 I_{BQ}、I_{CQ} 和 U_{CEQ}。

（2）计算三极管的 r_{be} 值。

（3）求出中频时的电压放大倍数 $\dot{A}_u$。

2.12　在图 P2.9 中，已知 $R_1=3k\Omega$，$R_2=12k\Omega$，$R_c=1.5k\Omega$，$R_e=500\Omega$，$V_{CC}=20V$，三极管型号为 3DG4，其 $\beta=30$。

（1）试计算 I_{CQ}、I_{BQ} 和 U_{CEQ}。

（2）如果换上一只 $\beta=60$ 的同类型的三极管，估计放大电路是否能工作在正常状态。

（3）如果温度由 10℃升到 50℃，试说明 U_C（对地）将如何变化（增大、不变或减小）。

（4）如果换上 PNP 型的三极管，试说明应做出哪些改动（包括电容的极性），才能保证正常工作。若 β 仍为 30，你认为各静态值将有多大的变化？

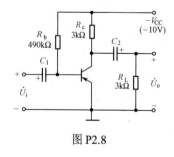

图 P2.8

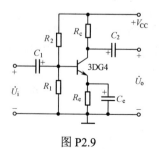

图 P2.9

2.13　放大电路如图 P2.10（a）所示。试按照给定参数，在图 P2.10（b）中：

（1）画出直流负载线。

（2）定出 Q 点（设 U_{BEQ}=0.7V）。

（3）画出交流负载线。

（4）定出对应于 i_B 为 0～100μA 时 u_{CE} 的变化范围，并由此计算 U_o。（正弦电压有效值）。

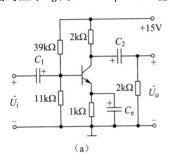 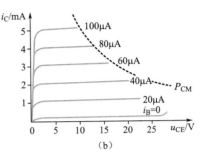

图 P2.10

2.14　假设图 P2.11 所示电路中三极管的 β=60，V_{CC}=6V，R_c=5kΩ，R_L=5kΩ，R_b=530kΩ，VT 为硅管。

（1）估算静态工作点。

（2）求 r_{be} 值。

（3）画出放大电路的中频等效电路。

（4）求电压放大倍数 $\dot{A}_u$、输入电阻 R_i 和输出电阻 R_o。

2.15　利用微变等效电路分析法，计算图 P2.12（a）所示电路的电压放大倍数、输入电阻及输出电阻。已知 R_{b1}=2.5kΩ，R_{b2}=10kΩ，R_c=2kΩ，R_e=750Ω，R_L=1.5kΩ，R_s=0，V_{CC}=15V，三极管型号为 3DG6，它的输出特性曲线如图 P2.12（b）所示。

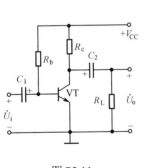 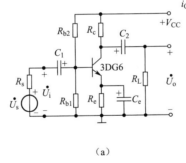 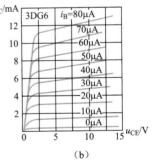

图 P2.11　　　　　　　　　　　　　　图 P2.12

2.16　在题 2.15 中，若 R_S=10kΩ，则电压放大倍数 $\dot{A}_{us}=\dfrac{\dot{U}_o}{\dot{U}_s}=$?

2.17　在图 P2.13 所示的电路中，设 β=50，U_{BEQ}=0.6V。

（1）求静态工作点。

（2）画出放大电路的微变等效电路。

（3）求电压放大倍数 $\dot{A}_u$、输入电阻 R_i 和输出电阻 R_o。

2.18　在图 P2.14 所示的射极输出器电路中，设三极管的 β=100，V_{CC}=12V，R_e=5.6kΩ，R_b=560kΩ。

（1）求静态工作点。

（2）画出中频等效电路。

（3）分别求出当 R_L=∞ 和 R_L=1.2kΩ时的 $\dot{A}_u$。

（4）分别求出当 $R_L=\infty$ 和 $R_L=1.2\text{k}\Omega$ 时的 R_i。

（5）求 R_o。

2.19　画出图 P2.15 所示放大电路的微变等效电路，写出电压放大倍数 $\dot{U}_{o1}/\dot{U}_i$ 和 $\dot{U}_{o2}/\dot{U}_i$ 的表达式，并画出当 $R_c=R_e$ 时的两个输出电压 u_{o1} 和 u_{o2} 的波形（与正弦波 u_i 相对应）。

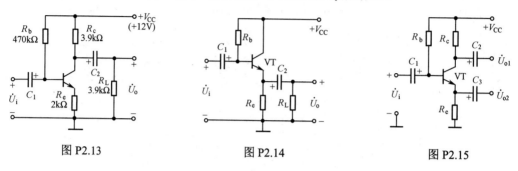

图 P2.13　　　　　　　　　图 P2.14　　　　　　　　　图 P2.15

2.20　试判断图 P2.16 中哪些复合管的接法是正确的，若正确，则进一步判断复合管的等效类型（NPN、PNP），并在图上标明等效电极（e、b、c）。

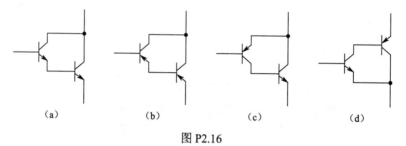

（a）　　　　　　　（b）　　　　　　　（c）　　　　　　　（d）

图 P2.16

思维导图 3:
放大电路的
频率响应

第 3 章 放大电路的频率响应

[内容提要]

频率响应是衡量放大电路对不同频率输入信号适应能力的一项技术指标。本章首先介绍频率响应的一般概念，以及三极管的频率参数；然后从物理概念上定性分析单管共射放大电路的频率响应，并利用三极管混合 π 模型分析共射放大电路的下限截止频率 f_L、上限截止频率 f_H 与电路参数的关系，画出其波特图；最后讨论其他组态放大电路的频率特性，并对 3 种组态放大电路的频率特性进行对比。

3.1 频率响应问题的提出

3.1.1 频率响应分析的必要性

前面，我们一直采用单一频率的正弦信号作为输入讨论放大电路的电压增益、输入电阻、输出电阻等技术指标。但在实际应用中，电子电路所处理的信号几乎都不是简单的单一频率信号，它们的幅度及相位通常都由固定比例关系的多频率分量组合而成，具有一定的频谱。

放大电路输入信号如图 3.1.1（a）所示，输入电压 u_I 包含基波和二次谐波。经过放大以后，输出波形产生了失真，如图 3.1.1（b）所示。该失真是由放大电路对两个谐波成分的放大倍数的幅值不同而引起的，称为幅频失真。在图 3.1.1（a）所示的输入电压作用下，放大电路的输出也可能出现图 3.1.1（c）所示的失真，该失真是由两个谐波通过放大电路后产生的相移不同而引起的，称为相频失真。

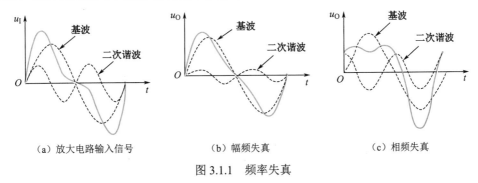

（a）放大电路输入信号　　　　（b）幅频失真　　　　（c）相频失真

图 3.1.1　频率失真

幅频失真和相频失真统称频率失真，产生频率失真的本质原因是放大电路的通频带有限，因此对于不同频率的输入信号，可能放大倍数的幅值不同、相移也不同。频率失真属于线性失真，与第 2 章讨论过的非线性失真相比，两者产生的根本原因不同。前者是由放大电路的通频带不够宽，因而对不同频率的信号响应不同而产生的，输出信号中不会产生新的谐波分量；而后者是由放大器件的非线性特性导致的，在输出信号中将会产生新的谐波分量。

由此可知，研究放大电路的频率响应是实现信号不失真放大的重要一环，放大电路频率特性的好坏直接影响输出信号的质量，对放大器的稳定性也有影响，因而在电路的分析和设计中十分重要。在设计电路时，应先了解信号的频率范围，并据此设计电路的频率特性。在使用电路前，应分析或实测其通频带，以确定电路是否适合工作频率。

3.1.2　频率响应的产生机理

为什么放大电路对不同频率信号的增益会有幅度和相位上的差异？其主要原因是由于放大电路中存在各类电抗元件（如三极管的极间电容，以及电路的负载电容、分布电容、耦合电容、射极旁路电容等），当信号频率较高或较低时，不但放大倍数会变小，而且会产生超前或滞后的相移，使得放大电路对不同频率信号分量的放大倍数和相移都不同。

在图 3.1.2 所示的考虑极间电容时的单管共射放大电路中，可以认为主要存在两类电容。一类是耦合电容和旁路电容等为代表的电抗元件，这类电容通常容量较大，在中频段和高频段容抗较小，可以视为短路；而在低频段此类电容容抗较大，对信号传输的影响不可忽略，放大倍数随频率的降低而减小。另一类电容是器件内部的极间电容和分布电容、寄生电容等杂散电容，这类电容在信号中、低频段由于容抗较大，其影响可以忽略不计，而当信号频率升高时，此类电容容抗减小，使得放大倍数降低。

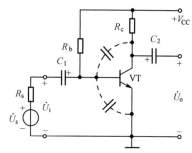

图 3.1.2　考虑极间电容时的单管共射放大电路

综上所述，可以得出以下结论。

（1）电路中存在着电抗元件是影响频率响应的主要因素。

（2）当低频时，主要是耦合电容影响频率响应。

（3）当高频时，主要是晶体管结电容影响频率响应。

（4）在阻容耦合放大电路中，由于耦合电容和结电容的影响，使得放大电路的放大倍数在低频和高频都会产生衰减。

3.2　频率响应的一般概念

视频 3-1：
频率响应的基本概念

如前所述，由于放大器件本身具有极间电容，以及放大电路中可能存在电容等电抗元件，因此当输入不同频率的正弦波信号时，电路的放大倍数便成为频率的函数，这种函数关系称为放大电路的频率响应或频率特性。

3.2.1　幅频特性和相频特性

由于电抗元件的作用，使正弦波信号通过放大电路时，不仅信号的幅度得到放大，还将产生相移。此时，电压放大倍数 $\dot{A}_u$ 可表示为

$$\dot{A}_u = |\dot{A}_u(f)| \angle \varphi(f) \tag{3.2.1}$$

式（3.2.1）表示，电压放大倍数的幅值 $|\dot{A}_u|$ 和相角 φ 都是频率 f 的函数。其中，$|\dot{A}_u(f)|$ 为幅频特性；$\varphi(f)$ 为相频特性。

一个典型的单管共射放大电路的幅频特性和相频特性分别示于图 3.2.1 中。

3.2.2　下限频率、上限频率和通频带

由图 3.2.1 可知，在宽广的中频范围内，电压放大倍数的幅值基本不变，相角 φ 约为-180°。而当频率降低或升高时，电压放大倍数的幅值都将减小，同时产生超前或滞后的附加相移。

通常将中频段的电压放大倍数称为中频电压放大倍数 A_{um}，并规定当电压放大倍数下降到 $0.707A_{um}$（$\frac{1}{\sqrt{2}}A_{um}$）时，相应的低频率和高频率分别称为放大电路的下限频率 f_L 和上限频率 f_H，统称截止频率。二者之间的频率范围称为通频带（BW），即

$$BW = f_H - f_L \qquad (3.2.2)$$

如图 3.2.1 所示，通频带的宽度（带宽）表征了放大电路对不同频率输入信号的响应能力，是放大电路的重要技术指标之一。

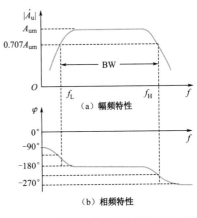

图 3.2.1　单管共射放大电路的幅频特性和相频特性

3.2.3　波特图

根据放大电路频率特性的表达式，可以画出其频率特性曲线。在实际工作中，信号的频率范围可能很宽，可以从几赫兹到几百兆赫兹，放大电路的增益也可能很大，如果采用线性坐标，难以在有限的空间描述频率特性。为了压缩坐标，扩大视野，应用比较广泛的是对数频率特性。这种用折线近似的对数频率特性称为波特图。

在绘制波特图时，横坐标是频率 f，采用对数坐标。对数幅频特性的纵坐标是电压放大倍数幅值的对数 $20\lg|\dot{A}_u|$，单位为分贝（dB）。对数相频特性的纵坐标是相角 φ，不取对数。

这样，就可以在较小的坐标范围内表示宽广频率范围的变化情况，同时将低频段和高频段的特性都表示得很清楚，而且波特图可以采用折线化的方式进行进一步的简化，则图 3.2.1 所示的频率特性可以描述为图 3.2.2 所示的折线波特图。需要注意的是，虽然经过折线化处理，但是在截止频率处的实际增益仍衰减为通频带增益的 0.707（$1/\sqrt{2}$），对应的分贝值为-3dB。

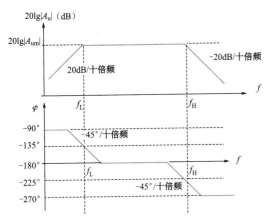

图 3.2.2　典型共射放大电路的折线波特图

3.3　单时间常数 RC 电路的频率响应

现以最简单的 RC 低通和高通电路为例，说明频率响应分析的一般步骤和波特图的画法。

3.3.1　RC 低通电路的频率响应

由图 3.3.1 所示的 RC 低通电路可得

$$\dot{A}_u = \frac{\dot{U}_o}{\dot{U}_i} = \frac{\dfrac{1}{j\omega C}}{R + \dfrac{1}{j\omega C}} = \frac{1}{1 + j\omega RC} \qquad (3.3.1)$$

视频 3-2：
单时间常数 RC
电路的频率响应

此低通电路的时间常数为 $\tau_H = RC$。令

$$f_H = \frac{1}{2\pi\tau_H} = \frac{1}{2\pi RC} \qquad (3.3.2)$$

代入式（3.3.1），可得

$$\dot{A}_\text{u} = \frac{1}{1+j\omega\tau_\text{H}} = \frac{1}{1+j\dfrac{f}{f_\text{H}}} \qquad (3.3.3)$$

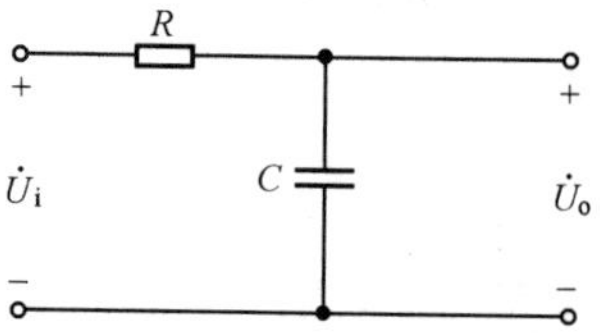

将式（3.3.3）分别用模和相角表示为

$$|\dot{A}_\text{u}| = \frac{1}{\sqrt{1+\left(\dfrac{f}{f_\text{H}}\right)^2}} \qquad (3.3.4)$$

图 3.3.1 RC 低通电路

$$\varphi = -\arctan\left(\frac{f}{f_\text{H}}\right) \qquad (3.3.5)$$

根据式（3.3.4）和式（3.3.5）可以画出 RC 低通电路的波特图。

首先将式（3.3.4）取对数，可得

$$20\lg|\dot{A}_\text{u}| = -20\lg\sqrt{1+\left(\frac{f}{f_\text{H}}\right)^2} \qquad (3.3.6)$$

由式（3.3.6）可知，当 $f \ll f_\text{H}$ 时，$20\lg|\dot{A}_\text{u}| \approx 0\text{dB}$；当 $f \gg f_\text{H}$ 时，$20\lg|\dot{A}_\text{u}| \approx -20\lg(f/f_\text{H})$；当 $f = f_\text{H}$ 时，$20\lg|\dot{A}_\text{u}| = -20\lg\sqrt{2} = -3\text{dB}$。

由此可知，RC 低通电路的对数幅频特性曲线可用两条直线构成的折线来近似。当 $f < f_\text{H}$ 时，用零分贝线即横坐标轴来近似；当 $f > f_\text{H}$ 时，用斜率为-20dB/十倍频的直线来近似，两条直线交于横坐标上的 $f = f_\text{H}$ 处，由于在 f_H 处增益衰减为通频带增益的 0.707（$1/\sqrt{2}$），因此 f_H 是该低通电路的上限截止频率，也称为-3dB 频率。利用折线近似方法画出的对数幅频特性波特图，如图 3.3.2（a）中的虚线所示。

根据式（3.3.6）画出的低通电路的对数幅频特性曲线如图 3.3.2（a）中的实线所示。可以证明，折线近似引起的最大误差为 3dB，发生在 $f = f_\text{H}$ 处。

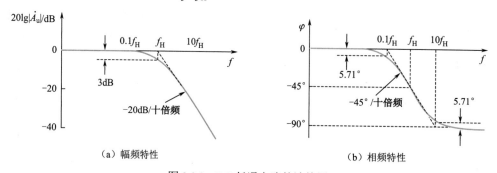

（a）幅频特性　　　　　　　　　　　　　　（b）相频特性

图 3.3.2　RC 低通电路的波特图

RC 低通电路的对数相频特性的分析如下。

由式（3.3.5）可得，当 $f \ll f_\text{H}$ 时，$\varphi \approx 0°$；当 $f \gg f_\text{H}$ 时，$\varphi \approx -90°$；当 $f = f_\text{H}$ 时，$\varphi \approx -45°$。

因此，RC 低通电路的对数相频特性也可用 3 条直线构成的折线来近似，画出相频特性波特图。

当 $f < 0.1f_\text{H}$ 时，近似认为 $\varphi = 0°$；当 $f > 10f_\text{H}$ 时，近似认为 $\varphi = -90°$；当 $0.1f_\text{H} < f < 10f_\text{H}$ 时，用一条斜率等于-45°/十倍频的直线来近似，在此直线上，当 $f = f_\text{H}$ 时，$\varphi = -45°$，如图 3.3.2（b）中的虚线所示。

根据式（3.3.5）画出的低通电路的对数相频特性曲线如图 3.3.2（b）中的实线所示。由图 3.3.2（b）可知，折线近似带来的最大误差为±5.71°，分别发生在 $0.1f_\text{H}$ 和 $10f_\text{H}$ 处。

从图 3.3.2（a）所示的波特图可以看出，图 3.3.1 所示的 RC 低通电路具有低通的特性，即允许 $f < f_\text{H}$ 的低频信号通过，而对于 $f > f_\text{H}$ 的高频信号则不能通过。其中 f_H 为低通电路的上限（-3dB）频率。

从图 3.3.2（b）中可以看出，在高频段，此低通电路将产生 $-90°\sim0°$ 内的滞后的相移。

3.3.2 RC 高通电路的频率响应

由图 3.3.3 所示的 RC 高通电路可得

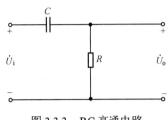

图 3.3.3 RC 高通电路

$$\dot{A}_{\mathrm{u}} = \frac{\dot{U}_{\mathrm{o}}}{\dot{U}_{\mathrm{i}}} = \frac{R}{R + \dfrac{1}{\mathrm{j}\omega C}} = \frac{1}{1 + \dfrac{1}{\mathrm{j}\omega RC}} \tag{3.3.7}$$

该高通电路的时间常数 $\tau_{\mathrm{L}}=RC$。令

$$f_{\mathrm{L}} = \frac{1}{2\pi\tau_{\mathrm{L}}} = \frac{1}{2\pi RC} \tag{3.3.8}$$

代入 $\dot{A}_{\mathrm{u}}$ 的表达式，可得

$$\dot{A}_{\mathrm{u}} = \frac{1}{1 + \dfrac{1}{\mathrm{j}\omega\tau_{\mathrm{L}}}} = \frac{1}{1 - \mathrm{j}\dfrac{f_{\mathrm{L}}}{f}} \tag{3.3.9}$$

式（3.3.9）可分别用 $\dot{A}_{\mathrm{u}}$ 的模和相角表示为

$$|\dot{A}_{\mathrm{u}}| = \frac{1}{\sqrt{1 + \left(\dfrac{f_{\mathrm{L}}}{f}\right)^2}} \tag{3.3.10}$$

$$\varphi = \arctan\left(\frac{f_{\mathrm{L}}}{f}\right) \tag{3.3.11}$$

为了画出对数幅频特性，首先将式（3.3.10）取对数，可得

$$20\lg|\dot{A}_{\mathrm{u}}| = -20\lg\sqrt{1 + \left(\frac{f_{\mathrm{L}}}{f}\right)^2} \tag{3.3.12}$$

由式（3.3.12）可知，当 $f \gg f_{\mathrm{L}}$ 时，$20\lg|\dot{A}_{\mathrm{u}}| \approx 0\mathrm{dB}$；当 $f \ll f_{\mathrm{L}}$ 时，$20\lg|\dot{A}_{\mathrm{u}}| \approx -20\lg\dfrac{f_{\mathrm{L}}}{f} = 20\lg\dfrac{f}{f_{\mathrm{L}}}$；当 $f = f_{\mathrm{L}}$ 时，$20\lg|\dot{A}_{\mathrm{u}}| = -20\lg\sqrt{2} = -3\mathrm{dB}$。

根据以上分析可知，RC 高通电路的对数幅频特性曲线可近似地用两条直线构成的折线来表示。其一是，当 $f > f_{\mathrm{L}}$ 时，用零分贝线即横坐标表示；当 $f < f_{\mathrm{L}}$ 时，用斜率为 20dB/十倍频的一条直线表示，即每当频率增加 10 倍，对数幅频特性的纵坐标 $20\lg|\dot{A}_{\mathrm{u}}|$ 增加 20dB。两条直线交于横坐标上 $f = f_{\mathrm{L}}$ 的一点，由于在 f_{L} 处增益衰减为通频带增益的 0.707（$1/\sqrt{2}$），因此 f_{L} 是该高通电路的下限截止频率，也称为 -3dB 频率。利用折线近似方法画出的幅频特性波特图如图 3.3.4（a）中的虚线所示。

根据式（3.3.12）画出的 RC 高通电路的对数幅频特性曲线如图 3.3.4（a）中的实线所示。可以证明，由于折线近似而产生的最大误差 3dB 发生在 $f = f_{\mathrm{L}}$ 处。

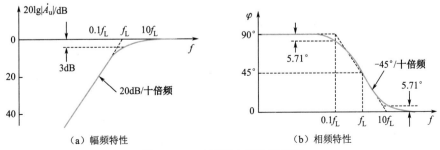

图 3.3.4 RC 高通电路的波特图

下面分析 RC 高通电路的对数相频特性。

由式（3.3.11）可知，当 $f \gg f_L$ 时，$\varphi \approx 0°$；当 $f \ll f_L$ 时，$\varphi \approx 90°$；当 $f = f_L$ 时，$\varphi \approx 45°$。

根据以上分析，RC 高通电路的对数相频特性可用 3 条直线构成的折线来近似。当 $f > 10f_L$ 时，对数相频特性近似为 $\varphi \approx 0°$，即横坐标轴；当 $f < 0.1f_L$ 时，近似为 $\varphi \approx 90°$ 的一条水平直线；当 $0.1f_L < f < 10f_L$ 时，近似为斜率等于-45°/十倍频的直线，在此直线上，当 $f = f_L$ 时，$\varphi \approx 45°$，此折线在图 3.3.4（b）中用虚线表示。

根据式（3.3.11）画出的高通电路的对数相频特性曲线如图 3.3.4（b）中的实线所示。可以证明，折线近似带来的最大误差为±5.71°，分别发生在 $f = 0.1f_L$ 和 $f = 10f_L$ 处。

从图 3.3.4 中的波特图可以清楚地看出，图 3.3.3 所示的 RC 低通电路具有高通的特性，即对于 $f \geqslant f_L$ 的高频信号，$|\dot{A}_u| \approx 1$，故高频信号能够通过本电路；但对 $f < f_L$ 的低频信号，频率越低，$|\dot{A}_u|$ 值越小，故低频信号不能通过本电路。其中 f_L 为高通电路的下限频率。从图 3.3.4（b）中可以看出，在低频段，高通电路还将产生一个 0°～+90°内的超前的相移。

综上所述，单时间常数 RC 低通和高通电路的频率响应如表 3.3.1 所示。

表 3.3.1 　单时间常数 RC 低通和高通电路的频率响应

	低通	高通
截止频率 f_C	f_H（上限频率）	f_L（下限频率）
电压增益	$\dot{A}_u = \dfrac{1}{1 + j\dfrac{f}{f_H}}$	$\dot{A}_u = \dfrac{1}{1 - j\dfrac{f_L}{f}}$
$f > f_C$	不通	通
$f < f_C$	通	不通
$f \ll 0.1f_C$	0°	相位超前 90°
$f \gg 10f_C$	相位滞后 90°	0°

由以上分析可以得出以下结论：

（1）电路的截止频率（f_L 和 f_H）取决于电容所在回路的时间常数 τ。

（2）单时间常数 RC 电路的截止频率表达式总可以写成 $\dfrac{1}{2\pi\tau}$ 的形式。

（3）对于一阶 RC 电路来说，在截止频率处，增益将下降 3dB，且产生+45°或-45°的附加相移。

3.4　三极管的高频等效电路及频率参数

视频 3-3：
三极管高频
等效电路

3.4.1　混合 π 型等效电路

在 2.6.1 节介绍了三极管的 h 参数微变等效电路。但是，如果考虑三极管的极间电容，等效电路中的参数将成为随频率而变化的复数（如 β 等），h 参数微变等效模型不能反映这种关系，因此需要引入其他形式的微变等效电路。

在高频电路中，考虑了极间电容时，三极管的结构示意图如图 3.4.1（a）所示。图中 $C_{b'e}$ 为发射结等效电容，$C_{b'c}$ 为集电结等效电容。因为集电结反向偏置，所以集电结电阻 $r_{b'c}$ 很大，三极管输出电阻 r_{ce} 值也很大，故在等效电路中可将上述两个电阻忽略。由此得到三极管的简化混合π型等效电路，如图 3.4.1（b）所示。

等效电路中的 $\dot{U}_{b'e}$ 代表加在发射结上的电压。电流源 $g_m\dot{U}_{b'e}$ 也是一个受控源，体现了发射结电压对集电极电流的控制作用。其中的 g_m 为跨导，表示当 $\dot{U}_{b'e}$ 为单位电压时，在集电极回路引起的 $\dot{I}_c$ 的大小，即

$$g_m = \frac{\Delta i_C}{\Delta u_{b'e}}\bigg|_{u_{CE}=\text{常量}}$$

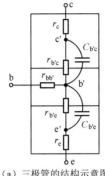 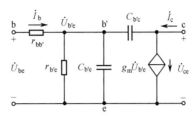

（a）三极管的结构示意图　　　　　　（b）混合 π 型等效电路

图 3.4.1　简化的三极管混合 π 型等效电路

实际上，混合 π 型等效电路的参数与我们熟知的 h 参数之间有确定的关系。当中低频时，可以不考虑极间电容的作用，此时混合 π 型等效电路的形式就与 h 参数等效电路相同，如图 3.4.2（a）所示。只需将图 3.4.2（a）与图 3.4.2（b）中的 h 参数等效电路进行对比，即可找到混合 π 参数与 h 参数之间的关系。

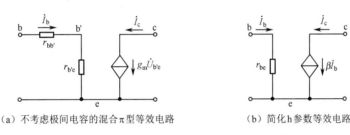

（a）不考虑极间电容的混合 π 型等效电路　　　　　　（b）简化 h 参数等效电路

图 3.4.2　混合 π 参数与 h 参数之间的关系

通过对比可得

$$r_{bb'} + r_{b'e} = r_{be} = r_{bb'} + (1+\beta)\frac{26\text{mV}}{I_{EQ}}$$

则混合 π 参数 $r_{b'e}$ 为

$$r_{b'e} = r_{be} - r_{bb'} = (1+\beta)\frac{26\text{mV}}{I_{EQ}} \tag{3.4.1}$$

通过对比还可得

$$g_m \dot{U}_{b'e} = g_m \dot{I}_b r_{b'e} = \beta \dot{I}_b$$

则混合 π 参数 g_m 为

$$g_m = \frac{\beta}{r_{b'e}} = \frac{\beta}{(1+\beta)\dfrac{26\text{mV}}{I_{EQ}}} \approx \frac{I_{EQ}}{26\text{mV}} \tag{3.4.2}$$

式（3.4.1）和式（3.4.2）表示了混合 π 参数与 h 参数之间的联系。还可以看出，混合 π 参数 $r_{b'e}$、g_m 的值与静态发射极电流 I_{EQ} 有关，I_{EQ} 越大，则 $r_{b'e}$ 越小，而 g_m 越大。而之所以用 g_m 来表述受控关系，是因为静态工作点确定后，g_m 将是一个与频率无关的量，这将使我们对晶体管频率特性的讨论更加清晰。对于一般小功率三极管，$r_{bb'}$ 为几十欧姆至几百欧姆，$r_{b'e}$ 为 1kΩ 左右，g_m 为几十毫西门子。

在混合 π 型等效电路的两个电容中，因发射结正偏，$C_{b'e}$ 由扩散电容构成，而且是正偏电压的函数。而集电结反偏，$C_{b'c}$ 由势垒电容构成。一般 $C_{b'e}$ 比 $C_{b'c}$ 大得多。通常 $C_{b'c}$ 的值可从器件手册上查到，而 $C_{b'e}$ 的值在一般手册上未标明。但可从手册上查得三极管的特征频率 f_T，然后根据下式估算 $C_{b'e}$。

$$C_{b'e} \approx \frac{g_m}{2\pi f_T} \approx \frac{I_{EQ}}{2\pi U_T f_T} \tag{3.4.3}$$

在图 3.4.1（b）所示的混合 π 型等效电路中，电容 $C_{b'c}$ 跨接在 b' 和 c 之间，将输入回路与输出回路直接联系起来，将使电路的求解过程变得十分麻烦。为此，可以利用密勒定理将问题简化，即用两个电容来等效代替 $C_{b'c}$，它们分别接在 b'、e 和 c、e 两端，各自的容值为 $(1 - \dot{K})C_{b'c}$ 和 $\dfrac{\dot{K}-1}{\dot{K}}C_{b'c}$，其中 $\dot{K} \approx \dfrac{\dot{U}_{ce}}{\dot{U}_{b'e}}$。

显然，等效到输入回路的密勒等效电容比原电容增大了 $1+|\dot{K}|$ 倍，称为密勒效应。经过简化，得到图 3.4.3 所示的单向化的混合 π 型等效电路。在图 3.4.3 中，$C' = C_{b'e} + (1 - \dot{K})C_{b'c}$。在此等效电路中，输入回路与输出回路不再在电路中直接发生联系，为频率响应的分析带来很大的方便。

图 3.4.3 单向化的混合 π 型等效电路

视频 3-4：
密勒定理和
π 模型的单向化

3.4.2 三极管的频率参数

在中频时，一般认为三极管的共射电流放大系数 β 是一个常数。但当频率升高时，由于存在极间电容，因此三极管的电流放大作用将被削弱，所以电流放大系数是频率的函数，利用三极管的混合 π 模型，可以分析得到电流放大系数 β 的频率响应，可以表示为

$$\dot{\beta} = \frac{\beta_0}{1 + \mathrm{j}\dfrac{f}{f_\beta}} \tag{3.4.4}$$

式中，β_0 为三极管低频时的共射电流放大系数；f_β 为三极管的 $|\dot{\beta}|$ 值下降至 $\beta_0 / \sqrt{2}$ 时的频率。

式（3.4.4）也可分别用 β 的模和相角表示，即

$$|\dot{\beta}| = \frac{\beta_0}{\sqrt{1 + \left(\dfrac{f}{f_\beta}\right)^2}} \tag{3.4.5}$$

$$\varphi_\beta = -\arctan\left(\frac{f}{f_\beta}\right) \tag{3.4.6}$$

将式（3.4.5）取对数，可得

$$20\lg|\dot{\beta}| = 20\lg\beta_0 - 20\lg\sqrt{1 + \left(\frac{f}{f_\beta}\right)^2} \tag{3.4.7}$$

根据式（3.4.7）和式（3.4.6），可以画出 β 的对数幅频特性和相频特性，如图 3.4.4 所示。由图 3.4.4 可知，晶体管的电流放大系数具有低通特性，在低频段和中频段，$|\dot{\beta}| = \beta_0$；当频率升高时，$|\dot{\beta}|$ 值随之下降。

为了描述三极管对高频信号的放大能力，引出若干频率参数，下面分别进行介绍。

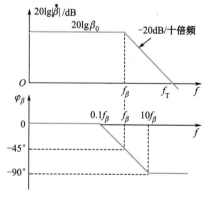

图 3.4.4 β 的对数幅频特性和相频特性

1. 共射截止频率

一般将 $|\dot{\beta}|$ 值下降到 $0.707\beta_0$（$\beta_0 / \sqrt{2}$）时的频率定义为三极管的共射截止频率，用符号 f_β 表示。

由式（3.4.5）可得，当$f=f_\beta$时，

$$|\dot\beta|=\frac{1}{\sqrt2}\beta_0\approx0.707\beta_0 \tag{3.4.8}$$

$$20\lg|\dot\beta|=20\lg\beta_0-20\lg\sqrt2=20\lg\beta_0-3(\text{dB}) \tag{3.4.9}$$

可见，所谓截止频率，并不意味着此时三极管已经完全失去放大作用，而只是表示此时$|\dot\beta|$已下降到中频时的70%左右，或者β的对数幅频特性下降了3dB。

2. 特征频率

一般以$|\dot\beta|$值降为 1 时的频率定义为三极管的特征频率，用符号f_T表示。当$f=f_T$时，$|\dot\beta|=1$，$20\lg|\dot\beta|=0$，所以β的对数幅频特性与横坐标轴交点处的频率即为f_T，如图3.4.4所示。

特征频率是三极管的一个重要参数。当$f>f_T$时，$|\dot\beta|$值将小于 1，表示此时三极管已失去放大作用，所以三极管工作频率不能高于特征频率。

将$f=f_T$和$|\dot\beta|=1$代入式（3.4.5），得

$$1=\beta_0\Big/\sqrt{1+\left(\frac{f_T}{f_\beta}\right)^2} \tag{3.4.10}$$

由于通常$\dfrac{f_T}{f_\beta}\gg1$，因此可将式（3.4.10）中分母根号中的 1 忽略，则该式可化简为

$$f_T\approx\beta_0 f_\beta \tag{3.4.11}$$

式（3.4.11）表明，一个三极管的特征频率f_T与其共射截止频率f_β二者之间是相关的，而且f_T比f_β高得多，大约是f_β的β_0倍。

3. 共基截止频率

显然，考虑三极管的极间电容后，其共基电流放大系数也将是频率的函数，此时可表示为

$$\dot\alpha=\alpha_0\Big/\left(1+\mathrm{j}\frac{f}{f_\alpha}\right) \tag{3.4.12}$$

通常，将$|\dot\alpha|$值下降为中频时α_0的0.707时的频率定义为共基截止频率，用符号f_α表示。

已知共基电流放大系数α与共射电流放大系数β之间存在以下关系。

$$\dot\alpha=\frac{\dot\beta}{1+\dot\beta} \tag{3.4.13}$$

将式（3.4.4）代入式（3.4.13），可得

$$\dot\alpha=\frac{\dfrac{\beta_0}{1+\mathrm{j}f/f_\beta}}{1+\dfrac{\beta_0}{1+\mathrm{j}f/f_\beta}}=\frac{\dfrac{\beta_0}{1+\beta_0}}{1+\mathrm{j}\dfrac{f}{(1+\beta_0)f_\beta}} \tag{3.4.14}$$

将式（3.4.14）与式（3.4.12）比较，可知

$$\alpha_0=\frac{\beta_0}{1+\beta_0} \tag{3.4.15}$$

$$f_\alpha=(1+\beta_0)f_\beta \tag{3.4.16}$$

可见，f_α比f_β高得多，等于f_β的（$1+\beta_0$）倍。由此可以理解，与共射组态相比，共基组态的频率响应比较好。

综上所述，可知三极管的 3 个频率参数不是独立的，而是互相关联的，三者的数值大小满足$f_\beta<f_T<f_\alpha$关系。

三极管的频率参数也是选用三极管的重要依据之一，一般可从器件手册上查到三极管的f_T、f_α或f_β

值。通常，在要求通频带比较宽的放大电路中，应该选用高频管，即频率参数值较高的三极管。若对通频带没有特殊要求，则可选用低频管。一般低频小功率三极管的 f_T 值为几十赫兹至几百千赫兹，高频小功率三极管的 f_T 为几十赫兹至几百兆赫兹。

3.5　单管共射放大电路的频率响应

在图 3.5.1（a）所示的阻容耦合单管共射放大电路中，可以将 C_2 和 R_L 看成是下一级的输入端耦合电容和输入电阻，所以在分析本级的频率响应时，可以暂不把它们考虑在内。采用三极管的 π 型等效模型，可以得到图 3.5.1（b）所示的适用于全频段的交流等效电路。

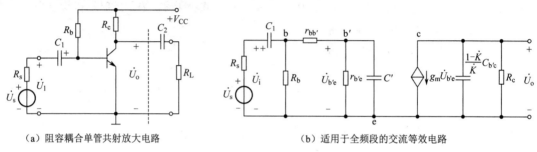

（a）阻容耦合单管共射放大电路　　　　　　（b）适用于全频段的交流等效电路

图 3.5.1　阻容耦合单管共射放大电路及等效电路

通过前面的分析已经得出结论，电路中的耦合电容和旁路电容等影响低频响应，三极管的极间电容则主要影响高频响应。因此，在定量分析放大电路的频率响应时，常分中频段、低频段与高频段 3 个频段进行。在中频段，所有的电容均可忽略；在低频段，三极管的极间电容可视为开路，耦合电容、旁路电容的影响不能忽略；在高频段，耦合电容、旁路电容等可视为短路，三极管的极间电容和线路分布电容、杂散电容等不能忽略。

下面先分别讨论中频、低频和高频时的频率响应，再综合分析完整的波特图。

1．中频段

在中频段，一方面，隔直电容 C_1 的容抗比串联回路中的其他电阻值小得多，可以认为交流短路；另一方面，三极管极间电容的容抗又比其并联支路中的其他电阻值大得多，可以视为交流开路。总之，在中频段可将各种容抗的影响忽略不计，于是可得到阻容耦合单管共射放大电路的中频等效电路，如图 3.5.2 所示。

视频 3-5:
单管共射放大电路
中低频响应分析

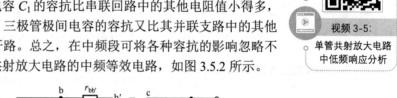

图 3.5.2　中频等效电路

由图可得

$$\dot{U}_{\mathrm{b'e}} = \frac{R_\mathrm{i}}{R_\mathrm{s}+R_\mathrm{i}}\frac{r_{\mathrm{b'e}}}{r_{\mathrm{be}}}\dot{U}_\mathrm{s}$$

其中

$$R_\mathrm{i} = R_\mathrm{b}\,/\!/\,r_{\mathrm{be}}$$

而

$$\dot{U}_\mathrm{o} = -g_\mathrm{m}\dot{U}_{\mathrm{b'e}}R_\mathrm{c} = -\frac{R_\mathrm{i}}{R_\mathrm{s}+R_\mathrm{i}}\frac{r_{\mathrm{b'e}}}{r_{\mathrm{be}}}g_\mathrm{m}R_\mathrm{c}\dot{U}_\mathrm{s}$$

则中频电压放大倍数为

$$\dot{A}_{usM} = \frac{\dot{U}_o}{\dot{U}_s} = -\frac{R_i}{R_s + R_i}\frac{r_{b'e}}{r_{be}}g_m R_c \tag{3.5.1}$$

由前面得到的式（3.4.2）已知，$g_m = \dfrac{\beta}{r_{b'e}}$，代入式（3.5.1）可得

$$\dot{A}_{usM} = -\frac{R_i}{R_s + R_i}\frac{\beta R_c}{r_{be}} \tag{3.5.2}$$

可见，以上中频电压放大倍数的表达式，与利用简化 h 参数微变等效电路的分析结果是一致的。

2. 低频段

通过前面的定性分析已经知道，当频率下降时，由于隔直电容的容抗增大，将使电压放大倍数降低，因此在低频段必须考虑 C_1 的作用。而三极管的极间电容并联在电路中，此时可认为交流开路，因此，低频等效电路如图 3.5.3（a）所示。由此可知，C_1 与输入电阻构成一个一阶 RC 高通电路，如图 3.5.3（b）所示。

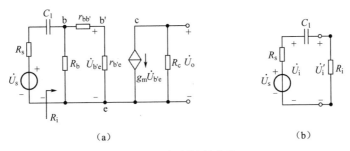

（a）   （b）

图 3.5.3 低频等效电路

由图 3.5.3（a）可知

$$A_{usL} = \frac{\dot{U}_o}{\dot{U}_s} = \frac{\dot{U}_o}{\dot{U}_i'}\frac{\dot{U}_i'}{\dot{U}_i}\frac{\dot{U}_i}{\dot{U}_s} = -\frac{r_{b'e}}{r_{be}}g_m R_c\frac{1}{1 - j\dfrac{f_L}{f}}\frac{R_i}{R_s + R_i} \tag{3.5.3}$$

式中

$$R_i = R_b // r_{be}$$

从等效电路〔图 3.5.3（b）〕中可以看出，该高通电路的低频时间常数为

$$\tau_L = (R_s + R_i)C_1 \tag{3.5.4}$$

因此，式（3.5.3）中的低频段的下限（−3dB）频率为

$$f_L = \frac{1}{2\pi\tau_L} = \frac{1}{2\pi(R_s + R_i)C_1} \tag{3.5.5}$$

对比式（3.5.1），可知

$$\dot{A}_{usL} = \dot{A}_{usM}\frac{1}{1 - j\dfrac{f_L}{f}} \tag{3.5.6}$$

由式（3.5.5）可知，阻容耦合单管共射放大电路的下限频率 f_L 主要决定于低频时间常数，C_1 与 (R_s+R_i) 的乘积越大，则 f_L 越小，即放大电路的低频响应越好。

3. 高频段

当频率升高时，隔直电容 C_1 上的压降可以忽略不计，但此时并联在电路中的极间电容的影响必须予以考虑，因此，高频等效电路如图 3.5.4 所示。

由于在一般情况下，输出回路的时间常数要比输入回路的时间常数小得多，因此可以将输出回路的电容 $\dfrac{K-1}{K}C_{b'c}$ 忽略，再利用戴维南定理将输入回路简化，

视频 3-6：
单管共射放大电路
高频响应分析

则高频等效电路可简化为图 3.5.5 所示的电路。

图中
$$\dot{U}'_{s} = \frac{R_{i}}{R_{s}+R_{i}} \frac{r_{b'e}}{r_{be}} \dot{U}_{s}, \quad R' = r_{b'e} \,//\, \left[r_{bb'} + \left(R_{s}\,//\,R_{b} \right) \right]$$
$$C' = C_{b'e} + \left(1-K\right)C'_{b'c} = C_{b'e} + \left(1+g_{m}R_{c}\right)C_{b'c}$$

从图 3.5.5 中可以清楚地看出，电容 C' 与电阻 R' 构成一个 RC 低通电路。

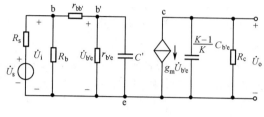
图 3.5.4   高频等效电路

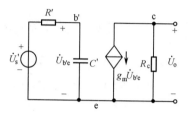
图 3.5.5   简化的高频等效电路

则高频电压放大倍数为
$$\dot{A}_{usH} = \frac{\dot{U}_{o}}{\dot{U}_{s}} = \frac{\dot{U}_{o}}{\dot{U}_{b'e}} \frac{\dot{U}_{b'e}}{\dot{U}'_{s}} \frac{\dot{U}'_{s}}{\dot{U}_{s}} = -g_{m}R_{c} \frac{1}{1+j\dfrac{f}{f_{H}}} \frac{R_{i}}{R_{s}+R_{i}} \frac{r_{b'e}}{r_{be}} \qquad (3.5.7)$$

由图 3.5.5 中的 RC 低通回路可知，其高频时间常数为
$$\tau_{H} = R'C' \qquad (3.5.8)$$

高频段的上限（-3dB）频率为
$$f_{H} = \frac{1}{2\pi\tau_{H}} = \frac{1}{2\pi R'C'} \qquad (3.5.9)$$

对比式（3.5.1），可知
$$\dot{A}_{usH} = \dot{A}_{usM} \frac{1}{1+j\dfrac{f}{f_{H}}} \qquad (3.5.10)$$

由式（3.5.9）可知，单管共射放大电路的上限频率 f_{H} 主要决定于高频时间常数，C' 与 R' 的乘积越小，则 f_{H} 越大，即放大电路的高频响应越好。而其中 C' 主要与三极管的极间电容有关，因此，为了得到良好的高频响应，应该选用极间电容比较小的三极管。

4. 完整的波特图

根据以上的中频、低频和高频时分别得到的电压放大倍数的表达式，综合起来，即可得到阻容耦合单管共射放大电路在全部频率范围内电压放大倍数的近似表达式，即
$$\dot{A}_{us} \approx \frac{\dot{A}_{usM}}{\left(1-j\dfrac{f_{L}}{f}\right)\left(1+j\dfrac{f}{f_{H}}\right)} \qquad (3.5.11)$$

同时，根据以上的中频、低频和高频时的分析结果，并利用 3.3 节介绍的高通和低通电路的波特图的画法，即可简洁地画出阻容耦合单管共射放大电路完整的波特图。作图的步骤如下。

（1）根据电路参数计算中频电压放大倍数 $\dot{A}_{usM}$ 和下限频率 f_{L}、上限频率 f_{H}。

（2）画幅频特性。在中频区，从 f_{L} 到 f_{H} 之间，画一条纵轴值为 $20\lg|\dot{A}_{usM}|$ 的水平直线。在低频区，从 $f=f_{L}$ 开始，向左下方作一条斜率为 20dB/十倍频的直线。在高频区，从 $f=f_{H}$ 开始，向右下方作一条斜率为 -20dB/十倍频的直线。以上 3 段直线构成的折线就是放大电路的对数幅频特性，如图 3.5.6 所示。

（3）画相频特性。在中频区，由于单管共射放大电路的倒相作用，因此从 $10f_{L}$ 到 $0.1f_{H}$，画一条 $\varphi=-180°$ 的水平直线。在低频区，当 $\varphi<0.1f_{L}$ 时，$\varphi=-180°+90°=-90°$；在 $0.1f_{L}\sim10f_{L}$ 范围内，画一条斜率为 -45°/

十倍频的直线，在此直线上，当 $f=f_L$ 时，$\varphi=-180°+45°=-135°$。在高频区，当 $f>10f_H$ 时，$\varphi=-180°-90°=-270°$；在 $0.1f_H\sim10f_H$ 范围内，也画一条斜率为 $-45°/$十倍频的直线，在此直线上，当 $f=f_H$ 时，$\varphi=-180°-45°=-225°$。以上 5 段直线构成的折线就是放大电路的对数相频特性，如图 3.5.6 所示。

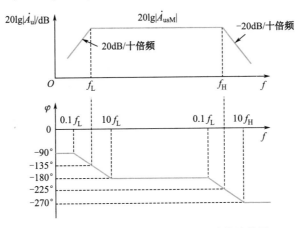

图 3.5.6　阻容耦合单管共射放大电路的波特图

对于直接耦合放大电路来说，由于不通过隔直电容实现信号源、负载与放大电路的连接，因此在低频段不会出现电压放大倍数的降低和附加相移。所以，直接耦合放大电路不存在下限频率。可见，直接耦合放大电路的特点是低频段的频率响应好。但是，在高频段，由于三极管极间电容的影响，高频电压放大倍数仍将下降，同时产生 $-90°\sim0°$ 的滞后的附加相移。

【例 3.5.1】　　在图 3.5.7 所示的放大电路中，已知三极管的 $U_{BEQ}=0.6V$，$\beta=50$，$C_{b'c}=4pF$，$f_T=150MHz$，电路参数 $R_S=2k\Omega$，$R_c=2k\Omega$，$R_b=220k\Omega$，$R_L=10k\Omega$，$C_1=0.1\mu F$，$V_{CC}=5V$。试估算中频电压放大倍数、上限频率、下限频率和通频带，并画出波特图。设电容 C_2 的容量足够大，在通频带范围内可认为交流短路。

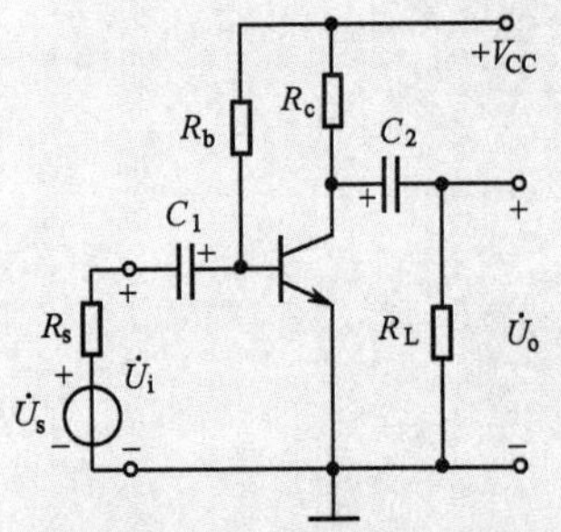

解：（1）估算静态工作点。

$$I_{BQ}=\frac{V_{CC}-U_{BEQ}}{R_b}=\frac{(5-0.6)V}{220k\Omega}=0.02mA$$

$$I_{CQ}\approx\beta I_{BQ}=50\times0.02mA=1mA\approx I_{EQ}$$

图 3.5.7　例 3.5.1 电路

（2）计算中频电压放大倍数。

$$r_{b'e}=(1+\beta)\frac{26mV}{I_{EQ}}=\frac{51\times26mV}{1mA}=1326\Omega\approx1.3k\Omega$$

$$r_{be}=r_{bb'}+r_{b'e}=(300+1326)\Omega=1626\Omega\approx1.6k\Omega$$

$$R_i=R_b//r_{be}\approx r_{be}=1.6k\Omega$$

$$R_L'=R_c//R_L\approx1.67k\Omega$$

$$g_m\approx\frac{I_{EQ}}{26mV}=\frac{1mA}{26mV}\approx38.5mS$$

则

$$\dot{A}_{usM}=-\frac{R_i}{R_s+R_i}\frac{r_{b'e}}{r_{be}}g_mR_L'=-\frac{1.6k\Omega}{(2+1.6)k\Omega}\times\frac{1.3k\Omega}{1.6k\Omega}\times38.5\,mS\times1.67k\Omega\approx-23.2$$

（3）计算下限频率。

$$f_L=\frac{1}{2\pi(R_s+R_i)C_1}=\frac{1}{2\pi\times(2+1.6)k\Omega\times10^3\times0.1pF\times10^{-6}}\approx442Hz$$

（4）计算上限频率。

$$C_{b'e} \approx \frac{g_m}{2\pi f_T} = \frac{38.5\text{mS} \times 10^{-3}}{2\pi \times 150\text{MHz} \times 10^6} \approx 41 \times 10^{-12}\text{F} = 41\text{pF}$$

$$C' = C_{b'e} + \left(1 + g_m R_L'\right)C_{b'c} = 41\text{pF} + \left(1 + 38.5\text{mS} \times 1.67\text{k}\Omega\right) \times 4\text{pF} \approx 302\text{pF}$$

$$R_S' = R_S // R_b \approx R_S = 2\text{k}\Omega$$

$$R' = r_{b'e} // \left[r_{bb'} + \left(R_S // R_b\right)\right] \approx 0.83\text{k}\Omega$$

则

$$f_H = \frac{1}{2\pi R'C'} = \frac{1}{2\pi \times 830\Omega \times 302\text{pF} \times 10^{-12}} \approx 0.63 \times 10^6\text{Hz} = 0.63\text{MHz}$$

（5）计算通频带。

$$\text{BW} = f_H - f_L \approx f_H = 0.63\text{MHz}$$

（6）画波特图。

$$20\lg|\dot{A}_{usM}| = \left(20\lg 23.2\right)\text{dB} \approx 27.3\text{dB}$$

已知

$$f_L = 442\text{Hz} = 0.442\text{kHz}$$

$$f_H = 0.63\text{MHz} = 630\text{kHz}$$

根据给出的作图步骤，即可画出折线化的幅频特性和相频特性，如图 3.5.8 所示。

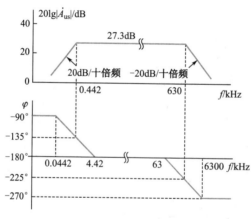

图 3.5.8　电路的波特图

5．增益带宽积

增益带宽积（Gain-Bandwidth Product，GBW）是指中频电压放大倍数与通频带的乘积，通常以此乘积来表示放大电路综合性能的优劣。

由式（3.5.1）和式（3.5.9）可知

$$\dot{A}_{usM} = -\frac{R_i}{R_s + R_i}\frac{r_{b'e}}{r_{be}}g_m R_c, \quad f_H = \frac{1}{2\pi R'C'} \tag{3.5.12}$$

式中

$$R_i = R_b // r_{be}$$

$$R' = r_{b'e} // \left[r_{bb'} + \left(R_S // R_b\right)\right]$$

$$C' = C_{b'e} + \left(1 + g_m R_c\right)C_{b'c}$$

假设 $R_b \gg R_s$，$R_b \gg r_{be}$，且 $\left(1 + g_m R_c\right)C_{b'c} \gg C_{b'e}$，则单管共射放大电路的增益带宽积为

$$|\dot{A}_{usM}f_H| = \frac{R_i}{R_s + R_i}\frac{r_{b'e}}{r_{be}}g_m R_c \frac{1}{2\pi R'C'} \approx \frac{1}{2\pi\left(R_s + r_{bb'}\right)C_{b'c}} \tag{3.5.13}$$

式（3.5.13）表明，选定三极管以后，$r_{bb'}$ 和 $C_{b'c}$ 的值即被确定，于是增益带宽积也就基本上确定了。

此时，若将电压放大倍数提高若干倍，则通频带也将几乎变窄同样的倍数。

由此得出结论，如果要得到一个通频带既宽，电压放大倍数又高的放大电路，首要的问题是选用 $r_{bb'}$ 和 $C_{b'c}$ 均较小的高频三极管。

3.6　其他组态放大电路的频率响应

有了共射放大电路频率响应分析的基础，我们再来定性地分析共集放大电路和共基放大电路的频率特性。由于放大电路的带宽与上限频率密切相关，因此重点分析高频特性。最后对 3 种组态放大电路的频率特性进行对比。

视频 3-7：
共集和共基放大
电路的高频特性

3.6.1　共集放大电路的高频特性

图 3.6.1（a）所示为单管共集放大电路，利用 π 型等效模型可以得到该电路的高频等效电路，如图 3.6.1（b）所示。

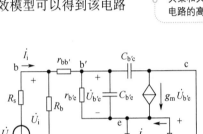

（a）单管共集放大电路　　　　　　（b）高频等效电路

图 3.6.1　单管共集放大电路及其高频等效电路

在共集放大电路中，由于在交流通路中集电极短路，因此结电容 $C_{b'c}$ 是并联在输入回路中的，而不像共射放大电路中那样跨接在输入回路和输出回路之间，所以不存在共射放大电路中 $C_{b'c}$ 的密勒倍增效应，且 $C_{b'c}$ 本身很小，只要信号源内阻 R_s 及 $r_{bb'}$ 较小，$C_{b'c}$ 对高频响应的影响就很小。

$C_{b'e}$ 是跨接在输入回路和输出回路之间的电容，可利用密勒定理将其等效为独立存在于输入回路和输出回路的两个电容，如图 3.6.2 所示。

其中，输入回路密勒等效电容 C_M 为

$$C_M = (1 - \dot{K})C_{b'e} \tag{3.6.1}$$

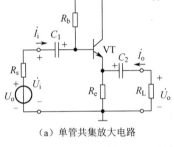

图 3.6.2　共集放大电路中 $C_{b'e}$ 的密勒等效

式中，$\dot{K}$ 为共集放大电路的电压增益。通过电路分析可知其值接近于 1，故 $C_M \ll C_{b'e}$，所以其对高频响应影响也较小。

综上所述，共集放大电路的高频特性如下。

（1）上限频率远大于共射放大电路的上限频率。理论分析表明，共集放大电路的 f_H 可接近于三极管的特征频率 f_T。

（2）输入电容很小，当信号源内阻较大时，仍具有较宽的通频带，可作为输入隔离级。

（3）输出电阻很小，当负载电容较大时，仍能保证较高的上限频率，因此带容性负载能力强，可作为输出隔离级。

3.6.2　共基放大电路的高频特性

共基放大电路如图 3.6.3 所示。在高频段忽略耦合电容和旁路电容的影响，利用三极管 π 型等效模型，可以得到该电路的高频等效电路，如图 3.6.4（a）所示。若忽略 $r_{bb'}$ 对输出回路的影响，令 $R'_L = R_c // R_L$，得到共基放大电路简化的高频等效电路，如图 3.6.4（b）所示。下面分别讨论 $C_{b'e}$ 和 $C_{b'c}$ 的影响。

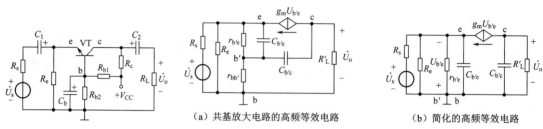

图 3.6.3　共基放大电路

（a）共基放大电路的高频等效电路　　　　（b）简化的高频等效电路

图 3.6.4　共基放大电路高频等效电路

（1）$C_{b'e}$ 的影响。$C_{b'e}$ 直接接于输入回路，不存在密勒倍增效应，且与 $C_{b'c}$ 无关。因此，共基放大电路的输入电容（$C_{b'e}$）比共射放大电路的小得多。同时，共基放大电路的输入电阻非常小，因此共基放大电路输入回路的时间常数很小，f_{H1} 很高，理论分析下有 $f_{H1} \approx f_\alpha$。

（2）$C_{b'c}$ 的影响。$C_{b'c}$ 直接接于输出回路，也不存在密勒倍增效应。此时，输出回路时间常数为 $R'_L C_{b'c}$，输出回路决定的 f_{H2} 为

$$f_{H2} = \frac{1}{2\pi R'_L C_{b'c}} \tag{3.6.2}$$

由于 $C_{b'c}$ 很小，使得 f_{H2} 也比较大。如果驱动容性负载，f_{H2} 将受到影响，因此共基放大电路的带容性负载能力不强。

综上所述，共基放大电路的高频特性如下。

（1）上限频率约为 f_α，远大于共射放大电路的上限频率。

（2）输入电阻很小，因此当信号源内阻很大时，仍具有很宽的通频带。

（3）输出电阻较大，当负载电容较大时，影响通频带，这一点与共射放大电路类似。

（4）电流增益、上限截止频率（约为 f_α）、输入/输出阻抗均可较好地满足电流跟随器的要求，能够在很宽的频率范围内（$f < f_\alpha$）将输入电流接续到输出端，这也是其在电路中的主要应用之一。

3.6.3　三种组态放大电路频率特性对比

由以上对 3 种组态放大电路频率特性的分析可知，每种组态放大电路在全频段的放大能力各具特点，如表 3.6.1 所示。在通频带，共射放大电路的放大能力最强，使其成为放大电路实现功率放大的主要电路形式。从带宽的角度来看，共射放大电路则性能有所欠缺，带宽相对较窄，带容性负载能力较差。共集放大电路带宽较大，且带容性负载能力强，这更有利于其作为信号隔离级和多级放大电路的输入级与输出级。共基放大电路是 3 种组态中带宽最大的，因此适用于宽带应用中。

表 3.6.1　3 种组态放大电路频率特性对比

	共射放大电路	共集放大电路	共基放大电路
通频带特性	有电流和电压放大作用，功率增益最大	电流增益最大，无电压放大能力，电压跟随器	有电压放大能力，无电流放大能力，电流跟随器
高频特性	上限频率低，带宽窄，带容性负载能力较差	上限频率很高，$f_H \approx f_T$，带容性负载能力强	上限频率最高，$f_H \approx f_\alpha$，带容性负载能力较差

在实际应用中，为了获得更好的电压增益和频率特性，可将共射放大电路作为宽带放大器的主放大器，通过与共基放大电路或共集放大电路组合，改善电路频率特性。例如，图 3.6.5 就是一个共射-共基级联放大器。

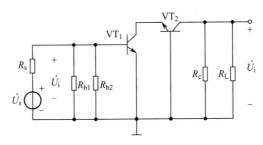

图 3.6.5　共射-共基级联放大器

其中，共基放大电路的输入阻抗 R_{i2} 很小，其将作为共射放大电路的集电极负载。因此，共射放大电路的 $C_{b'c}$ 的密勒倍增电容 $C_M=C_{b'c}(1+g_m R_{i2})$ 将很小，有利于减小共射放大电路的等效输入电容，从而提高共射放大电路的 f_H。因此，这种共射-共基级联电路也被广泛应用于集成宽带放大器中。

本 章 小 结

本章介绍了三极管放大电路的频率特性的基本概念、波特图绘制方法、三极管的频率特性和高频等效模型，以及放大电路的频率响应分析等，具体归纳如下。

（1）由于放大器件存在极间电容，以及部分放大电路中接有电抗元件，因此放大电路的电压放大倍数是频率的函数，这种函数关系称为放大电路的频率响应，可以用对数频率特性曲线（或称为波特图）来描述，定量分析频率响应的工具是混合π型等效电路。

（2）为了描述三极管对高频信号的放大能力，引出了 3 个频率参数，即共射截止频率 f_β、特征频率 f_T 和共基截止频率 f_α。三者之间存在以下关系：$f_\beta < f_T < f_\alpha$。这些参数也是选用三极管的重要依据。

（3）对于阻容耦合单管共射放大电路，低频段电压放大倍数下降的主要原因是输入信号在耦合电容、旁路电容等上产生压降，同时将产生 0°～+90°超前的附加相移。高频段电压放大倍数的下降主要是由三极管的极间电容引起的，同时产生-90°～0°滞后的附加相移。因此，下限频率 f_L 和上限频率 f_H 的数值分别与耦合电容、旁路电容和极间电容的时间常数成反比。

直接耦合放大电路不通过耦合电容实现级间连接，因此其不存在 f_L，低频响应好。

（4）在 3 种组态放大电路中，共射放大电路功率增益最大；共集放大电路带宽较大，带容性负载能力强；共基放大电路带宽最大。

习 题 三

习题三

答案

3.1　选择填空，将正确选项或答案填入空内。

（1）已知图 P3.1（a）所示电路的幅频响应特性如图 P3.1（b）所示。影响 f_L 大小的因素是____，影响 f_H 大小的因素是____。

　　A．晶体管极间电容　　　　　　　　B．晶体管的非线性特性

　　C．耦合电容

（2）当某阻容耦合放大电路输入一个方波信号时，输出电压波形如图 P3.2 所示，说明该电路出现了____；（A．非线性失真；B．频率失真），造成这种失真的原因是____。（A．晶体管 β 过大；B．晶

体管的特征频率太低；C．耦合电容太小；D．静态工作点不合适）。

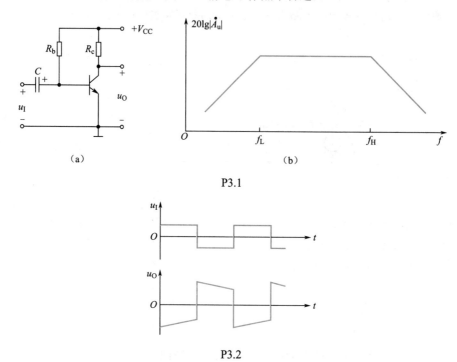

P3.1

P3.2

（3）已知某放大电路的电压放大倍数的复数表达式为

$$\dot{A}_u = \frac{1000\left(j\dfrac{f}{10}\right)}{\left(1+j\dfrac{f}{10}\right)\left(1+j\dfrac{f}{10^5}\right)} \quad （式中f的单位为Hz）$$

该放大电路的中频增益为_____dB，在中频段输出电压与输入电压相位差为_____度，上限截止频率为_____Hz，下限截止频率为_____Hz。

3.2 在图 3.1.2 所示的单管共射放大电路中，假设分别改变下列各项参数，试分析放大电路的中频电压放大倍数$|\dot{A}_{um}|$、下限频率f_L和上限频率f_H将如何变化。

（1）增大隔直电容C_1。

（2）增大基极电阻R_b。

（3）增大集电极电阻R_c。

（4）增大共射电流放大系数β。

（5）增大三极管极间电容$C_{b'e}$、$C_{b'c}$。

3.3 若某一放大电路的电压放大倍数为 100 倍，则其对数电压增益是多少分贝？另一放大电路的对数电压增益为80dB，则其电压放大倍数是多少？

3.4 已知单管共射放大电路的中频电压放大倍数$\dot{A}_{um}=-200$，$f_L=10Hz$，$f_H=1MHz$。

（1）画出放大电路的波特图。

（2）分别说明当$f=f_L$和$f=f_H$时，电压放大倍数的模$|\dot{A}_u|$和相角φ各为多少。

3.5 假设两个单管共射放大电路的对数幅频特性分别如图 P3.3（a）和（b）所示。

（1）分别说明两个放大电路的中频电压放大倍数$|\dot{A}_{um}|$各为多少，下限频率f_L、上限频率f_H各为多少。

（2）画出两个放大电路相应的对数相频特性。

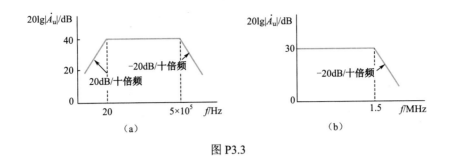

图 P3.3

3.6 已知一个三极管在低频时的共射电流放大系数 $\beta_0=100$，特征频率 $f_T=80\text{MHz}$。

（1）当频率为多大时，三极管的 $|\dot{\beta}| \approx 70$？

（2）当静态电流 $I_{EQ}=2\text{mA}$ 时，三极管的跨导 g_m 是多少？

（3）此时三极管的发射结电容 $C_{b'e}$ 是多少？

3.7 在图 P3.4 所示的放大电路中，已知三极管的 $\beta=50$，$r_{be}=1.6\text{k}\Omega$，$f_T=100\text{MHz}$，$C_{b'c}=4\text{pF}$，试求下限频率 f_L 和上限频率 f_H。

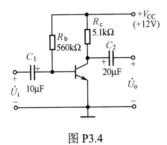

图 P3.4

思维导图 4：
场效应管及其
基本放大电路

第 4 章　场效应管及其基本放大电路

[内容提要]

　　本章首先介绍场效应管的分类、结构、工作原理和主要参数；然后重点阐述场效应管放大电路的构成、3 种组态场效应管放大电路的分析和特点。场效应管放大电路的基本工作原理、特性与双极型晶体管放大电路有很多相似相通之处，本章对两类电路进行了横向比较，并引出多级放大电路的基本概念、耦合方式和分析方法。

4.1　场效应晶体管

　　前面介绍的半导体三极管称为双极型晶体管（BJT），这是因为在这类晶体管中，参与导电的有两种极性的载流子：多子和少子。由于少子参与了导电，使得三极管的噪声较大、热稳定性较差，这使得由其构成的电路性能也将受到影响。

　　场效应管（Field Effect Transistor，FET）是 20 世纪 60 年代随着集成电路的发展而出现的一种半导体器件，它们利用电场效应来控制电流，由此得名。这种器件依靠一种极性的载流子（多子）参与导电，所以又称为单极型晶体管。与双极型晶体管相比，场效应管具有输入电阻高、功耗低、噪声小、热稳定性好、寿命长、抗辐射能力强、制造工艺简单、集成度高等优点，因而得到广泛应用，已经成为大规模和超大规模集成电路的基本单元。

　　按照结构不同，场效应管可以分为两大类：一类称为结型场效应管（Junction Field Effect Transistor，JFET）；另一类称为绝缘栅型场效应管（Insulated Gate Field Effect Transistor，IGFET），也称为金属氧化物-半导体场效应管（Metal-Oxide-Semiconductor Field Effect Transistor，MOSFET）。其中，绝缘栅型场效应管又可以分为增强型和耗尽型两种。从参与导电的载流子类型来分，又可以分为 N 沟道和 P 沟道两种。场效应管的分类如图 4.1.1 所示。

场效应管 {
结型场效应管 {N 沟道 / P 沟道
绝缘栅场效应管 {增强型 {N 沟道 / P 沟道 / 耗尽型 {N 沟道 / P 沟道

图 4.1.1　场效应管的分类

　　N 沟道和 P 沟道场效应管的结构和工作原理相似，本节以 N 沟道器件为例，介绍各种类型场效应管的工作原理、特性曲线和主要参数，P 沟道器件请读者举一反三。

4.1.1　结型场效应管

1. 结构

视频 4-1：
结型场效应管

　　在一块 N 型半导体的两侧扩散形成掺杂浓度比较高的 P 型区，则在 P 型区和 N 型区的交界处将形成一个 PN 结（耗尽层）。将两侧的 P 型区连接在一起，引出一个电极，称为栅极 g（gate 的缩写），再在 N 型半导体的一端引出两个电极，分别称为源极 s（source 的缩写）和漏极 d（drain 的缩写），如图 4.1.2 所示。夹在两个 PN 结中间的区域称为导电沟道。因为该场效应管的导电沟道是 N 型半导体，所以称为 N 沟道结型场效应管。若将中间的 N 型半导体改为 P 型半导体，两侧半导体改为高掺杂的 N 型半导体，就可以得到 P 沟道结型场效应管。N 沟道和 P 沟道结型场效应管的符号如图 4.1.3 所示，栅极上的箭头与 PN 结正偏方向一致。

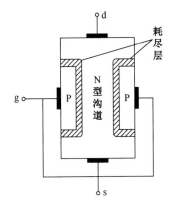

图 4.1.2　N 沟道结型场效应管的结构示意图

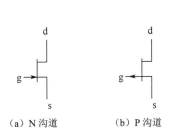

(a) N 沟道　　　(b) P 沟道

图 4.1.3　N 沟道和 P 沟道结型场效应管的符号

2. 工作原理

从结型场效应管的结构已经看出，在栅极和导电沟道之间存在一个 PN 结，假设在栅极和源极之间加上反向电压 u_{GS}，使 PN 结反向偏置，则可以通过改变 u_{GS} 的大小来改变耗尽层的宽度。例如，当反向电压的值 $|u_{GS}|$ 变大时，耗尽层将变宽，于是导电沟道的宽度相应地减小，使沟道本身的电阻值增大，漏极电流 i_D 将减小。因此，通过改变 u_{GS} 的大小，即可控制漏极电流 i_D 的值。场效应管是电压控制器件。

当反向偏置电压值升高时，耗尽层总的宽度将随之增大。但交界面两侧耗尽层的宽度并不相等。由于导电沟道的半导体材料（如 N 区）掺杂程度相对比较低，而栅极一边（如 P 区）的掺杂程度很高，因此掺杂程度低的 N 型导电沟道中耗尽层的宽度比高掺杂的 P 区栅极一侧耗尽层的宽度大得多。可以认为，当反向偏置电压增大时，耗尽层主要向着导电沟道一侧展宽。

下面讨论当结型场效应管的栅极和源极之间的电压 u_{GS} 变化时，对导电沟道的宽度以及漏极电流 i_D 的大小将产生什么影响。

（1）u_{GS} 对导电沟道的控制作用。

① 当 $u_{GS}=0$ 时，导电沟道比较宽，如图 4.1.4（a）所示。

② 在栅极和源极之间接入负电源 V_{GG}，使得 PN 结反偏。当 $|u_{GS}|$ 由零逐渐增大时，耗尽层逐渐加宽，导电沟道相应地变窄，如图 4.1.4（b）所示。

③ 当 $u_{GS}=U_P$ 时，两侧的耗尽层合拢在一起，导电沟道被夹断，所以将 U_P 称为夹断电压，如图 4.1.4（c）所示。N 沟道结型场效应管的夹断电压 U_P 是一个负值。

在图 4.1.4 所示情况下，因为漏极和源极之间没有外加电源电压，即 $u_{DS}=0$，所以当 u_{GS} 变化时，虽然导电沟道随之发生变化，但漏极电流 i_D 总是等于零。

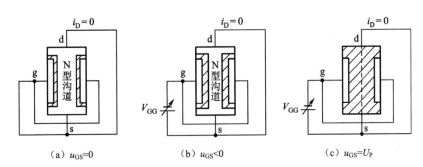

(a) $u_{GS}=0$　　　(b) $u_{GS}<0$　　　(c) $u_{GS}=U_P$

图 4.1.4　U_{GS} 对耗尽层和导电沟道的影响

需要说明的是，之所以令 $u_{GS} < 0$，即 PN 结反偏，主要目的是使场效应管的栅极输入电流约为 0，极大地提高场效应管的输入电阻，结型场效应管的输入电阻可高达 $10^6 \sim 10^9 \Omega$，远大于双极型三极管。

（2）当 u_{GS} 固定时，u_{DS} 对漏极电流 i_D 的影响。

设 $u_{GS} = -V_{GG}$，且 $u_{GS} > U_P$，在漏极和源极之间加上一个正的电源电压 V_{DD}。

① 当 V_{DD} 较小，有 $u_{DG} < |U_P|$ 时，导电沟道中有电流 i_D 流过。此时，i_D 随 u_{DS} 的增加而几乎线性地增加，漏极与源极之间表现出电阻特性。

同时，沿着导电沟道各处耗尽层的宽度并不相等。在靠近漏极处最宽，而靠近源极处最窄，呈现出楔形。这是由于当 i_D 流过沟道时，沿着沟道的方向产生一个电压降落，因此沟道上各点的电位不同，各点与栅极之间的电位差也不相等。沟道上靠近漏极的地方电位最高，则 PN 结上的反向偏置电压也最大，因而耗尽层最宽，导电沟道最窄，而沟道靠近源极处电位最低，PN 结上的反向偏置电压也最小，所以耗尽层宽度也最窄，导电沟道最宽，如图 4.1.5（a）所示。

② 随着 V_{DD} 逐渐增大，PN 结反偏加剧，则耗尽层继续展宽，导电沟道相应地变窄，因而 i_D 将随之继续减小。当 V_{DD} 增大到使得 $u_{DG} = |U_P|$ 时，漏极附近的耗尽层开始碰在一起，这种情况称为预夹断，如图 4.1.5（b）所示。预夹断后，漏极电流 i_D 不为 0，因为此时沟道内的电场仍可以使得多数载流子定向运动到漏极。

③ 当场效应管预夹断以后，如果继续增大 V_{DD}，i_D 将基本不变。这是因为，一方面 V_{DD} 的增大增强了沟道内的电场，促进载流子的运动；另一方面 V_{DD} 的增大又加剧了夹断，使得夹断区加长，阻碍了载流子的运动，因此 i_D 基本趋于饱和，呈现恒流状态，如图 4.1.5（c）所示。

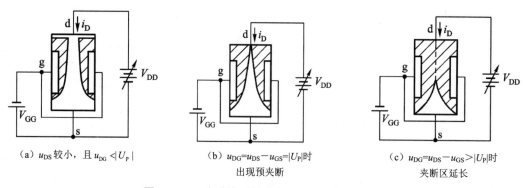

(a) u_{DS} 较小，且 $u_{DG} < |U_P|$　　　　(b) $u_{DG} = u_{DS} - u_{GS} = |U_P|$ 时　　　　(c) $u_{DG} = u_{DS} - u_{GS} > |U_P|$ 时
　　　　　　　　　　　　　　　　　　　　出现预夹断　　　　　　　　　　　　　　　　夹断区延长

图 4.1.5　N 沟道结型场效应管 u_{DS} 对 i_D 的影响

由以上过程可知，场效应管工作时只有一种载流子（多子）参与导电，所以又称为单极型晶体管。而在进入预夹断后，漏极电流 i_D 呈现恒流状态，此时 i_D 与 u_{DS} 无关，只受到栅源电压 u_{GS} 的控制，因此场效应管是电压控制器件。

为了能够产生预夹断，要求结型场效应管的栅源电压保证 PN 结反偏，而 u_{GS} 与 u_{DS} 极性相反。也就是说，N 沟道结型场效应管 $u_{GS} < 0$，$u_{DS} > 0$；而 P 沟道结型场效应管 $u_{GS} > 0$，$u_{DS} < 0$。

3. 特性曲线

由于场效应管的栅极电流 $i_G = 0$，因此不讨论场效应管的输入特性，而用以下两种特性曲线来描述场效应管的电流和电压之间的关系：漏极特性和转移特性。测试场效应管特性曲线的电路如图 4.1.6 所示。

（1）漏极特性（输出特性）。场效应管的漏极特性表示当栅极和源极之间的电压不变时，漏极电流 i_D 与漏极和源极之间电压 u_{DS} 的关系，即

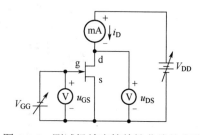

图 4.1.6　测试场效应管特性曲线的电路

$$i_D = f(u_{DS})\big|_{u_{GS} = \text{常数}} \qquad (4.1.1)$$

　　N 沟道结型场效应管的漏极特性曲线如图 4.1.7（a）所示。可以看出，它们与双极型三极管的共射输出特性曲线很相似。但二者之间有一个重要区别，即场效应管的漏极特性以栅极和源极之间的电压 u_{GS} 作为参变量，而双极型三极管输出特性曲线的参变量是基极电流 i_B。

　　图 4.1.7（a）中场效应管的漏极特性可以划分为 3 个区：可变电阻区、恒流区和击穿区。

　　漏极特性中最左侧的部分，表示当 u_{DS} 比较小时，导电沟道没有夹断，此时 i_D 随着 u_{DS} 的增加而上升，二者之间基本上是线性关系，此时场效应管似乎成为一个线性电阻。不过当 u_{GS} 的值不同时，直线的斜率不同，即相当于电阻的阻值不同。$|u_{GS}|$ 值越大，则相应的电阻值越大。因此，工作于这个区域的场效应管的特性呈现为一个由 u_{GS} 和 u_{DS} 控制的可变电阻，所以称为可变电阻区。

　　在漏极特性的中间部分，即图 4.1.7（a）左右两条虚线之间的区域，i_D 基本上不随 u_{DS} 而变化。这是因为在该区域内，导电沟道出现预夹断，i_D 基本恒定。此时，i_D 的值与 u_{DS} 基本无关，主要决定于 u_{GS}。各条漏极特性曲线近似为水平的直线，故称为恒流区，也称为饱和区。分隔恒流区和可变电阻区的虚线称为预夹断轨迹，对于 N 沟道结型场效应管来说，预夹断条件为 $u_{DG}=|U_P|$。需要注意的是，场效应管漏极特性中的恒流区或饱和区，相当于双极型三极管输出特性中的放大区，而不是双极型三极管的饱和区，二者不可混淆。当组成场效应管放大电路时，为了防止出现非线性失真，应将工作点设置在此区域内。

　　漏极特性中最右侧的部分，表示当 u_{DS} 升高到一定程度时，反向偏置的 PN 结被击穿，i_D 突然增大。这个区域称为击穿区。如果电流过大，将使场效应管损坏。为了保证器件的安全，场效应管的工作点不应进入到击穿区内。当 $|u_{GS}|>|U_P|$ 时，场效应管导电沟道完全夹断，进入截止区，$i_D≈0$。

　　（2）转移特性。当场效应管的漏极和源极之间的电压 u_{DS} 保持不变时，漏极电流 i_D 与栅源之间电压 u_{GS} 的关系称为转移特性。其表达式为

$$i_D = f(u_{GS})\big|_{u_{DS}=常数} \tag{4.1.2}$$

　　转移特性直观地描述了栅极和源极之间的电压 u_{GS} 对漏极电流 i_D 的控制作用。N 沟道结型场效应管的转移特性曲线如图 4.1.7（b）所示。由图 4.1.7（b）可知，当 $u_{GS}=0$ 时，i_D 达到最大；u_{GS} 值越小，则 i_D 越小。当 u_{GS} 等于夹断电压 U_P 时，$i_D≈0$。这两个点对应着场效应管的两个重要参数：转移特性与横坐标轴交点处的电压，表示 $i_D=0$ 时的 u_{GS}，是前面定义的 U_P；转移特性与纵坐标轴交点处的电流，表示 $u_{GS}=0$ 时的漏极电流，称为饱和漏极电流，用符号 I_{DSS} 表示。

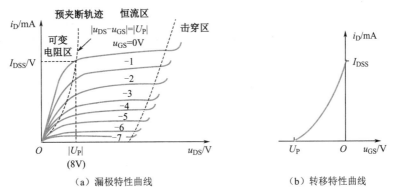

（a）漏极特性曲线　　　　　（b）转移特性曲线

图 4.1.7　N 沟道结型场效应管的漏极、转移特性曲线

　　场效应管的上述两组特性曲线之间互相是有联系的，可以根据漏极特性，利用作图的方法得到相应的转移特性，因为转移特性表示 u_{DS} 不变时，i_D 和 u_{GS} 之间的关系，所以只要在漏极特性上，对应于 u_{DS} 等于某一固定电压处作横轴的垂线，如图 4.1.8 所示。该直线与 u_{GS} 为不同值的各条漏极特性曲线有一系列的交点，根据这些交点，可以得到不同 u_{GS} 时的 i_D 值，由此即可画出相应的转移特性曲线。当场效应管工作于恒流区时，可以用一条转移特性曲线代替恒流区的所有转移特性，而当管子工作于可变电阻

区时，对应于不同的 U_{DS}，转移特性曲线将有较大差别。

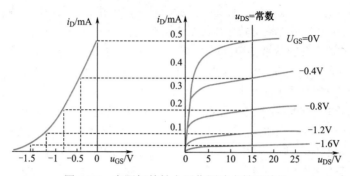

图 4.1.8　在漏极特性上用作图法求转移特性

4．电流方程

当结型场效应管工作于饱和区（恒流区）内时，漏极电流 i_D 与栅源电压 u_{GS} 可近似用以下公式表示。

$$i_D = I_{DSS}\left(1 - \frac{u_{GS}}{U_P}\right)^2 \quad \text{（当} U_P \leqslant u_{GS} \leqslant 0\text{时）} \tag{4.1.3}$$

式中，I_{DSS} 为漏极饱和电流；U_P 为夹断电压。

在结型场效应管中，由于栅极与导电沟道之间的 PN 结被反向偏置，因此栅极基本上没有电流，其输入电阻很高，通常可达 $10^7\Omega$以上。但是，在某些情况下希望得到更高的输入电阻，此时可以考虑采用绝缘栅型场效应管。

4.1.2　绝缘栅型场效应管

绝缘栅型场效应管（Insulated Gate Field Effect Transistor，IGFET）由金属、氧化物和半导体制成，所以又称为金属氧化物-半导体场效应管，或者简称 MOS 场效应管（Metal-Oxide-Semiconductor Field Effect Transistor，MOSFET）。由于这种场效应管的栅极被绝缘层（如 SiO_2）隔离，因此其输入电阻更高，可达 $10^9\Omega$以上。从导电沟道来分，绝缘栅型场效应管也有 N 沟道和 P 沟道两种类型，简称 NMOS 和 PMOS。无论 N 沟道或 P 沟道，都可以分为增强型和耗尽型两种。若 $u_{GS}=0$ 时漏极和源极之间已经存在导电沟道，称为耗尽型场效应管。若当 $u_{GS}=0$ 时不存在导电沟道，则称为增强型场效应管。

视频 4-2：绝缘栅型场效应管

本节将以 N 沟道增强型和耗尽型 MOS 场效应管为主，介绍它们的结构、工作原理和特性曲线。

1．N 沟道增强型 MOS 场效应管

（1）结构。N 沟道增强型 MOS 场效应管的结构示意图如图 4.1.9 所示。用一块掺杂浓度较低的 P 型硅片作为衬底，在其表面上覆盖一层二氧化硅（SiO_2）的绝缘层，再在二氧化硅层上刻出两个窗口，通过扩散形成两个高掺杂的 N 区（用 N^+表示），分别引出源极 s 和漏极 d，然后在源极和漏极之间的二氧化硅上面引出栅极 g，栅极与其他电极之间是绝缘的。衬底也引出一根引线，用 B 表示，通常情况下将它与源极在管子内部连接在一起。

由图 4.1.9 可知，这种场效应管由金属、氧化物和半导体组成，这也是它的名称由来。图 4.1.10（a）和（b）所示分别为增强型 NMOS 和 PMOS 的符号。可见，符号中衬底上的箭头由 P 指向 N，由于 NMOS 导电沟道为 N 型，因此箭头指向导电沟道，PMOS 相反。

（2）工作原理。绝缘栅型场效应管的工作原理是利用 u_{GS} 来控制"感应电荷"的多少，以改变由这些"感应电荷"形成的导电沟道的状况，然后达到控制漏极电流 i_D 的目的。

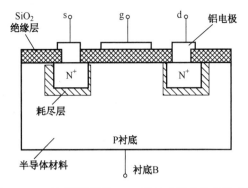

图 4.1.9 N 沟道增强型 MOS 场效应管的结构示意图

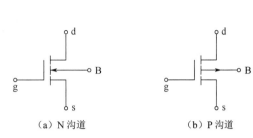

(a) N 沟道 (b) P 沟道

图 4.1.10 增强型 MOS 场效应管的符号

对于 N 沟道增强型 MOS 场效应管来说，当 $u_{GS}=0$ 时，在漏极和源极的两个 N$^+$区之间是 P 型衬底，因此漏极和源极之间相当于两个背靠背的 PN 结，无论漏极和源极之间加上何种极性的电压，总是不能导电。

假设场效应管的 $u_{DS}=0$，同时 $u_{GS}>0$，如图 4.1.11（a）所示。此时栅极的金属极板（铝）与 P 型衬底之间产生一个电场，方向为由栅极指向衬底。在电场的作用下，P 衬底中的空穴（多子）被排斥，而 P 型衬底中的自由电子（少子）则被吸引到衬底靠近二氧化硅的一侧，产生了由负离子组成的耗尽层。若增大 u_{GS}，则耗尽层变宽。当 u_{GS} 增大到一定值时，由于吸引了足够多的电子，便在耗尽层与二氧化硅之间形成可移动的表面电荷层，将两个 N$^+$区连通，于是在漏极和源极之间有了 N 型的导电沟道，如图 4.1.11（b）所示。因为是在 P 型半导体中感应产生出 N 型电荷层，所以称为反型层。由于 P 型衬底中自由电子的浓度很低，因此导电沟道中的负电荷主要从源极和漏极的 N$^+$区得到。开始形成反型层所需的 u_{GS} 称为开启电压，用符号 U_{TH} 表示。以后，随着 u_{GS} 的升高，感应电荷增多，导电沟道变宽，导电性能增强，故此称为增强型 MOS 场效应管。但因为 $u_{DS}=0$，所以 i_D 总是为零。

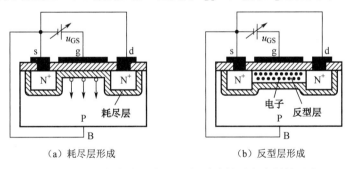

(a) 耗尽层形成 (b) 反型层形成

图 4.1.11 N 沟道增强型 MOS 场效应管导电沟道的形成

假设使 u_{GS} 为某一个大于 U_{TH} 的固定值，并在漏极和源极之间加上正电压 u_{DS}，且 $u_{GD}=u_{GS}-u_{DS}>U_{TH}$。此时，由于漏极和源极之间存在导电沟道，因此将产生一个电流 i_D。但是，因为 i_D 流过导电沟道时产生电压降落，使沟道上各点电位不同。沟道上靠近漏极处电位最高，故该处栅极和漏极之间的电位差 $u_{GD}=u_{GS}-u_{DS}$ 最小，因而感应电荷产生的导电沟道最窄；而沟道上靠近源极处电位最低，栅极和漏极之间的电位差 u_{GD} 最大，所以导电沟道最宽。因此，导电沟道呈现一个楔形，如图 4.1.12（a）所示。

当 u_{DS} 增大时，i_D 将随之增大。但与此同时，导电沟道宽度的不均匀性也日益加剧。当 u_{DS} 增大到使得 $u_{GD}=u_{GS}-u_{DS}=U_{TH}$ 时，靠近漏极处的沟道达到临界开启的程度，出现了预夹断的情况，如图 4.1.12（b）所示。如果继续增大 u_{DS}，一方面 i_D 有增大的趋势；另一方面沟道的夹断将逐渐延长，限制 i_D 的增大，因而 i_D 基本不变，表现出恒流状态。

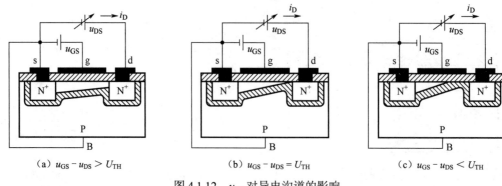

(a) $u_{GS} - u_{DS} > U_{TH}$　　　　(b) $u_{GS} - u_{DS} = U_{TH}$　　　　(c) $u_{GS} - u_{DS} < U_{TH}$

图 4.1.12　u_{DS} 对导电沟道的影响

（3）特性曲线。N 沟道增强型 MOS 场效应管的转移特性和漏极特性如图 4.1.13 所示。

由图 4.1.13（a）可知，当 $u_{GS} < U_{TH}$ 时，由于尚未形成导电沟道，因此 i_D 基本为零，当 $u_{GS} = U_{TH}$ 时，形成了导电沟道，而且随着 u_{GS} 的增大，导电沟道变宽，沟道电阻减小，于是 i_D 也随之增大。

N 沟道增强型 MOS 场效应管的漏极特性同样可以分为 3 个区域：可变电阻区、恒流区（或饱和区）及击穿区。对于 N 沟道增强型 MOS 场效应管来说，预夹断条件为 $u_{GD} = U_{TH}$，如图 4.1.13（b）所示。

（4）电流方程。当增强型 MOS 场效应管工作于饱和区（恒流区）时，漏极电流 i_D 与栅源之间电压 u_{GS} 可近似表示为

$$i_D = I_{DO}\left(\frac{u_{GS}}{U_{TH}} - 1\right)^2 \quad （当 u_{GS} > U_{TH} 时） \tag{4.1.4}$$

式中，U_{TH} 为开启电压；I_{DO} 为当 $u_{GS} = 2U_{TH}$ 时的 i_D 值，如图 4.1.13（a）所示。

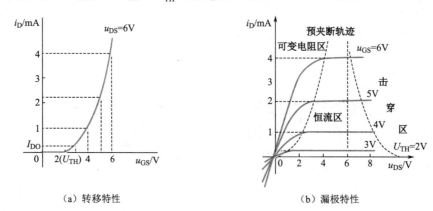

(a) 转移特性　　　　　　　　(b) 漏极特性

图 4.1.13　N 沟道增强型 MOS 场效应管的转移特性和漏极特性

2．N 沟道耗尽型 MOS 场效应管

前文介绍的这种 N 沟道 MOS 场效应管，只有当 $u_{GS} \geqslant U_{TH}$ 时，漏极和源极之间才存在导电沟道，因此称为增强型 MOS 场效应管。耗尽型的 MOS 场效应管则不然，由于在制造过程中预先在二氧化硅的绝缘层中掺入了大量的正离子，因此即使 $u_{GS} = 0$，这些正离子产生的电场也能在 P 型衬底中"感应"出足够多的负电荷，形成反型层，从而产生 N 型的导电沟道，如图 4.1.14 所示。所以当 $u_{DS} > 0$ 时，将有一个较大的漏极电流 I_D。图 4.1.15 所示为 N 沟道和 P 沟道耗尽型 MOS 场效应管的符号，在 d、s 之间的实线，形象地表示了导电沟道的存在。

若使这种场效应管的 $u_{GS} < 0$，则外加电场将削弱原来二氧化硅绝缘层中正离子产生的电场，使感应负电荷减少，于是 N 型的沟道变窄，从而使 i_D 减小。当 u_{GS} 更小，达到某一值时，感应电荷被"耗尽"，导电沟道消失，于是 $i_D \approx 0$。因此，这种场效应管称为耗尽型 MOS 场效应管。使 $i_D \approx 0$ 时的 u_{GS}

称为夹断电压，用符号 U_P 表示，与结型场效应管类似。

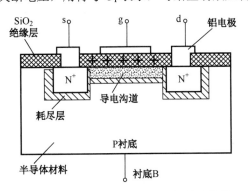

图 4.1.14　N 沟道耗尽型 MOS 场效应管的
结构示意图

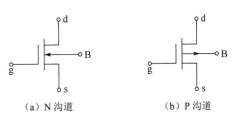

（a）N 沟道　　　（b）P 沟道

图 4.1.15　N 沟道和 P 沟道耗尽型
MOS 场效应管的符号

与 N 沟道结型场效应管不同，耗尽型 MOS 场效应管还允许在 $u_{GS}>0$ 的情况下工作。此时，导电沟道比 $u_{GS}=0$ 时更宽，因而 i_D 更大，因此耗尽型 MOS 场效应管的栅源电压 u_{GS} 可正可负。N 沟道耗尽型 MOS 场效应管的转移特性和漏极特性如图 4.1.16 所示。

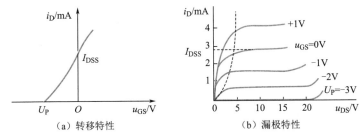

（a）转移特性　　　　　　　（b）漏极特性

图 4.1.16　N 沟道耗尽型 MOS 场效应管的转移特性和漏极特性

可见，耗尽型 MOS 场效应管和前面介绍的结型场效应管都是通过改变已有的导电沟道的宽度来实现对电流 i_D 大小的控制，这类场效应管都属于耗尽型的场效应管。耗尽型 MOS 场效应管的电流方程与结型场效应管的电流方程相同。

P 沟道 MOS 场效应管的工作原理与 N 沟道的类似，此处不再赘述。为了便于比较，现将各种场效应管的符号和特性曲线列于表 4.1.1 中。

表 4.1.1　各种场效应管的符号和特性曲线

种　类		符　号	转移特性	漏极特性
结型 N 沟道	耗尽型			
结型 P 沟道	耗尽型			

续表

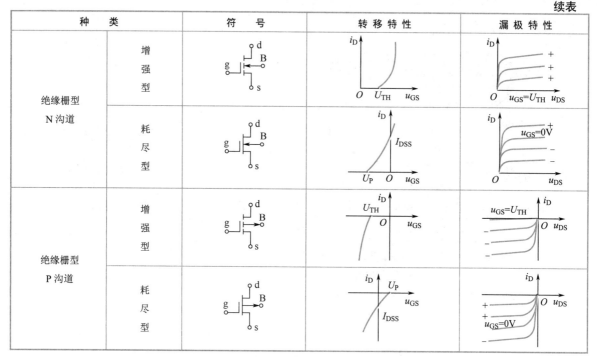

种　类		符　号	转 移 特 性	漏 极 特 性
绝缘栅型 N沟道	增强型			
	耗尽型			
绝缘栅型 P沟道	增强型			
	耗尽型			

4.1.3　场效应管的主要参数

视频4-3:
场效应管的主要
参数和选用

场效应管的主要参数有直流参数、交流参数和极限参数，具体介绍如下。

1. 直流参数

（1）夹断电压 U_P。U_P 是耗尽型场效应管的一个重要参数。其定义是导电沟道消失时的 u_{GS}。在实测时，可取 u_{DS} 一定时（如10V），改变 u_{GS}，使 i_D 减小到很小时（如 20μA），测得此时的 $u_{GS}=U_P$。

（2）饱和漏极电流 I_{DSS}。I_{DSS} 也是耗尽型场效应管的一个重要参数。它的定义是当栅源极之间的电压 $u_{GS}=0$ 时，而 $u_{DS}>|U_P|$ 时对应的漏极电流。

（3）开启电压 U_{TH}。U_{TH} 是增强型场效应管的一个重要参数。它的定义是导电沟道形成时的最小 u_{GS}。在实测时，常取 u_{DS} 为常数（如10V），改变 u_{GS}，使 i_D 很小时（如 50μA），测得此时的 $u_{GS}=U_{TH}$。

（4）直流输入电阻 R_{GS}。R_{GS} 是栅源极之间所加电压与产生的栅极电流之比。由于场效应管的栅极几乎不取电流，因此其输入电阻很高。结型场效应管的 R_{GS} 一般在 $10^7\Omega$ 以上，绝缘栅型场效应管的输入电阻更高，一般大于 $10^9\Omega$。

2. 交流参数

（1）低频跨导 g_m。g_m 用以描述栅源极之间的电压 u_{GS} 对漏极电流 i_D 的控制作用。它的定义是当 u_{DS} 一定时，i_D 的变化量与 u_{GS} 的变化量之比，即

$$g_m = \frac{\Delta i_D}{\Delta u_{GS}}\bigg|_{u_{DS}=\text{常数}} \tag{4.1.5}$$

若 i_D 的单位是毫安（mA），u_{GS} 的单位是伏（V），则 g_m 的单位是毫西门子（mS）。

（2）极间电容。极间电容是场效应管 3 个电极之间的等效电容，包括 C_{gs}、C_{gd} 和 C_{ds}。场效应管的极间电容一般为几皮法。极间电容越小，则管子的高频性能越好。

3. 极限参数

（1）漏极最大允许耗散功率 P_{DM}。场效应管的漏极耗散功率等于漏极电流与漏源极之间电压的乘积。这部分功率将转化为热能，使管子的温度升高，如果管子实际功耗超出 P_{DM}，可能导致不可逆的热击穿。

（2）漏源击穿电压 $U_{(BR)DS}$。这是在场效应管的漏极特性曲线上，当漏极电流 i_D 急剧上升产生雪崩击穿时的 u_{DS}。在工作时，外加在漏极和源极之间的电压不得超过此值。

（3）栅源击穿电压 $U_{(BR)GS}$。当结型场效应管正常工作时，栅源极之间的 PN 结处于反向偏置状态，若 u_{GS} 过高，则 PN 结将被击穿。MOS 场效应管的栅极与沟道之间有一层很薄的二氧化硅绝缘层，当 u_{GS} 过高时，可能将二氧化硅绝缘层击穿，使栅极与衬底发生短路。这种击穿不同于一般的 PN 结击穿，而与电容器击穿的情况类似，属于破坏击穿。栅源极之间发生击穿，MOS 场效应管即被破坏。

4.1.4　场效应管的使用注意事项

场效应管在使用时除了注意不要使主要参数超过允许值，还应注意以下几点。

（1）场效应管在使用时要注意不同类型的栅、源、漏各极电压的极性。表 4.1.2 列出了各种场效应管工作电压的偏置要求。

表 4.1.2　各种场效应管工作电压的偏置要求

场效应管类型			u_{GS} 极性	u_{DS} 极性	饱和区工作条件
耗尽型	结型	N 沟道	−	+	$u_{DS} \geq u_{GS} - U_P$
		P 沟道	+	−	$\|u_{DS}\| \geq \|u_{GS} - U_P\|$
	MOS 型	N 沟道	+ − 0 均可	+	$u_{DS} \geq u_{GS} - U_P$
		P 沟道	− + 0 均可	−	$\|u_{DS}\| \geq \|u_{GS} - U_P\|$
增强型	MOS 型	N 沟道	+	+	$u_{DS} \geq u_{GS} - U_{TH}$
		P 沟道	−	−	$\|u_{DS}\| \geq \|u_{GS} - U_{TH}\|$

（2）为了防止 MOS 场效应管栅极击穿，要求一切测试仪器、电烙铁都必须有外接地线。在焊接时，用带有接地线的小功率电烙铁焊接，或者切断电源后利用余热焊接，焊接时还应当先焊源极后焊栅极。

（3）绝缘栅场效应管由于输入电阻极高，故不能在开路状态下保存。也就是说，无论场效应管使用与否，都应将 3 个电极短路或用铝（锡）箔包好，不要用手指触摸以防止感应电势将栅极击穿。结型场效应管可以在开路状态下保存。

（4）场效应管（包括结型和绝缘栅型）的漏极与源极通常制成对称的，漏极和源极可以互换使用。但是有的绝缘栅型场效应管在制造产品时已把源极和衬底连接在一起了，这种场效应管的源极和漏极就不能互换。有的场效应管则将衬底单独引出一个引脚，形成 4 个引脚。一般情况下，P 衬底接低电位，N 衬底接高电位。

4.1.5　场效应管与双极型三极管的比较

（1）场效应管的源极 s、栅极 g、漏极 d 分别对应于三极管的发射极 e、基极 b、集电极 c，它们的作用相似。

（2）场效应管是电压控制电流器件，由 u_{GS} 控制 i_D，其低频跨导 g_m 一般较小，因此场效应管的放大能力较差。三极管是电流控制电流器件，由 i_B（或 i_E）控制 i_C，其电流放大系数 β 较大，驱动能力强。当组成放大电路时，在相同的负载电阻下，场效应管放大电路电压放大倍数一般比双极型三极管放大电路要低。

（3）场效应管的栅极几乎不取电流，所以其输入电阻非常高。结型场效应管一般在 $10^7\Omega$ 以上，MOS

场效应管则在 $10^9\Omega$ 以上。而双极型三极管的发射结在放大区处于正向偏置状态，因此 b、e 之间的输入电阻较小，约为几千欧姆的数量级。

（4）场效应管只有多子参与导电，三极管有多子和少子两种载流子参与导电，因为少子浓度受温度、辐射等因素影响较大，所以场效应管比三极管的温度稳定性好、抗辐射能力强。在环境条件（温度等）变化很大的情况下，应选用场效应管。

（5）场效应管在源极未与衬底连接在一起时，源极和漏极可以互换使用，且特性变化不大。而当三极管的集电极与发射极互换使用时，其特性差异很大，β 值将减小很多，只有在特殊需求时才互换使用。

（6）场效应管的噪声系数很小，在低噪声放大电路的输入级及信噪比要求较高的电路中应选用场效应管。

（7）场效应管和三极管均可组成各种放大电路与开关电路，但由于前者制造工艺简单，且具有耗电少、热稳定性好、工作电源电压范围宽等优点，因此被广泛应用于大规模和超大规模集成电路中。

4.2　场效应管放大电路的偏置和静态分析

视频 4-4：
场效应管放大电路
的偏置和静态分析

合理的静态偏置是器件能够放大的前提，双极型三极管工作于放大区的偏置要求是发射结正偏，集电结反偏，同时基极回路需要设置合适的偏置电流 I_B，以确定合适的静态工作点。而场效应管是电压控制器件，栅极几乎没有电流，因此场效应管放大电路的栅极回路只需要一个合适的偏置电压 U_{GS}，保证场效应管工作于饱和区。由于不同类型的场效应管对偏置电压的极性要求不同，因此应根据不同类型的场效应管设置相应的偏置电压。常用的场效应管放大电路的直流偏置电路有 3 种：固定偏压、自给偏压和分压式自偏压。

4.2.1　固定偏压

场效应管固定偏压放大电路如图 4.2.1（a）所示，由其直流通路 [图 4.2.1（b）] 可知，栅极偏压是由固定电源 V_{GG} 设定的，因此称这种偏置方式为固定偏压。这种偏置方式适用于各种场效应管，但是和三极管的固定偏置电路一样，这种偏置方式不能稳定静态工作点，且需要两个电源，因此并不实用。

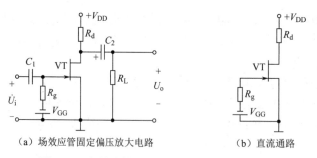

（a）场效应管固定偏压放大电路　　　　（b）直流通路

图 4.2.1　场效应管固定偏压电路及其直流通路

对于图 4.2.1（a）所示电路，可以采用如下方程估算静态工作点。

$$\begin{cases} U_{GSQ} = -V_{GG} \\ I_{DQ} = I_{DSS}\left(1 - \dfrac{U_{GSQ}}{U_P}\right)^2 \\ U_{DSQ} = V_{DD} - I_{DQ}R_d \end{cases} \tag{4.2.1}$$

需要注意的是，对于增强型场效应管，方程（4.2.1）中的转移特性方程应替换为

$$I_{\mathrm{DQ}} = I_{\mathrm{DO}}\left(\frac{U_{\mathrm{GSQ}}}{U_{\mathrm{TH}}} - 1\right)^2$$

4.2.2　自给偏压

场效应管自给偏压放大电路如图 4.2.2（a）所示，图 4.2.2（b）所示为其直流通路。其中，栅极静态电位 U_{G} 为 0，而在电源 V_{DD} 的作用下，图中的 N 沟道耗尽型 MOS 管存在漏极电流 I_{D}，因此源极电位为 $I_{\mathrm{D}}R_{\mathrm{s}}$，栅源电压为

$$U_{\mathrm{GS}} = U_{\mathrm{G}} - U_{\mathrm{S}} = -I_{\mathrm{D}}R_{\mathrm{s}} \tag{4.2.2}$$

由于偏置电压是由场效应管的自身电流 I_{D} 产生的，因此称为自给偏压。显然，由于自给偏压要求在 $u_{\mathrm{GS}}=0$ 时存在漏极电流才能形成自偏压，因此只适用于耗尽型场效应管构成的放大电路。

对于图 4.2.2（a）所示的自给偏压放大电路，可以采用如下方程估算静态工作点

$$\begin{cases} U_{\mathrm{GSQ}} = -I_{\mathrm{DQ}}R_{\mathrm{s}} \\ I_{\mathrm{DQ}} = I_{\mathrm{DSS}}\left(1 - \dfrac{U_{\mathrm{GSQ}}}{U_{\mathrm{P}}}\right)^2 \\ U_{\mathrm{DSQ}} = V_{\mathrm{DD}} - I_{\mathrm{DQ}}(R_{\mathrm{d}} + R_{\mathrm{s}}) \end{cases} \tag{4.2.3}$$

图 4.2.2（a）中的电容 C_{s} 和 2.8.2 节中介绍的分压偏置电路中的旁路电容 C_{e} 的作用一致，都是避免电压增益的损失。同时自给偏压可以稳定静态工作点，其原理和过程如图 4.2.3 所示。

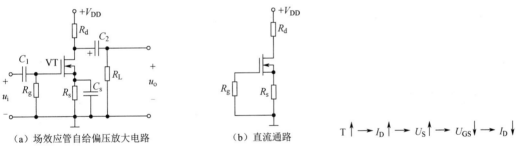

（a）场效应管自给偏压放大电路　　（b）直流通路

图 4.2.2　场效应管自给偏压放大电路及其直流通路　　图 4.2.3　自给偏压稳定静态工作点的原理和过程

4.2.3　分压式自偏压

分压式自偏压场效应管放大电路如图 4.2.4（a）所示。通过分析图 4.2.4（b）所示的直流通路可知，由于其栅极电流为 0，因此栅极电压由 V_{DD} 经电阻 R_1、R_2 分压后提供，同时静态漏极电流流过电阻 R_{s} 产生一个自偏压 $I_{\mathrm{D}}R_{\mathrm{s}}$，则场效应管的静态偏置电压 U_{GSQ} 由分压和自偏压的结果共同决定，即

$$U_{\mathrm{G}} = \frac{R_1}{R_1 + R_2}V_{\mathrm{DD}}$$

$$U_{\mathrm{S}} = I_{\mathrm{D}}R_{\mathrm{s}}$$

$$U_{\mathrm{GS}} = U_{\mathrm{G}} - U_{\mathrm{S}} = \frac{R_1}{R_1 + R_2}V_{\mathrm{DD}} - I_{\mathrm{D}}R_{\mathrm{s}} \tag{4.2.4}$$

因此称为分压式自偏压。

对于 4.2.4（a）所示的场效应管分压式自给偏压放大电路，可以通过如下方程求得静态工作点。

$$\begin{cases} U_{GSQ} = \dfrac{R_1}{R_1 + R_2}V_{DD} - I_{DQ}R_s \\[2mm] I_{DQ} = I_{DO}\left(\dfrac{U_{GSQ}}{U_{TH}} - 1\right)^2 \\[2mm] U_{DSQ} = V_{DD} - I_{DQ}\left(R_d + R_s\right) \end{cases} \tag{4.2.5}$$

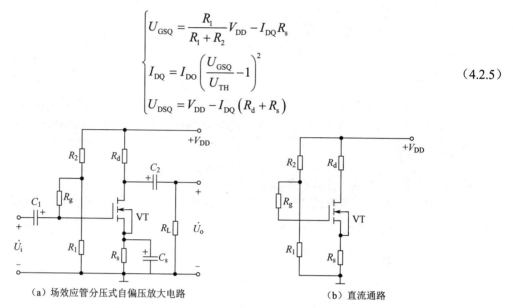

（a）场效应管分压式自偏压放大电路　　　　（b）直流通路

图 4.2.4　场效应管分压式自偏压放大电路

　　显然，相比于固定偏压，该偏置方式只采用一个电源，而相比于自给偏压，分压式自偏压除了可以同样稳定静态工作点，还可以通过调节电路参数，使得 U_{GS} 可正可负，因此适用于各种类型的场效应管。所以，分压式自偏压应用广泛。

4.3　场效应管放大电路的组态和动态分析

4.3.1　场效应管放大电路的组态

　　与双极型三极管一样，根据场效应管在放大电路中的连接方式，场效应管放大电路分为 3 种组态，即共源极放大电路、共漏极放大电路和共栅极放大电路。图 4.3.1 所示为 3 种组态的交流通路。由于场效应管与三极管在电极上有对应关系，因此场效应管放大电路的 3 个组态也分别对应三极管放大电路中的共射、共集和共基组态。

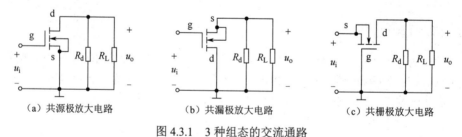

（a）共源极放大电路　　　　（b）共漏极放大电路　　　　（c）共栅极放大电路

图 4.3.1　3 种组态的交流通路

4.3.2　场效应管小信号等效模型

1. 中低频小信号等效模型

　　和三极管一样，场效应管也是非线性元件。为了简化电路分析，在饱和区工作、输入小信号、不考虑结电容的影响条件下，可以将场效应管等效为一个二端口线性网络，即场效应管小信号等效模型。

　　由于漏极电流 i_D 是栅源电压 u_{GS} 和漏源电压 u_{DS} 的函数，因此可表示为

视频 4-5：
场效应管微变
等效模型

$$i_{\mathrm{D}} = f\left(u_{\mathrm{GS}}, u_{\mathrm{DS}}\right)$$

由上式求 i_{D} 的全微分，可得

$$\mathrm{d}i_{\mathrm{D}} = \left.\frac{\partial i_{\mathrm{D}}}{\partial u_{\mathrm{GS}}}\right|_{U_{\mathrm{DS}}} \mathrm{d}u_{\mathrm{GS}} + \left.\frac{\partial i_{\mathrm{D}}}{\partial u_{\mathrm{DS}}}\right|_{U_{\mathrm{GS}}} \mathrm{d}u_{\mathrm{DS}} \qquad (4.3.1)$$

式（4.3.1）中，定义

$$g_{\mathrm{m}} = \left.\frac{\partial i_{\mathrm{D}}}{\partial u_{\mathrm{GS}}}\right|_{U_{\mathrm{DS}}} \qquad (4.3.2)$$

$$\frac{1}{r_{\mathrm{ds}}} = \left.\frac{\partial i_{\mathrm{D}}}{\partial u_{\mathrm{DS}}}\right|_{U_{\mathrm{GS}}} \qquad (4.3.3)$$

式中，g_{m} 为场效应管的跨导（mS）；r_{ds} 为场效应管漏源之间的等效电阻。

若输入正弦波信号，则可用 $\dot{I}_{\mathrm{d}}$、$\dot{U}_{\mathrm{gs}}$、和 $\dot{U}_{\mathrm{ds}}$ 分别代替式（4.3.1）中的变化量 $\mathrm{d}i_{\mathrm{D}}$、$\mathrm{d}u_{\mathrm{GS}}$ 和 $\mathrm{d}u_{\mathrm{DS}}$，因此式（4.3.1）成为

$$\dot{I}_{\mathrm{d}} = g_{\mathrm{m}}\dot{U}_{\mathrm{gs}} + \frac{1}{r_{\mathrm{ds}}}\dot{U}_{\mathrm{ds}} \qquad (4.3.4)$$

根据式（4.3.4）可画出场效应管微变等效模型，如图 4.3.2（a）所示。图中栅极与源极之间虽然有一个电压 $\dot{U}_{\mathrm{gs}}$，但是没有栅极电流，所以栅极是悬空的。d、s 之间的电流源 $g_{\mathrm{m}}\dot{U}_{\mathrm{gs}}$ 也是一个受控源，体现了 $\dot{U}_{\mathrm{gs}}$ 对 $\dot{I}_{\mathrm{d}}$ 的控制作用。

其中，g_{m} 的数值可根据场效应管电流方程对 u_{GS} 求导数而得到，即

$$g_{\mathrm{m}} = \frac{\mathrm{d}i_{\mathrm{D}}}{\mathrm{d}u_{\mathrm{GS}}} = \frac{2I_{\mathrm{DO}}}{U_{\mathrm{TH}}}\left(\frac{u_{\mathrm{GS}}}{U_{\mathrm{TH}}} - 1\right) = \frac{2}{U_{\mathrm{TH}}}\sqrt{I_{\mathrm{DO}}i_{\mathrm{D}}} \qquad (4.3.5)$$

在 Q 点附近，可用 I_{DQ} 表示式（4.3.5）中的 i_{D}，则可得

$$g_{\mathrm{m}} \approx \frac{2}{U_{\mathrm{TH}}}\sqrt{I_{\mathrm{DO}}I_{\mathrm{DQ}}} \qquad (4.3.6)$$

可见，g_{m} 与静态工作点密切相关，一般 g_{m} 的数值为 0.1～20mS。r_{ds} 的数值通常为几百 kΩ 的数量级。当漏极负载电阻 R_{d} 比 r_{ds} 小得多时，可认为等效电路中的 r_{ds} 开路，由此得到简化的场效应管微变等效模型，如图 4.3.2（b）所示。

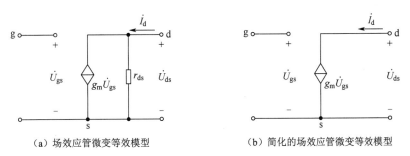

（a）场效应管微变等效模型　　　　　　　（b）简化的场效应管微变等效模型

图 4.3.2　场效应管微变等效模型

2．场效应管高频等效模型

与三极管一样，场效应管的各电极之间也存在极间电容。根据场效应管的结构，可得出它的高频等效模型如图 4.3.3（a）所示。

利用密勒定理可以将 C_{dg} 等效为输入回路和输出回路的两个电容。

g、s 之间的等效电容为

$$C_{\mathrm{gs}}' = C_{\mathrm{gs}} + (1 - \dot{K})C_{\mathrm{dg}} \quad (\dot{K} = -g_{\mathrm{m}}R_{\mathrm{L}}') \qquad (4.3.7)$$

d、s 之间的等效电容为

$$C'_{ds} = C_{ds} + \frac{\dot{K}-1}{\dot{K}} C_{dg} \qquad (\dot{K} = -g_m R'_L) \tag{4.3.8}$$

由于输出回路的时间常数比输入回路的时间常数小得多，因此分析频率特性时可忽略 C'_{ds} 的影响。同时，由于一般情况下 r_{gs} 和 r_{ds} 都比外接电阻大得多，因此也可以忽略，可以得到图 4.3.3（b）所示的简化的场效应管高频等效模型。利用该模型可以进行场效应管放大电路的频率响应分析，其过程和结论与三极管相似，在此不再赘述。

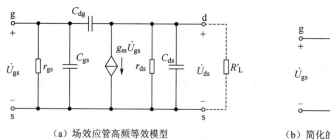

（a）场效应管高频等效模型　　　　　　　（b）简化的场效应管高频等效模型

图 4.3.3　场效应管高频等效模型

和三极管放大电路分析一样，场效应管放大电路分析也应秉承"先静态后动态"的原则，4.3.1 节已详细介绍静态分析，下面利用场效应管微变等效模型对场效应管放大电路进行动态分析。

4.3.3　场效应管放大电路动态分析

1. 共源极放大电路

图 4.3.4 是一个由 N 沟道增强型 MOS 场效应管构成的放大电路，其交流信号从栅极输入，漏极输出，因此是共源极放大电路，其采用的是分压式自偏压方式确定静态工作点。

视频 4-6：
场效应管放大电路
动态分析

假设图 4.3.4 所示放大电路中的隔直电容 C_1、C_2 和旁路电容 C_s 均足够大，可画出其微变等效电路，如图 4.3.5 所示。

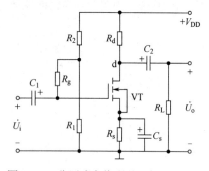

图 4.3.4　分压式自偏压共源极放大电路

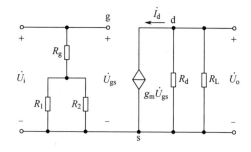

图 4.3.5　电路的微变等效电路

由图 4.3.5 可知

$$\dot{U}_o = -\dot{I}_d R'_d = -g_m \dot{U}_{gs} R'_d$$

其中

$$R'_d = R_d // R_L$$

$$\dot{U}_i = \dot{U}_{gs}$$

则电压放大倍数为

$$\dot{A}_u = \frac{\dot{U}_o}{\dot{U}_i} = -g_m R'_d \tag{4.3.9}$$

输入、输出电阻分别为

$$R_i = R_g + \left(R_1 /\!/ R_2\right) \tag{4.3.10}$$

$$R_o = R_d \tag{4.3.11}$$

由分析结果可知，共源极放大电路与共射放大电路动态性能相似，都是反相放大器，在场效应管放大电路的 3 种组态中放大能力较强，但由于场效应管的 g_m 通常较小，因此共源极放大电路的电压放大能力通常低于共射放大电路，但其输入电阻通常远远高于共射放大电路。

【例 4.3.1】 在图 4.3.4 所示的分压式自偏压共源极放大电路中，设 V_{DD}=15V，R_d=5kΩ，R_s=2.5kΩ，R_1=200kΩ，R_2=300kΩ，R_g=10MΩ，负载电阻 R_L=5kΩ，并设电容 C_1、C_2 和 C_s 足够大。已知场效应管的特性曲线如图 4.3.6 所示。试用图解法分析静态工作点 Q，并用微变等效电路法估算放大电路的 $\dot{A}_u$、R_i 和 R_o。

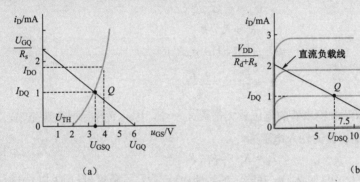

图 4.3.6 场效应管的特性曲线和直流负载线

解： 根据栅极回路可列出以下表达式。

$$u_{GS} = \frac{R_1}{R_1 + R_2} V_{DD} - i_D R_s = \frac{200\text{k}\Omega}{(200+300)\text{k}\Omega} \times 15\text{V} - 2.5 i_D = \left(6 - 2.5 i_D\right)\text{V}$$

在转移特性曲线上画出一条直线，此直线与横轴的交点为 u_{GS}=6V，与纵轴的交点为 i_D=2.4mA，如图 4.3.6（a）所示。直线与转移特性曲线的交点即为静态工作点 Q，由图可知 U_{GSQ}=3.5V，I_{DQ}=1mA。

根据漏极回路列出直流负载线方程为

$$u_{DS} = V_{DD} - i_D\left(R_d + R_s\right) = \left(15 - 7.5 i_D\right)\text{V}$$

可画出直流负载线，如图 4.3.6（b）所示。直流负载线与 $u_{GS}=U_{GSQ}$=3.5V 时的一条漏极特性曲线的交点为 Q，由图可求得，静态时：U_{DSQ}=7.5V，I_{DQ}=1mA。

从图 4.3.6（a）中还可以看出，场效应管的开启电压 U_{TH}=2V，当 $u_{GS}=2U_{TH}$=4V 时，i_D=1.8mA=I_{DO}，则根据式（4.3.5）可估算出场效应管的跨导 g_m 为

$$g_m = \frac{2}{U_{TH}}\sqrt{I_{DO} I_{DQ}} = \frac{2}{2\text{V}}\sqrt{(1.8\times1)\text{mA}} \approx 1.34\text{mS}$$

则电压放大倍数为

$$\dot{A}_u = -g_m R_d' \approx -3.35$$

输入电阻和输出电阻分别为

$$R_i = R_g + \left(R_1 /\!/ R_2\right) \approx 10.1\text{M}\Omega$$

$$R_o = R_d = 5\text{k}\Omega$$

2. 共漏极放大电路

图 4.3.7 所示为共漏极放大电路的典型电路。其交流输入在栅极，交流输出在源极，因此又称为源极输出器。

利用场效应管微变等效模型，画出源极输出器的微变等效电路，如图 4.3.8 所示。

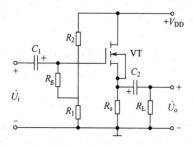

图 4.3.7　共漏极放大电路的典型电路

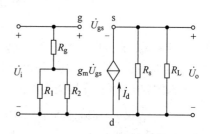

图 4.3.8　源极输出器的微变等效电路

由图可知

$$\dot{U}_o = g_m \dot{U}_{gs} R_s'$$

式中

$$R_s' = R_s \mathbin{/\!/} R_L$$

而

$$\dot{U}_i = \dot{U}_{gs} + \dot{U}_o = \left(1 + g_m R_s'\right)\dot{U}_{gs}$$

所以

$$\dot{A}_u = \frac{\dot{U}_o}{\dot{U}_i} = \frac{g_m R_s'}{1 + g_m R_s'} \tag{4.3.12}$$

可见，当 $g_m R_s' \gg 1$ 时，源极输出器的电压放大倍数 $\dot{A}_u \approx 1$，因此又称为源极跟随器。

由图 4.3.8 可得，源极输出器的输入电阻为

$$R_i = R_g + \left(R_1 \mathbin{/\!/} R_2\right) \tag{4.3.13}$$

在分析输出电阻时，令 $\dot{U}_i = 0$，并使 R_L 开路，外加输出电压 $\dot{U}_o$，如图 4.3.9 所示。由图 4.3.9 可知，输出电流为

$$\dot{I}_o = \frac{\dot{U}_o}{R_m} - g_m \dot{U}_{gs}$$

因为输入端短路，所以

$$\dot{U}_{gs} = -\dot{U}_o$$

则

$$\dot{I}_o = \frac{\dot{U}_o}{R_s} + g_m \dot{U}_o = \left(\frac{1}{R_s} + g_m\right)\dot{U}_o$$

因此

$$\dot{R}_o = \frac{\dot{U}_o}{\dot{I}_o} = \frac{1}{g_m + \dfrac{1}{R_s}} = \frac{1}{g_m} \mathbin{/\!/} R_s \tag{4.3.14}$$

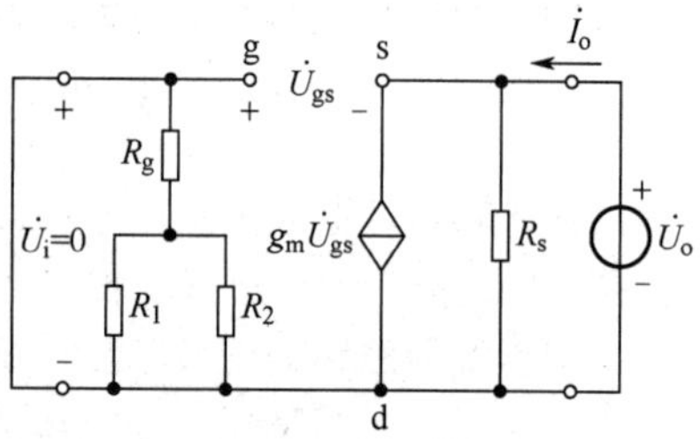

图 4.3.9　求源极输出器 R_o 的等效电路

共漏极放大电路与双极型三极管组成的射极输出器具有类似的特点，如输入电阻高、输出电阻低、电压放大倍数小于 1 而接近于 1 等，所以应用比较广泛。

【例 4.3.2】　在图 4.3.7 所示的电路中，假设 $V_{DD} = 24\text{V}$，$R_s = 10\text{k}\Omega$，$R_g = 100\text{M}\Omega$，$R_1 = 5\text{M}\Omega$，$R_2 = 3\text{M}\Omega$，负载电阻 $R_L = 10\text{k}\Omega$，已知场效应管的跨导 $g_m = 1.8\text{mS}$，试估算放大电路的 $\dot{A}_u$、R_i 和 R_o。

解： 由式（4.3.12）～式（4.3.14）可得

$$\dot{A}_u = \frac{g_m R_s'}{1 + g_m R_s'} = \frac{1.8\text{mS} \times \left(\dfrac{10 \times 10}{10 + 10}\right)\text{k}\Omega}{1 + 1.8\text{mS} \times \left(\dfrac{10 \times 10}{10 + 10}\right)\text{k}\Omega} = 0.9$$

$$R_i = R_g + \left(R_1 \mathbin{/\!/} R_2\right) = 100\text{M}\Omega + \left(\frac{5 \times 3}{5 + 3}\right)\text{M}\Omega \approx 102\text{M}\Omega$$

$$R_o = \frac{1}{g_m} // R_L = \left(\frac{\frac{1}{1.8} \times 10}{\frac{1}{1.8} + 10} \right) k\Omega \approx 0.53\ k\Omega = 530\ \Omega$$

从理论上说，用场效应管组成的放大电路也应有 3 种基本组态，即共源、共漏和共栅组态，共栅极放大电路分析方法与其他组态相似，但由于实际工作中不常使用共栅极放大电路，因此此处不再赘述。

4.4 场效应管放大电路与三极管放大电路的比较

通过分析，可以得到共源、共漏和共栅极放大电路的各项动态技术指标，如表 4.4.1 所示。

表 4.4.1 场效应管放大电路的各项动态技术指标

名称	共源极放大电路	共漏极放大电路	共栅极放大电路
电路结构			
电压放大倍数	$\dot{A}_u = -g_m R_d$	$\dot{A}_u = \dfrac{g_m R_s}{1 + g_m R_s}$	$\dot{A}_u = g_m R_d$
输入、输出电压相位关系	反相	同相	同相
输入电阻	$R_i = R_g + (R_{g1} // R_{g2})$	$R_i = R_g + (R_{g1} // R_{g2})$	$R_i = R_s // (1/g_m)$
输出电阻	$R_o = R_d$	$R_o = R_s // \dfrac{1}{g_m}$	$R_o = R_d$
对应 BJT 放大电路	共射放大电路	共集放大电路	共基放大电路

通过对比场效应管和三极管的 3 种组态，可以得出以下结论。

（1）场效应管放大电路的共源极放大电路、共漏极放大电路、共栅极放大电路分别与三极管放大电路的共射电路、共集电路和共基电路相对应。

（2）共源极放大电路和共射放大电路均有电压放大作用，且输出电压与输入电压相位相反。因此，这两种放大电路可以统称为反相电压放大器。这类放大器电压增益高，输入/输出电阻都较大，适用于多级放大电路中间级。

共漏极放大电路和共集放大电路均没有电压放大作用，电压增益约等于 1，且输出电压与输入电压同相，因此可将这类放大器统称为电压跟随器，可以利用其输入电阻高、输出电阻低的特点用于多级放大电路的输入级、输出级，也可以在中间级起到信号隔离和阻抗匹配的作用。

共栅极放大电路和共基放大电路均没有电流放大作用，电流增益约等于 1，可统称为电流跟随器，其输入电阻小，便于获得较大的输入电流。

（3）场效应管放大电路的突出优点是输入电阻都高于相对应的三极管放大电路，且场效应管相对于三极管噪声低、温度稳定性好、抗辐射能力强，便于集成。

必须指出的是，由于场效应管的低频跨导一般比较小，因此场效应管的放大能力比三极管差，如共源极放大电路的电压增益往往小于共射放大电路的电压增益。

在实际应用中，可根据具体要求将上述各种组态的电路进行适当组合，以构成高性能的放大电路。

4.5　多级放大电路

前面介绍了用三极管和场效应管构成的单管基本放大电路，通过分析可以发现，其电压放大倍数通常只能达到几十倍。在实际应用中，往往需要放大非常微弱的信号，为了获得更高的电压放大倍数，进一步优化放大器性能，常常把若干个单管放大电路连接起来，组成多级放大电路，如图 4.5.1 所示。其中，与信号源相连接的单元电路称为输入级，与负载相连接的单元电路称为输出级，其他统称为中间级。

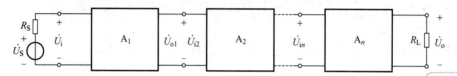

图 4.5.1　多级放大电路

4.5.1　多级放大电路的耦合方式

多级放大电路内部各级之间、放大电路与信号源和负载的连接方式称为耦合方式。常用的耦合方式有变压器耦合、阻容耦合和直接耦合。

1. 变压器耦合

因为变压器能够通过磁路的耦合将原边的交流信号传送到副边，所以也可以作为多级放大电路的耦合元件。图 4.5.2 所示为变压器耦合放大电路。

变压器耦合方式可以隔离前后两级间的直流信号，使得各级之间静态工作点相互独立，有利于电路的分析、设计和调试。而且，由于变压器在传输交流信号的同时，具有阻抗变换作用，因此变压器耦合可以实现前后两级的阻抗匹配，过去常常利用这一特点，选择恰当的变压器变比，以便在负载上得到尽可能大的输出功率。

由于直流和低频信号在变压器上衰减非常大，因此变压器耦合低频特性差，不能放大直流和缓变的信号；而当信号频率过高时，由于变压器漏感和分布电容的作用，高频交流信号的传输质量也较差，且变压器比较笨重，更无法集成化，因此目前变压器耦合应用较少。

2. 阻容耦合

阻容耦合方式是利用电容将多级放大电路中各级连接起来的。图 4.5.3 所示为一个两级阻容耦合放大电路。

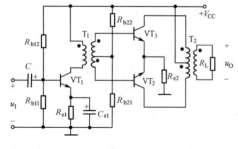

图 4.5.2　变压器耦合放大电路

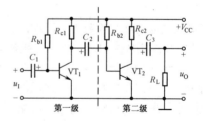

图 4.5.3　两级阻容耦合放大电路

阻容耦合方式的优点是，由于前、后级之间通过电容相连，因此各级的直流信号相互隔离，各级的静态工作点都是相互独立的，各级的静态工作点可以独立的分析、设计和调试。而且，只要耦合电容选得足够大，就可以做到前一级的输出信号在一定的频率范围内几乎不衰减地加载到后一级的输入端上去，使信号得到了充分的利用。

但是，阻容耦合具有很大的局限性。首先，由于耦合电容对低频信号将产生很大的衰减，因此阻容耦合放大电路的低频特性较差。为了保证耦合电容对直流分量的隔离作用，通常需要选择大容量的电容，而在集成电路中，要想制造大容量的电容是很困难的，因而这种耦合方式在集成电路中无法采用，只适用于分立元件构成的电路。随着集成电路的发展和广泛应用，阻容耦合方式应用得越来越少。

3. 直接耦合

为了避免耦合电容对缓慢变化信号带来不良影响，并解决大容量电容难集成的问题，可以把前级的输出端直接或通过电阻接到后级的输入端，这种连接方式称为直接耦合。

直接耦合方式既能放大交流信号，也能放大缓慢变化信号和直流信号。更重要的是，直接耦合方式不需要制作大容量电容，因此便于集成化，实际的集成运算放大电路一般都是直接耦合多级放大电路。所以直接耦合放大电路是本节讨论的重点。

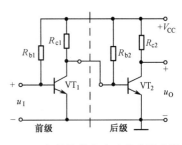

图 4.5.4　两个单管放大电路简单地直接耦合

但是，采用直接耦合方式也引出了新的问题。首先，直接耦合前后两级静态工作点相互影响，使得直接耦合多级放大电路的分析、设计和调试难度较大。甚至，把两个已经独立调试好的放大电路直接耦合在一起可能使电路不能正常工作。例如，在图 4.5.4 中，由于 VT_1 的集电极电位被 VT_2 的基极限制在 0.7V 左右，使 VT_1 的 Q 点接近饱和区，不能正常进行放大。

为了使直接耦合的两个放大级各自仍有合适的静态工作点，图 4.5.5 中的电路提供了几种解决的办法。在图 4.5.5（a）中，由于 R_{e2} 的接入，提高了第二级基极电位 U_{B2}，从而保证第一级的集电极可以得到较高的静态电位，而不致工作在饱和区。但是，引入 R_{e2} 后，将使第二级的放大倍数严重下降。

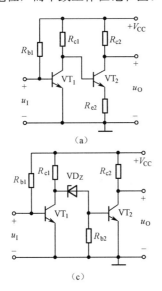

（a）

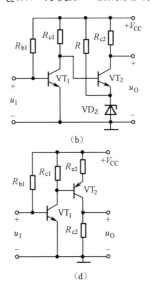

（b）

（c）

（d）

图 4.5.5　直接耦合方式实例

在图 4.5.5（b）中，用一只稳压管 VD_Z 取代了图 4.5.5（a）中的 R_{e2}。因为稳压管的动态电阻通常很小，一般为几十欧姆的数量级，这样就可以使第二级的放大倍数不致损失太大，从而弥补了图 4.5.5（a）所示电路的缺陷。但由于稳压管使得第一级的集电极电位基本固定，导致电路输出有效电压变化范围将减小。

当级数进一步增加时，发现图 4.5.5（a）、（b）的连接方式又出现了新的困难。例如，在图 4.5.5（b）中，假设为了保证三极管能正常工作，取各级 $U_{CE}=5V$，并假设各管 $U_{BE}=0.7V$，于是

$$U_{B2} = U_{C1} = 5V$$
$$U_{C2} = U_{CE2} + U_{E2} = 5 + 5 - 0.7 = 9.3V$$

若为三级放大，则

$$U_{B2} = U_{C1} = 9.3V$$
$$U_{C3} = U_{CE3} + U_{E3} = 5 + 9.3 - 0.7 = 13.6V$$

如此下去，势必使得基极和集电极的电位逐级上升，最终由于电源电压 V_{CC} 的限制而无法实现。

解决这个问题的办法是采取措施实现电平移动。例如，在图 4.5.5（c）中，前一级的集电极经过一个稳压管再接至后级的基极，这样既降低了第二级基极的电位，又不致使放大倍数损失太大。其缺点是稳压管的噪声较大。

图 4.5.5（d）所示电路给出了实现电平移动的另一种方法。这个电路的后级采用了 PNP 型三极管，由于 PNP 型管正常工作时，电压的极性要求与 NPN 刚好相反，集电极电位比基极电位低，因此，即使耦合的级数比较多，也可以使各级获得合适的工作点，而不至于造成电位逐级上升。所以，这种 NPN-PNP 的耦合方式无论在分立元件或集成的直接耦合电路中都经常被采用。

除了以上静态工作点之间的相互影响，直接耦合带来的第二个问题是零点漂移问题，这是直接耦合电路最突出的问题。如果将一个直接耦合放大电路的输入端对地短路，并调整电路使输出电压也等于零。从理论上说，输出电压应一直为零保持不变，但实际上，输出电压将离开零点，缓慢地发生不规则的变化，如图 4.5.6 所示，这种现象称为零点漂移。

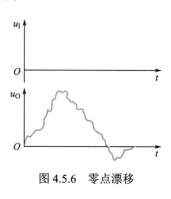

图 4.5.6　零点漂移

产生零点漂移的主要原因是放大器件的参数受温度的影响而发生波动，导致放大电路的静态工作点不稳定，而放大级之间又采用直接耦合方式，使静态工作点的变化逐级传递和放大，因此这种现象又简称温漂。一般来说，直接耦合放大电路的级数越多，放大倍数越高，零点漂移问题越严重。零点漂移将对输出信号产生严重的干扰，而多级放大电路的第一级的零点漂移影响最大，因此在第一级有效抑制零点漂移是制作高质量直接耦合放大电路的关键。

为了抑制零点漂移，常用的措施如下：

（1）引入直流负反馈以稳定 Q 点来减小零点漂移。分压偏置工作点稳定电路就是基于这种思想而设计的电路。

（2）利用热敏元件补偿放大器的零点漂移。例如，在放大电路中接入另一个对温度敏感的元件，如热敏电阻、半导体二极管等，使该元件在温度变化时产生的零点漂移能够抵消放大三极管产生的零点漂移。

（3）将两个参数对称的单管放大电路接成差分放大的结构形式，使输出端的零点漂移互相抵消。这种措施十分有效且比较容易实现，实际上集成运算放大电路的输入级基本上都采用差分放大的结构。第 6 章将重点介绍差分放大电路。

现将 3 种耦合方式的比较列于表 4.5.1 中。

表 4.5.1　3 种耦合方式的比较

耦合方式	变压器耦合	阻容耦合	直接耦合
特点	有阻抗变换作用； 各级直流通路互相隔离	各级静态工作点互不影响，结构简单	能放大缓慢变化的信号或直流成分的变化； 适于集成化
存在问题	不能反映直流成分的变化，不适合放大缓慢变化的信号； 笨重； 不适于集成化	不能反映直流成分的变化，不适合放大缓慢变化的信号； 不适于集成化	有零点漂移现象； 各级静态工作点互相影响
适用场合	低频功率放大电路、调谐放大电路	分立元件交流放大电路	集成放大电路、直流放大电路

4.5.2　多级放大电路的静态分析

耦合方式的不同,多级放大电路的静态分析的思路也有所区别。如果是变压器耦合和阻容耦合放大电路,由于各级静态工作点相互独立,因此可以各级独立进行静态分析。如果是直接耦合放大电路,由于各级静态工作点相互影响,因此不能各级独立进行计算。在分析具体的电路时,为了简化计算过程,常常先找出最容易确定的环节,然后计算其他各处的静态电位和电流。有时只能通过联立方程来求解。

【例 4.5.1】 两级直接耦合放大电路如图 4.5.7 所示。试分析该放大电路的静态工作点,求出 Q_1(I_{BQ1},I_{CQ1},U_{CEQ1})和 Q_2(I_{BQ2},I_{CQ2},U_{CEQ2}),其中各管 U_{BEQ} 和 β 为已知。

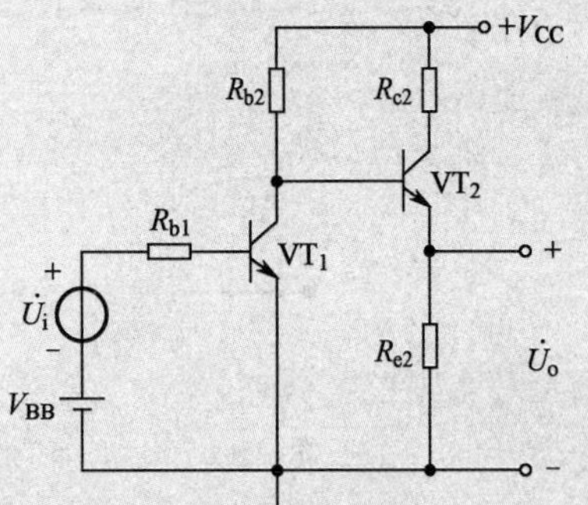

解: 该放大电路为两级直接耦合放大电路。在直流通路中,通过第一级的输入回路有

$$I_{BQ1} = \frac{V_{BB} - U_{BEQ1}}{R_{b1}} \tag{4.5.1}$$

$$I_{CQ1} = \beta_1 I_{BQ1} \tag{4.5.2}$$

根据 KCL 可知,R_{b2} 上的电流为 I_{CQ1} 和 I_{BQ2} 之和,故有

$$U_{CEQ1} = V_{CC} - R_{b2}(I_{CQ1} + I_{BQ2}) \tag{4.5.3}$$

而

$$I_{BQ2} = \frac{U_{CEQ1} - U_{BEQ2}}{(1 + \beta_2)R_{e2}} \tag{4.5.4}$$

图 4.5.7　两级直接耦合放大电路

联立式(4.5.3)和式(4.5.4),可求得 I_{BQ2} 和 U_{CEQ1},进而有

$$I_{CQ2} = \beta_2 I_{BQ2} \tag{4.5.5}$$

$$U_{CEQ2} \approx V_{CC} - I_{CQ2}(R_{c2} + R_{e2}) \tag{4.5.6}$$

完成静态分析。

需要注意的是,在实际电路中,往往 $I_{CQ1} \gg I_{BQ2}$,因此即使是直接耦合放大电路,也通常可以采用独立静态工作点的方式进行估算。

4.5.3　多级放大电路的电压放大倍数、输入电阻和输出电阻

1. 电压放大倍数

在图 4.5.1 所示的多级放大电路中,由于各级是互相串联起来的,前一级的输出就是后一级的输入,因此多级放大电路总的电压放大倍数等于各级电压放大倍数的乘积,即

$$\dot{A}_u = \frac{\dot{U}_o}{\dot{U}_i} = \frac{\dot{U}_{o1}}{\dot{U}_i} \cdot \frac{\dot{U}_{o2}}{\dot{U}_{i2}} \cdot \cdots \cdot \frac{\dot{U}_o}{\dot{U}_{in}} = \dot{A}_{u1} \cdot \dot{A}_{u2} \cdot \cdots \cdot \dot{A}_{un} = \prod_{j=1}^{n} \dot{A}_{uj} \tag{4.5.7}$$

式中,n 为多级放大电路的级数。

2. 输入电阻和输出电阻

一般来说,多级放大电路的输入电阻就是输入级的输入电阻,而多级放大电路的输出电阻就是输出级的输出电阻,即

$$R_i = R_{i1} \qquad R_o = R_{on} \tag{4.5.8}$$

需要强调的是,在进行多级放大电路的动态分析时,在具体计算各级的电压增益、输入电阻或输出电阻时,不仅需要考虑本级的参数,还要考虑后级或前级的关联和影响。分析原则是“后级作为前级的

视频 4-8:
多级放大电路的
动态分析

负载；前级作为后级的信号源"，即第 $i+1$ 级放大电路的输入电阻应视为第 i 级放大电路的负载电阻；第 $i-1$ 级放大电路的输出电阻应视为第 i 级放大电路的信号源内阻。

【例 4.5.2】　两级直接耦合放大电路如图 4.5.7 所示。试分析该放大电路的电压放大倍数、输入电阻和输出电阻。

　　解：基于例 4.5.1 中的静态工作点分析结果进行动态分析。分析可知，该两级放大电路第一级为共射放大电路，第二级为共集放大电路。图 4.5.8 所示为该电路的微变等效电路。

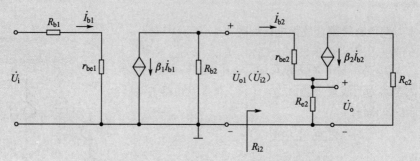

图 4.5.8　图 4.5.7 所示放大电路的微变等效电路

　　多级放大电路的电压放大倍数为各单级放大电路电压放大倍数的乘积，但是在分析单级放大电路时，需要将后一级电路的输入电阻作为前一级的负载，有

$$\dot{A}_{u1} = \frac{\dot{U}_{o1}}{\dot{U}_i} = -\frac{\beta_1 R'_{L1}}{R_{b1} + r_{be1}}$$

其中

$$R'_{L1} = R_{b2} // R_{i2}$$

$$R_{i2} = r_{be2} + (1+\beta_2)R_{e2}$$

$$\dot{A}_{u2} = \frac{\dot{U}_o}{\dot{U}_{i2}} = \frac{(1+\beta_2)R_{e2}}{r_{be2} + (1+\beta_2)R_{e2}}$$

总电压放大倍数为

$$\dot{A}_u = \dot{A}_{u1} \cdot \dot{A}_{u2}$$

输入电阻为

$$R_i = R_{i1} = R_{b1} + r_{be1}$$

输出电阻为第二级放大电路的输出电阻，但需要将前一级电路的输出电阻作为等效信号源内阻，有

$$R_o = R_{o2} = R_{e2} // \frac{r_{be2} + R_s}{1 + \beta_2}$$

其中

$$R_s = R_{o1} = R_{b2}$$

　　在选择多级放大电路的输入级和输出级的电路形式与参数时，常常主要考虑实际工作对输入电阻和输出电阻的要求，而把放大倍数的要求放在次要位置，至于放大倍数可主要由中间各放大级来提供。

4.5.4　多级放大电路的频率响应

　　当多个单元电路级联起来以后，电路的频率特性也会发生变化。定性地来说，在多级放大电路中含有多个放大管，因而在高频等效电路中就含有多个低通电路，决定多级放大电路的高频特性。在阻容耦合多级放大电路中，若有多个耦合电容或旁路电容，则在低频等效电路中就含有多个高通电路，影响多级放大电路的低

视频 4-9：
多级放大电路的
频率响应

频响应。对多级放大电路频率响应的定量分析也可以从对单元电路的频率响应分析入手。

1. 多级放大电路的幅频特性和相频特性

已知多级放大电路总的电压放大倍数是各级电压放大倍数的乘积，即

$$\dot{A}_{u} = \dot{A}_{u1} \cdot \dot{A}_{u2} \cdot \cdots \cdot \dot{A}_{un}$$

将上式取绝对值后再求对数，可得到多级放大电路的对数幅频特性，即

$$20\lg|\dot{A}_{u}| = 20\lg|\dot{A}_{u1}| + 20\lg|\dot{A}_{u2}| + \cdots + 20\lg|\dot{A}_{un}| = \sum_{k=1}^{n} 20\lg|\dot{A}_{uk}| \qquad (4.5.9)$$

式中，$\dot{A}_{uk}$ 为第 k 级放大电路的电压放大倍数。

多级放大电路总的相位移为

$$\varphi = \varphi_1 + \varphi_2 + \cdots + \varphi_n = \sum_{k=1}^{n} \varphi_k \qquad (4.5.10)$$

式中，φ_k 为第 k 级放大电路的相位移。

式（4.5.9）和式（4.5.10）说明，多级放大电路的对数增益等于各级对数增益的代数和；而多级放大电路总的相位移也等于其各级相位移的代数和。因此，绘制多级放大电路总的幅频特性和相频特性时，只要把各放大级的对数增益和相位移在同一横坐标下分别叠加起来即可。

例如，已知单级放大电路的幅频特性和相频特性如图 4.5.9 所示。若把以上完全相同的两个放大电路串联组成一个两级放大电路，则只需分别将原来单级放大电路的幅频特性和相频特性每点的纵坐标叠加起来，即可得到两级放大电路总的幅频特性和相频特性，如图 4.5.9 所示。

由图 4.5.9 可知，对应于单级幅频特性上原来下降 3dB 的频率（f_{L1} 和 f_{H1}），在两级放大电路的幅频特性上将下降 6dB。将两级放大电路的下限频率 f_L 和上限频率 f_H 分别与单级的 f_{L1} 和 f_{H1} 进行比较，可以看出，$f_L > f_{L1}$，而 $f_H < f_{H1}$，由此得出结论：多级放大电路的通频带总是比组成它的每一级的通频带窄。

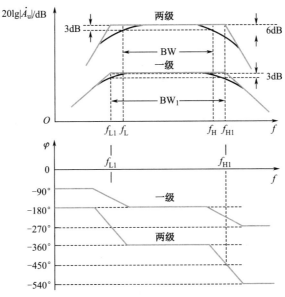

图 4.5.9　一级、两级放大电路的幅频特性和相频特性

2. 多级放大电路的上限频率和下限频率

可以证明，多级放大电路的上限频率与组成它的各级上限频率之间，存在以下近似关系。

$$\frac{1}{f_H} \approx 1.1\sqrt{\frac{1}{f_{H1}^2} + \frac{1}{f_{H2}^2} + \cdots + \frac{1}{f_{Hn}^2}} \qquad (4.5.11)$$

多级放大电路的下限频率与其各级下限频率之间也存在以下近似关系。

$$f_{L} = 1.1\sqrt{f_{L1}^2 + f_{L2}^2 + \cdots + f_{Ln}^2}$$

(4.5.12)

在实际的多级放大电路中，当各放大级的时间常数相差悬殊时，可取其主要作用的那一级作为估算的依据。例如，若其中第 k 级的上限频率 f_{Hk} 比其他各级小得多，可近似认为总的 $f_H \approx f_{Hk}$。同理，若其中第 m 级的下限频率 f_{Lm} 比其他各级大得多时，可近似认为总的 $f_L \approx f_{Lm}$。

本 章 小 结

本章介绍了场效应管及场效应管 3 种基本放大电路的组成和工作原理，共源极放大电路和共漏极放大电路的电路分析方法和特点。具体归纳如下。

（1）场效应管利用栅源极之间电压的电场效应来控制漏极电流，是一种电压控制器件。由于场效应管工作时只有多数载流子参与导电，因此称为单极型晶体管。

（2）场效应管分为结型和绝缘栅型两大类，后者又称为 MOS 场效应管。无论是结型还是绝缘栅型场效应管，都有 N 沟道和 P 沟道之分。对于绝缘栅型场效应管，又有增强型和耗尽型两种类型，但结型场效应管只有耗尽型。

（3）表征场效应管放大作用的重要参数是跨导 $g_m = \Delta i_D / \Delta u_{GS}$，也可用转移特性和漏极特性来描述场效应管各极电流与电压之间的关系。场效应管分为 3 个工作区域，即截止区、饱和区（恒流区）和可变电阻区。

（4）场效应管的主要特点是输入电阻高，而且易于大规模集成，在实际中得到广泛应用。

（5）场效应管放大电路可以采用固定偏置、自给偏置和分压式自偏压 3 种偏置方式，获得合适的静态工作点。其中，自给偏置偏置方式只适用于耗尽型场效应管，而分压式自偏压偏置方式则可适用于所有类型的场效应管。

（6）场效应管放大电路分为共源、共漏和共栅 3 种组态，分别对应三极管的共射、共集和共基组态。

通过对比，可知不同组态放大电路各具特点，在实际电路中，为了获取更佳的电路性能，通常采用多级放大电路。多级放大电路的级与级之间常用的耦合方式有直接耦合、变压器耦合和阻容耦合等。其中，直接耦合放大电路能够放大各种信号，集成度高，但存在零点漂移。

多级放大电路的电压放大倍数为各级电压放大倍数的乘积，多级放大电路的输入电阻基本上等于第一级的输入电阻；而输出电阻约等于末级的输出电阻。需要注意的是，在计算每一级的动态参数时要考虑前、后级之间的相互影响。

习 题 四

4.1 选择填空，将正确选项或答案填入空内。

（1）场效应管主要是通过改变＿＿＿（A. 栅极电压，B. 栅源电压，C. 漏源电压）来改变漏极电流的。所以是一个＿＿＿（A. 电流，B. 电压）控制的＿＿＿。（A. 电流源，B. 电压源）

（2）在用于放大时，场效应管工作在特性曲线的＿＿＿。（A. 击穿区，B. 恒流区，C. 可变电阻区）

（3）场效应管放大电路与双极型三极管放大电路相比，前者具有如下特点：输入电阻＿＿＿，噪声＿＿＿，集成度＿＿＿等优点，但跨导较＿＿＿，使用时应注意防止栅极与源极间击穿。

（4）多级放大电路的耦合方式有 3 种：＿＿＿、＿＿＿和＿＿＿。在集成电路中，一般采用＿＿＿耦合方式。

（5）多级放大电路的电压放大倍数为各级电压放大倍数的_____。输入电阻基本上等于_____电阻；而输出电阻约等于_____电阻。

（6）由两个频率特性相同的单级阻容耦合放大电路组成的两级放大电路，其上限截止频率____，下限截止频率____。（A. 变高，B. 变低，C. 基本不变）

（7）某放大电路的幅频特性如图 P4.1 所示。该放大电路的中频电压放大倍数 $|\dot{A}_{um}|$ 约为_____，上限截止率 f_H 约为_____Hz，下限截止频率 f_L 约为_____Hz。

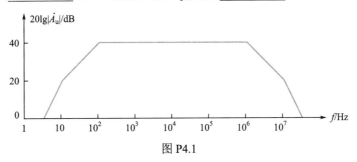

图 P4.1

4.2 已知一个 N 沟道增强型 MOS 场效应管的漏极特性曲线如图 P4.2 所示，试画出 U_{DS}=15V 时的转移特性曲线，并由特性曲线求出该场效应管的开启电压 U_{TH} 和 I_{DO} 值，以及 U_{DS}=15V，U_{GS}=4V 时的跨导 g_m。

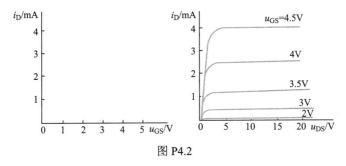

图 P4.2

4.3 试根据图 P4.3 所示的转移特性曲线，分别判断各相应的场效应管的类型（结型或绝缘栅型，P 沟道或 N 沟道，增强型或耗尽型）。如果为耗尽型，在特性曲线上标注出其夹断电压 U_P 和饱和漏极电流 I_{DSS}；如果为增强型，标出其开启电压 U_T。

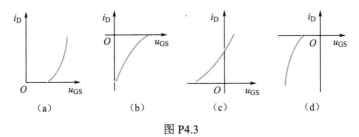

图 P4.3

4.4 有一个三极管，可能是晶体管也可能是结型场效应管，如何判别？

4.5 在图 P4.4（a）所示的放大电路中，场效应管的漏极特性曲线如图 P4.3（b）所示，已知 V_{DD}=20V，V_{GG}=2V，R_d=5.1kΩ，R_g=10MΩ。

（1）试用图解法确定静态工作点 Q。

（2）由特性曲线求出跨导 g_m。

（3）估算电压放大倍数 $\dot{A}_u$ 和输出电阻 R_o。

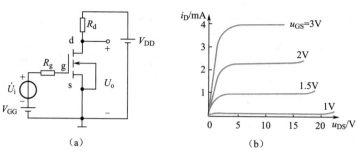

图 P4.4

4.6　在图 P4.5 所示的放大电路中，已知 V_{DD}=30V，R_d=15kΩ，R_s=1kΩ，R_g=2MΩ，R_1=30kΩ，R_2=200kΩ，负载电阻 R_L=1MΩ，场效应管的跨导 g_m=1.5mS。

（1）试估算电压放大倍数 $\dot{A}_u$ 和输入、输出电阻 R_i 和 R_o。

（2）若不接旁路电容 C_s，则 $\dot{A}_u$ 为多少？

4.7　在图 P4.6 所示的源极输出电路中，已知 N 沟道增强型 MOS 场效应管的开启电压 U_T=2V，I_{DO}=2mA，V_{DD}=20V，V_{GG}=4V，R_s=4.7kΩ，R_g=1MΩ。

（1）估算静态工作点。

（2）估算场效应管的跨导 g_m。

（3）估算电压放大倍数 $\dot{A}_u$ 和输出电阻 R_o。

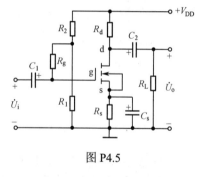

图 P4.5

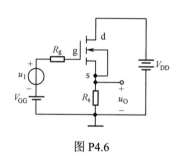

图 P4.6

4.8　假设在图 P4.7 所示的两级直接耦合放大电路中，V_{CC}=15V，R_{b1}=360kΩ，R_{c1}=5.6kΩ，R_{c2}=2kΩ，R_{e2}=750Ω，两个三极管的电流放大系数为 β_1=50、β_2=30，要求：

（1）估算放大电路的静态工作点；

（2）估算总的电压放大倍数 $A_u = \dfrac{\Delta u_O}{\Delta u_I}$ 和输入、输出电阻 R_i、R_o。

4.9　在图 P4.8 所示的电路中，已知静态时 I_{CQ1}=I_{CQ2}=0.65mA，β_1=β_2=29。求：

（1）r_{be1}。

（2）中频时（C_1、C_2 可认为交流短路）第一级放大倍数 $\dot{A}_{u1} = \dfrac{\dot{U}_{c1}}{\dot{U}_i}$。

（3）中频时 $\dot{A}_{u2} = \dfrac{\dot{U}_o}{\dot{U}_{b2}}$。

（4）中频时 $\dot{A}_u = \dfrac{\dot{U}_o}{\dot{U}_i}$。

4.10　在一个两级放大电路中，已知第一级的中频电压放大倍数 $\dot{A}_{um1}$=-100，下限频率 f_{L1}=10Hz，上限频率 f_{H1}=20kHz；第二级的 $\dot{A}_{um2}$=-20，f_{L2}=100Hz，f_{H2}=150kHz，试问该两级放大电路总的对数电压

增益等于多少分贝？总的上、下限频率约为多少？

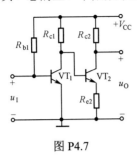

图 P4.7

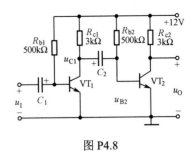

图 P4.8

4.11 某阻容耦合放大电路的电压放大倍数复数表达式为 $\dot{A}_u = \dfrac{0.1f^2}{\left(1+\mathrm{j}\dfrac{f}{10}\right)\left(1+\mathrm{j}\dfrac{f}{100}\right)\left(1+\mathrm{j}\dfrac{f}{10^6}\right)}$ （式中，

f 的单位为 Hz。）

（1）该放大电路中包含几级阻容耦合电路？

（2）该放大电路的中频电压放大倍数 $\dot{A}_{um}$ 等于多少？

（3）该放大电路的上、下限截止频率 f_H、f_L 各等于多少？

第 5 章　功率放大电路

思维导图 5：

功率放大电路

[内容提要]

本章介绍功率放大电路的基本要求、设计原则，并对各种功率放大器的典型电路和集成功率放大器进行分析和比较。

5.1　功率放大电路概述

在一些电子设备中，常常要求放大电路的输出级能够带动某种负载，如驱动电表，使指针偏转；驱动扩音机的扬声器，使之发出声音；驱动自动控制系统中的执行机构等，因而要求放大电路有足够大的输出功率。一般的电压放大电路，如前面介绍的共射放大电路和共基放大电路，输出电压最大为十几伏特，输出电流为几毫安，输出功率一般在几百毫瓦以下，无法驱动负载正常工作，这就需要除了有电压放大，还需要一个能够给负载提供一定信号功率的输出级电路以驱动负载，这种放大电路通称为功率放大电路（简称功放）。

5.1.1　功率放大电路的主要特点和要求

功率放大电路和前面介绍的电压放大电路本质上都是能量转换电路，两者都要依赖有源器件实现能量的控制和转换；两者均在输入信号作用下，将直流电源的直流功率转换为输出信号交流功率，因此从能量控制的观点来看，两者本质相同。

视频 5-1：

功率放大电路的特点和要求

与电压放大电路相比，功率放大电路的主要特点和要求有以下几个方面。

1. 输出功率要足够大

电压放大电路的任务是把微弱的信号电压进行放大，通常输入和输出电压、电流都较小，输出功率较小，信号失真小，电路工作在小信号放大状态。而功率放大电路的任务是向负载提供足够大的功率，输出电流和电压都要尽可能的大，以产生驱动负载所需的功率。为此，功率放大电路中的三极管工作在大的动态电压和动态电流下，往往是在接近于极限参数的状态下运行的，这就需要在选用功放三极管时必须考虑管子的极限参数以确保功率管可以工作在安全工作区。

2. 效率要高

在能量的转换和传输过程中，功率放大电路中直流电源提供的能量等于负载上得到的输出功率和电路本身所消耗的能量也就是管耗之和。其中输出功率是有用功率，这就涉及能量转化的效率问题。效率越高，越能有效地利用能源，提高输出功率。同时，由于减小管耗，也有助于延长功率放大电路的使用寿命，因此提高效率是功放最重要的要求之一。

3. 非线性失真要小

功率放大电路工作于大信号状态，因此信号的电压、电流峰值容易超出三极管的线性区，产生非线性失真。同一功率放大电路输出功率越大，非线性失真越严重。非线性失真与输出功率是功率放大电路的一对主要矛盾。不同场合对非线性失真的要求不同。例如，在测量系统和声电系统中对非线性失真的要求很严格，而在工业控制系统中，则对输出功率有较高的要求，对非线性失真的要求较低。因此，对于一个实际的功率放大电路，要根据应用需求，在允许的非线性失真限度内获得足够大的输出功率。

4．分析采用图解法

功率放大电路中的三极管处于大信号工作状态，因此小信号模型分析方法不再适用，而应采用图解分析法来分析功率放大电路的静态和动态性能。

5．功率管的散热和保护

功率放大电路中的三极管处于极限工作状态，具有大电流、高电压、高功率等特点。为使功率管工作于安全工作区，应有过流、过压保护措施。同时，由于功率放大电路中有相当一部分的功率消耗在功率管上，使其集电结结温升高，因此在实际应用时还必须采取适当的措施对功率管进行散热处理。

5.1.2 功率放大电路的主要指标和分类

视频 5-2：
功率放大电路的
指标和分类

1．功率放大电路的主要指标

功率放大电路的主要指标有最大输出功率、直流电源输出功率、管耗和效率等。

（1）最大输出功率 P_{omax}。最大输出功率是指在正弦输入信号下，输出不超过规定的非线性指标时，放大电路最大输出电压和最大输出电流有效值的乘积，即

$$P_{omax} = \frac{U_{omax}}{\sqrt{2}} \frac{I_{omax}}{\sqrt{2}} = \frac{1}{2} U_{omax} I_{omax} \tag{5.1.1}$$

式中，U_{omax} 和 I_{omax} 分别为最大输出电压和输出电流的幅值。

（2）直流电源输出功率 P_V。直流电源供给的功率是直流功率，其值等于电源输出电流与电源电压的积，即

$$P_V = \frac{1}{T} \int_0^T V_{CC} i_C(t) \mathrm{d}t \tag{5.1.2}$$

（3）管耗 P_T。管耗即功率管消耗的功率，主要发生在集电结上，即

$$P_T = \frac{1}{T} \int_0^T i_c(t) u_{ce}(t) \mathrm{d}t \tag{5.1.3}$$

（4）效率。放大电路的最大输出功率与直流电源输出功率之比称为电路的转换效率，简称效率，即

$$\eta = \frac{P_{omax}}{P_V} = \frac{P_{omax}}{P_{omax} + P_T} \tag{5.1.4}$$

2．功率放大器的分类

由式（5.1.4）可知，在放大周期内，减小管耗是提高效率的有效途径。按照功率管的导通时间不同，也就是按照三极管的工作状态不同，可将放大电路分为甲类（A 类）、乙类（B 类）、甲乙类（AB 类）和丙类（C 类）功率放大电路。

（1）甲类（A 类）功率放大电路。在前面讨论的小信号电压放大器中，输入信号在整个周期内都有电流流过三极管，也就是在整个信号周期内，三极管都处于导通状态，三极管的导通角 $\theta = 360°$，这种工作方式通常称为甲类放大。甲类放大的典型工作状态如图 5.1.1（a）所示，此时 $i_C \geqslant 0$。在甲类放大电路中，电源始终不断地输出功率，在没有信号输入时，这些功率全部消耗在晶体管和电阻上，并转化为热量的形式耗散出去。当有信号输入时，其中一部分转化为有用的输出功率，信号越大，输送给负载的功率越多。可以证明，即使在理想情况下，甲类功率放大电路的效率最高也只能达到 50%，目前甲类功率放大电路在实际电路中较少使用。

从甲类功放的分析中可见，静态管耗是造成效率不高的主要原因，因此可以将静态工作点 Q 降低，由此产生了乙类功放和甲乙类功放。

（2）乙类（B 类）功率放大电路。将电路的静态工作点 Q 下移至 $i_C = 0$ 处，如图 5.1.1（b）所示。

此时，功率管只在信号的半个周期内导通，而另一半周期截止，即三极管的导通角 $\theta = 180°$，称该功率放大电路为乙类功率放大电路。在乙类功率放大器中，当无输入信号时，晶体管处于截止状态，没有电流通过，因此管耗为零，效率相比甲类功放有明显提升，但通过图 5.1.1（b）也可以发现，此时出现了严重的波形失真。

（3）甲乙类（AB 类）功率放大电路。为了减小非线性失真，可将乙类功放的静态工作点 Q 略上移，此时三极管的导通角 $180° < \theta < 360°$，称此类功率放大电路为甲乙类功率放大电路。

若功率放大电路中三极管的导通时间比半个周期短，即导通角 $\theta < 180°$，则称该电路为丙类功率放大电路。丙类功率放大器主要应用于高频信号的功率放大，本章不做讨论。

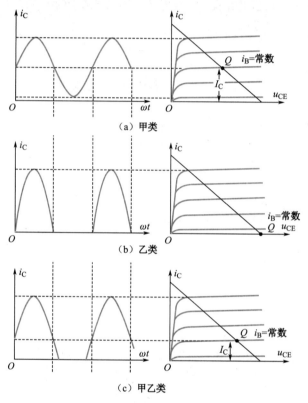

图 5.1.1　三极管的各类工作状态

甲乙类和乙类功率放大电路减小了静态功耗，提高了效率，主要用于功率放大器中。但两者都出现了严重的波形失真，因此，既要保持静态时管耗小，又要使失真不太严重，这就需要在电路结构上采取措施。

5.2　乙类互补对称式功率放大电路

传统的功率放大输出级常常采用变压器耦合方式，其优点是便于实现阻抗匹配，但是由于变压器体积庞大，比较笨重，消耗有色金属，而且在低频和高频部分产生相位移，使放大电路在引入负反馈时容易产生自激振荡，因此目前的发展趋势倾向于采用无输出变压器的功率放大电路（OTL）或无输出电容的功率放大电路（OCL）。本节主要介绍这类功率放大电路的特点和性能。

如果取两个类型不同（NPN 型和 PNP 型）但特性相同的晶体管 VT_1、VT_2 串接在电路中，使其中一个晶体管工作在输入信号的正半周期，而另一个晶体管工作在输入信号的负半周期，从而在负载上得到一个完整的波形，这样就解决了效率与失真的矛盾，我们称这种工作方式为互补对称式。

5.2.1　乙类互补功率放大电路的工作原理

1. OCL 电路的结构和工作原理

视频 5-3：
乙类互补功率放大电路工作原理

OCL（Output Capacitorless）电路原理如图 5.2.1 所示。它是一种由双电源供电的互补对称电路，正负电源电压相等，负载接于两管的发射极，输入信号接于两管的基极。不难发现，该电路实质上是一个复合的射极跟随器。

当静态时，由于电路中无偏置且电路对称，因此两个三极管的基极与发射极间的电压均为零，基极和集电极间的电流也为零，可见电路工作于乙类状态，静态时输出电压 u_O 为 0。

当动态时，假设忽略电路中的两个三极管的发射结导通压降，则当 $u_I>0$ 时，VT_1 导通、VT_2 截止，由电源 $+V_{CC}$ 经 VT_1 向负载电阻 R_L 供电，u_O 跟随 u_I。当 $u_I<0$ 时，VT_2 导通、VT_1 截止，此时由电源 $-V_{CC}$ 经 VT_2 向 R_L 供电，u_O 也跟随 u_I。可见，两个三极管在输入信号的正、负半周内轮流导通，组成互补互补式电路，在负载上得到一个完整的正弦信号。这样就较好地解决了效率和失真之间的矛盾。

OCL 电路输出功率大，失真小，但需要两组电源供电，成本较高，而 OTL 电路是一种单电源供电的功率放大电路。

2. OTL 电路的结构和工作原理

OTL（Output Transformerless）电路也是互补对称式电路，但用单电源供电，在输出端接一个大容量的电解电容，电路原理如图 5.2.2 所示。负载电阻 R_L 通过电容 C 接在两管的发射极。

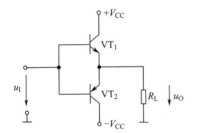

图 5.2.1　OCL 电路原理

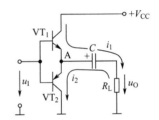

图 5.2.2　OTL 电路原理

调节输入端的直流电位，使得静态时，$U_i = \dfrac{V_{CC}}{2}$，$U_A = \dfrac{V_{CC}}{2}$，于是电容两端电压 $U_C = \dfrac{V_{CC}}{2}$。

当输入信号叠加在 $\dfrac{V_{CC}}{2}$ 静态值之上作用于输入端时，若 $u_I > \dfrac{V_{CC}}{2}$，则 VT_1 导通、VT_2 截止，输出回路中电流 i_1 流经 $V_{CC} \to VT_1 \to C \to R_L$，在产生输出电压 u_O 正半周波形的同时，使电容 C 充电至 $\dfrac{V_{CC}}{2}$；若 $u_I < \dfrac{V_{CC}}{2}$，则 VT_2 导通、VT_1 截止，电容 C 通过负载放电，形成 u_O 负半周波形。只要 C 选得足够大（可到几百微法），使充放电时间常数远大于信号周期，在信号变化的过程中电容两端电压便基本不变，$U_C = \dfrac{V_{CC}}{2}$。换句话说，电容 C 起到了 OCL 电路中的 $-V_{CC}$ 的作用，VT_1、VT_2 工作时回路中电源电压的实际值均为 $\dfrac{V_{CC}}{2}$，因此对于 OTL 电路的分析可以等效为正负电源为 $\pm \dfrac{V_{CC}}{2}$ 的 OCL 电路。下面将重点分析 OCL 电路的性能参数。

5.2.2　OCL 电路的性能分析

视频 5-4：
OCL 功率放大电路性能分析

通过前面的分析可知，图 5.2.1 所示 OCL 电路中的 VT_1 和 VT_2 互补对称，且均工作于乙类状态，可得 VT_1 和 VT_2 的合成输出特性曲线，如图 5.2.3 所示。其中，NPN 型三极管 VT_1 的输出特性曲线位于图中左上方，纵坐标为 i_{C1}，横坐标

为 u_{CE1}；PNP 型三极管 VT_2 的输出特性曲线位于右下方，纵坐标为 i_{C2}，横坐标为 $-u_{CE2}$。

在静态下，两管的电流 I_C 均为零，$U_{CEQ1}=-U_{CEQ2}=V_{CC}$，因此两管的静态工作点 Q 均位于横轴 $|V_{CC}|$ 处。图 5.2.3 中的负载线是经过 Q 点斜率为 $-\dfrac{1}{R_L}$ 的斜线。由图解法可知，集射极电压 U_{ce} 的峰值为电源电压减去饱和压降，即 $U_{cem}=V_{CC}-U_{CES}$。I_{cm} 表示集电极电流的峰值，$I_{cm}=U_{cem}/R_L$。

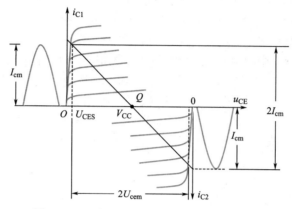

图 5.2.3　乙类 OCL 功率放大电路的图解分析

下面从充分激励（理想情况）和不充分激励（实际情况）两个方面来分析 OCL 电路的主要技术指标。

1. 充分激励

在充分激励情况下，令 $U_{CES}=0$，此时 $U_{cem}=V_{CC}$，$I_{cm}=V_{CC}/R_L$。

（1）输出功率。根据输出功率的定义，若输入为正弦波，则在负载电阻上的输出平均功率为

$$P_o = \frac{U_{cem}}{\sqrt 2}\frac{I_{cm}}{\sqrt 2}=\frac{1}{2}U_{cem}I_{cm}=\frac{1}{2}\frac{U_{cem}^2}{R_L} \tag{5.2.1}$$

在充分激励情况下，可达到最大输出功率为

$$P_{omax}=\frac{1}{2}\frac{V_{CC}^2}{R_L} \tag{5.2.2}$$

（2）直流电源输出功率。OCL 电路中有两个电源，但各在半个周期为三极管提供能量。因此，根据直流电源输出功率的定义，得

$$P_V = 2\times\frac{1}{2\pi}\int_0^\pi V_{CC}i_C \mathrm{d}(\omega t)$$
$$=\frac{1}{\pi}\int_0^\pi V_{CC}\frac{u_o}{R_L}\mathrm{d}(\omega t)$$
$$=\frac{V_{CC}}{\pi R_L}\int_0^\pi U_{cem}\sin\omega t\mathrm{d}(\omega t)$$
$$=\frac{V_{CC}}{\pi R_L}2U_{cem}$$

因此，直流电源最大输出功率为

$$P_{Vmax}=\frac{2V_{CC}^2}{\pi R_L} \tag{5.2.3}$$

（3）效率。根据效率的定义，得

$$\eta=\frac{P_{omax}}{P_V}=\frac{\pi}{4} \tag{5.2.4}$$

由此可知，乙类功率放大电路的最大效率可以达到 78.5% 左右，远高于甲类功率放大电路。

2. 不充分激励

前面讨论的是理想情况，而在实际电路工作中，功率管的 U_{CES} 往往不能忽略，同时可能存在输入激励电压达不到 u_{CE} 的最大值，称为不充分激励情况。此时，引入电源电压利用系数 ξ，表示 U_{cem} 的减小程度，定义

$$\xi = U_{cem} / V_{CC} \tag{5.2.5}$$

则充分激励条件下分析得到的各项参数，在不充分激励情况下为

$$P_o = \frac{1}{2} \times \frac{U_{cem}^2}{R_L} = \frac{1}{2}\xi^2 \frac{V_{CC}^2}{R_L} = \xi^2 P_{omax} \tag{5.2.6}$$

$$P_V = 2\frac{V_{CC}I_{cm}}{\pi} = \frac{2}{\pi}\xi\frac{V_{CC}^2}{R_L} = \frac{4}{\pi}\xi P_{omax} \tag{5.2.7}$$

$$\eta = \frac{P_o}{P_V} = \frac{\pi}{4}\xi \tag{5.2.8}$$

5.2.3　OCL 电路中三极管的选择

在功率放大电路中，为使输出功率尽可能大，要求三极管工作于极限状态。因此，为了确保电路安全工作，在进行功率管选择时，要特别注意功率管极限参数的约束。

视频 5-5：
OCL 电路中三极管
的选择

1. 集电极的最大电流

通过前面对 OCL 电路的分析可知，流过三极管发射极的电流即为负载电流，即 $i_O = i_E \approx i_C$。因为 $I_{omax} = \dfrac{U_{omax}}{R_L} = \dfrac{V_{CC} - U_{CES}}{R_L}$，为了留有裕量，忽略 U_{CES} 的影响，选择功率三极管的集电极电流应满足

$$I_{CM} > I_{omax} \approx \frac{V_{CC}}{R_L} \tag{5.2.9}$$

2. 集电极和发射极之间的最大允许反向电压 $U_{(BR)CEO}$

根据 OCL 电路的工作原理可知，当功率管处于截止状态时其集电极和发射极之间将承受较大的管压降。例如，当输入信号为正半周时，VT_1 导通、VT_2 截止，此时 VT_2 的集电极和发射极之间承受的最大反向压降为

$$U_{ce2max} = \left(V_{CC} - U_{CES}\right) - \left(-V_{CC}\right) = 2V_{CC} - U_{CES}$$

如果为了留有裕量，忽略 U_{CES} 的影响，要求三极管集电极到发射极的击穿电压必须满足

$$|U_{(BR)CEO}| > 2V_{CC} \tag{5.2.10}$$

3. 集电极最大允许耗散功率 P_{CM}

根据能量守恒定律，晶体管的功耗可以认为是 $P_T = P_V - P_o$，即晶体管上的功耗是电源提供功率和输出功率的差值。根据式（5.2.6）和式（5.2.7）中对 P_V 和 P_o 的分析结果，有

$$P_{T1} = P_{T2} = (P_V - P_o)/2 = \left(\frac{2}{\pi}\xi - \frac{1}{2}\xi^2\right)P_{omax} \tag{5.2.11}$$

可见，当输入激励由大减小，即 ξ 减小时，P_o、P_V、η 均单调减小，而管耗并不是单调变化的。分析可得，当 $\xi = \dfrac{2}{\pi} = 0.636$ 时，管耗达到最大值，即

$$P_{T1max} = P_{T2max} = \frac{V_{CC}^2}{\pi^2 R_L} = \frac{2}{\pi^2}P_{omax} \approx 0.2 P_{omax} \tag{5.2.12}$$

这就要求选用的三极管集电极最大允许耗散功率必须满足

$$P_{CM} > 0.2P_{omax} \tag{5.2.13}$$

除晶体管的最大集电极电流、最大集电极-射极击穿电压和最大功耗分别满足式（5.2.9）、式（5.2.10）和式（5.2.13）3 个不等式之外，还必须严格按照手册要求安装散热片。

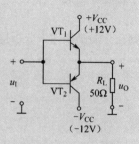

图 5.2.4　OCL 电路

【例 5.2.1】　在图 5.2.4 所示的 OCL 电路中，已知输入电压 u_1 为正弦波，三极管的饱和管压降 $|U_{CES}| \approx 0$，忽略发射结导通电压，则三极管的 3 个极限参数 I_{CM}、$U_{(BR)CEO}$、P_{CM} 应满足什么条件？

解：

$$I_{CM} \geq \frac{V_{CC}}{R_L} = 0.24A$$

$$U_{(BR)CEO} \geq 2V_{CC} = 24V$$

$$P_{CM} \geq 0.2P_{om} = 0.2 \times \frac{V_{CC}^2}{2R_L} = 288mW$$

5.2.4　无输出变压器的互补对称式功率放大电路（OTL 电路）

通过 5.2.1 节中对 OTL 电路的工作原理分析可知，OTL 电路可以等效为正负电源为 $\pm\frac{V_{CC}}{2}$ 的 OCL 电路。因此，在分析计算 OTL 电路的性能参数和选择电路中的三极管时，可以直接运用 OCL 电路的分析结论，只需要把公式中相应的电源 V_{CC} 替换为 $\frac{V_{CC}}{2}$ 即可。

具有前置放大的 OTL 电路如图 5.2.5 所示。分析可以发现，放大管 VT_3 集电极电压受到 R 上压降的限制，不可能接近 V_{CC}，使得功率管 VT_1 得不到充分激励，负载上得不到足够幅度的输出，导致 VT_1 和 VT_2 的激励不平衡，电路的实际输出明显小于理想的 $\frac{V_{CC}}{2}$，限制了 OTL 电路性能的发挥。解决办法是引入自举电路，如图 5.2.6 所示。

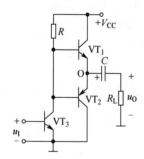

图 5.2.5　具有前置放大的 OTL 电路

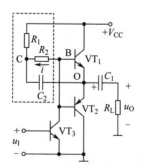

图 5.2.6　带自举电路的 OTL 电路

视频 5-6：
自举 OTL 电路原理

5.3　乙类功率放大电路实际工程问题和解决方案

5.3.1　交越失真和甲乙类功率放大电路

乙类功率放大电路通过两个三极管的轮流工作，在负载上得到一个正弦信号，可以减小三极管的静态功耗、提高效率，但前面的分析是基于一个假设，即忽略三极管的基极和发射极之间的导通压降（硅管约为 0.7V）。而在实际电路工作中，由于导

视频 5-7：
交越失真

通压降的存在，使得当输入电压较小（低于导通压降）时，两个三极管均处于截止状态，此时负载上无电流通过，负载上实际波形如图 5.3.1 所示。这种在两个三极管交替导通的过程中，由于输入电压太小，导致两个三极管均处于截止状态，从而使负载上无输出电压而引起的输出波形失真称为交越失真。

消除交越失真的思路是在输入端为两管设置合适的直流偏置，使两个三极管在静态时处于临界导通或微导通状态。这样，即使输入信号较小，也可以保证两个三极管至少有一个导通，从而消除交越失真。由于此类电路的静态工作点比乙类略高，因此称为甲乙类功率放大电路。常用的消除交越失真的电路形式有如下两种。

1. 二极管偏置电路

利用二极管提供偏置的简化甲乙类互补功率放大电路，如图 5.3.2 所示。

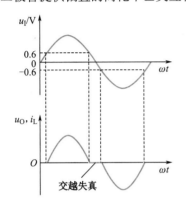
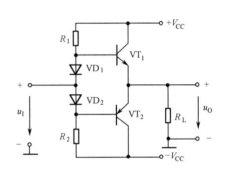

图 5.3.1　乙类功率放大电路中的交越失真　　　　　图 5.3.2　二极管偏置电路

当静态时，$u_I=0$，$u_O=0$，但由于二极管正向压降的存在，使$|U_{BE1}|=|U_{BE2}|=0.7V$，因此 VT$_1$、VT$_2$ 都处于临界导通状态。

当动态时，当 $u_I>0$ 时，使 u_{b1}、u_{b2} 电位都升高，从而使 VT$_1$ 继续导通，VT$_2$ 趋于截止；当 $u_I<0$ 时，u_{b1}、u_{b2} 都下降，从而使 VT$_2$ 继续导通，VT$_1$ 趋于截止。这样，不论 u_I 数值为多大，VT$_1$、VT$_2$ 中总有一个导通，避免了交越失真，在输出端便得到完整的信号波形。

2. U_{BE} 倍增电路

图 5.3.2 所示电路的偏置电压不易调整，由此产生了 U_{BE} 倍增电路为功率管提供静态偏置。图 5.3.3 中的 VT$_4$ 和 R_1、R_2 构成了 U_{BE} 倍增电路，若 VT$_4$ 的 β 足够大，基极电流 I_{B4} 可忽略，则 U_{BE4} 为 VT$_2$、VT$_3$ 两管基极电位差 V_{BB} 通过 R_1、R_2 后在 R_2 上的分压值，即

$$U_{BE4} = V_{BB} \cdot \frac{R_2}{R_1+R_2} \qquad 则 V_{BB} = U_{BE4}(1+\frac{R_1}{R_2}) \qquad (5.3.1)$$

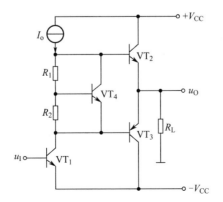

图 5.3.3　U_{BE} 倍增电路

可见，偏置电压 V_{BB} 是 U_{BE4} 的倍增值，且其值受 R_1 和 R_2 控制，故称为 U_{BE} 倍增电路。而三极管 VT_4 的发射结结电压 U_{BE4} 基本不变（$0.6\sim0.7V$），只要调整 R_1、R_2 的阻值，即可大大改善交越失真。这种结构在集成电路中广为应用。

需要强调的是，二极管偏置电路中的二极管动态电阻很小，而 U_{BE} 倍增电路中由于引入了电压负反馈，使得倍增电路部分的等效电阻很小。总而言之，以上两种交越失真解决方案均几乎不影响交流信号的传输，也不影响功率放大电路各项技术指标的计算结果。

5.3.2 准互补功率放大电路

输出功率较大的电路，应采用较大功率的三极管。但大功率管的 β 往往较小，且不同类型的大功率管配对也比同类型的管子要困难得多，不容易得到特性一致的互补管。因此在实际电路中，通常采用复合管来解决功率互补管的配对问题，这类功率放大电路称为准互补功率放大电路。

在图 5.3.4 所示的准互补功率放大电路中，VT_1 为前置放大级，VT_2、R_1、R_2 构成 U_{BE} 倍增电路以消除交越失真，复合管 VT_3、VT_4 等效为 NPN 型管，复合管 VT_5、VT_6 等效为 PNP 型管。其中，VT_3、VT_5 为小功率管，它们之间是互补的；VT_4、VT_6 为大功率管，它们则是同型，便于特性配对，且复合管放大倍数极高，使电路增益提高、性能提升。因此，准互补结构在商业功放机中很常见。

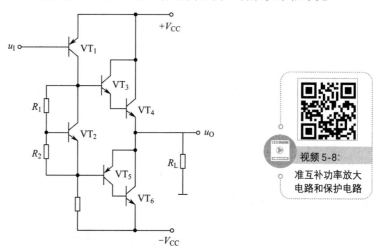

图 5.3.4 准互补功率放大电路

5.3.3 功率放大电路的过压、过流保护

功率放大电路中的功率管工作于大信号极限状态，而在实际电路工作中，可能会发生异常情况。例如，负载短路致使通过功率管的电流迅速增大，一旦超过极限参数，势必造成三极管损坏。因此，设计过压、过流等保护电路，就成为让功率放大电路走向实用的重要环节。

这里以过流保护为例，图 5.3.5 所示为 VT_3、VT_4 构成的 OCL 互补功率放大电路，其中 VT_1、VT_2 为保护管，R_1、R_2 为过流取样电阻。以保护管 VT_1 为例，选择合适的阻值，使得在正常时，电阻 R_1 上的压降经 R_3 分压后，R_5 上的电压降小于 VT_1 发射结导通压降，VT_1 截止，不起保护作用。如果出现异常情况，如负载突然短路，导致 VT_3 的发射极电流急剧增大，使得 R_1 上的压降也增大，经分压后使得 VT_1 导通，VT_1 的集电极电流分流了 VT_3 的输入激励电流，从而限制了 VT_3 的输出电流，起到了限流保护作用。同理，VT_2 对 VT_4 也可以起到相同的保护作用。

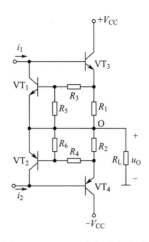

图 5.3.5 OCL 功率放大电路

5.4 集成功率放大器

集成功率放大器不仅具有体积小、质量轻、外围元件少、安装调试简单、使用方便等优点，而且在性能上优于分立元件构成的功率放大电路，应用非常广泛。

5.4.1 集成功率放大器 LM386 简介

LM386 是一种音频集成功率放大器，具有自身功率低、电压增益可调整、电源电压范围大、外接元件少和总谐波失真小等优点，广泛应用于录音机和收音机中。

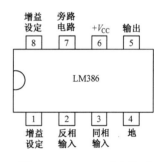

图 5.4.1 LM386 引脚排列

LM386 有 8 个引脚，如图 5.4.1 所示。其中，引脚 2 为反相输入端，引脚 3 为同相输入端；引脚 5 为输出端，应外接输出电容后再接负载，构成 OTL 电路；引脚 4 为接地端；引脚 6 为电源端；使用时在引脚 7 和地之间接旁路电容，通常取 10μF；引脚 1 和 8 为电压增益设定端。

当引脚 1 和 8 之间开路时，功率放大电路的电压增益约为 20。如果在引脚 1 和 8 之间接入大电容（相当于交流短路），此时增益约为 200。而当引脚 1 和 8 之间外接不同阻值的电阻时，可以调节功率放大电路的增益。

LM386 功率放大电路增益的调节范围为 20～200，即 26～46dB。需要注意的是，在引脚 1 和 8 外接电阻时，应只改变交流通路，所以必须在外接电阻回路中串联一个大容量电容。

集成功率放大器的主要技术指标除最大输出功率之外，还有电源电压范围、电源静态电流、电压增益、频带宽度、输入阻抗、输入偏置电流、总谐波失真等。使用时应查阅手册，以便获得确切的数据。

5.4.2 集成功率放大器的应用

图 5.4.2 所示为 LM386 的一种基本用法，也是外接元件最少的一种用法，C_1 为输出电容。由于引脚 1 和 8 开路，集成功放的电压增益为 26dB，即电压放大倍数为 20。利用电位器 R_P 可调节扬声器的音量。R 和 C_2 串联构成校正网络用来进行相位补偿。

静态时，输出电容上电压为 $\dfrac{V_{CC}}{2}$，LM386 的最大不失真

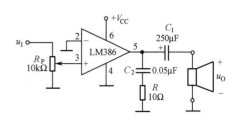

图 5.4.2 LM386 外接元件最少的一种用法

输出电压的峰峰值约为电源电压 V_{CC}。设负载电阻为 R_L，最大输出功率表达式为

$$P_{omax} \approx \frac{\left(\dfrac{V_{CC}/2}{\sqrt{2}}\right)^2}{R_L} = \frac{V_{CC}^2}{8R_L} \tag{5.4.1}$$

此时的输入电压有效值的表达式为

$$U_{im} = \frac{\dfrac{V_{CC}}{2}/\sqrt{2}}{A_u} \tag{5.4.2}$$

当 V_{CC}=16V 及 R_L=32Ω 时，$P_{omax} \approx 1W$，$U_{im} \approx 283mV$。

图 5.4.3 所示为 LM386 电压增益最大时的用法。图中 C_1 使引脚 1 和 8 在交流通路中短路，使 $A_u \approx 200$；C_4 为旁路电容；C_5 为去耦电容，降低元件耦合到电源的高频交流成分。当 V_{CC}=16V、R_L=32Ω 时，与图 5.4.2 所示电路相同，$P_{omax} \approx 1W$；但是，输入电压的有效值 U_{im} 却仅需 28.3mV。

图 5.4.4 所示为 LM386 的一般用法。图中 R_2 改变了 LM386 的电压增益，读者可自行分析其 A_u、P_{omax} 和 U_{im}，这里不再赘述。

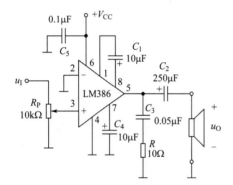

图 5.4.3　LM386 电压增益最大时的用法

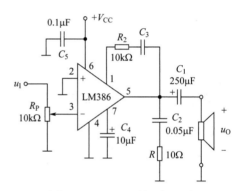

图 5.4.4　LM386 的一般用法

本 章 小 结

本章首先探讨了功率放大电路和电压放大电路的异同之处，明确了功率放大电路的技术指标和分类。然后重点介绍了常用功率放大电路的组成和工作原理，最大输出功率和效率的估算以及集成功率放大器的应用。

（1）功率放大电路的主要特点和要求是能够向负载提供足够的功率输出，具有较高的效率，同时应设法减小非线性失真。功率放大电路中的晶体管工作在极限状态，应注意各项参数不应超过其极限值。功率放大电路的分析应采用图解法。

（2）常用的互补型功率放大电路有 OTL 电路和 OCL 电路。

（3）双电源供电的 OCL 电路低频响应好，有利于实现集成化。OCL 电路采用两个互补的 NPN 管和 PNP 管接成对称形式。当输入电压为正弦波时，两管轮流导通，二者互补，使负载上的电压基本上是一个正弦波。

（4）OTL 电路省去了输出变压器，但输出端需要一个大电容。OTL 电路可以在性能上等效为 1/2 电源电压的 OCL 电路。

（5）OTL 电路和 OCL 电路均可工作在甲乙类状态和乙类状态。

（6）OCL 电路的主要性能参数（实际工作情况）如下。

负载电阻上的输出平均功率为
$$P_o = \frac{1}{2}\xi^2 \frac{V_{CC}^2}{R_L}$$

直流电源输出功率为
$$P_V = \frac{2}{\pi}\xi \frac{V_{CC}^2}{R_L} = \frac{4}{\pi}\xi P_{omax}$$

效率为
$$\eta = \frac{P_o}{P_V} = \frac{\pi}{4}\xi$$

式中，ξ 为电源电压利用系数，$\xi = U_{cem}/V_{CC}$。

（7）集成功率放大器具有温度稳定性好、电源利用率高、功耗较低、非线性失真小等优点，目前已得到广泛应用。

习　题　五

5.1　甲类功率放大电路理想最高效率（正弦信号输入）是多少？实际应用时大致可达多少？

5.2　乙类互补功率放大电路理想最高效率（正弦信号输入）是多少？实际应用时大致可达多少？

5.3　试设计一典型的乙类互补功率放大电路，要求：（1）输出功率 $P_L=200\text{mW}$；（2）$R_L=8\Omega$；（3）$V_{CC}=6\text{V}$。（提示：取 $U_{BE}=0.5\text{V}$、$U_{CES}=0.5\text{V}$）

5.4　在图 5.2.1 所示的电路中，已知 $\pm V_{CC}=16\text{V}$，$R_L=4\Omega$，VT_1 和 VT_2 的饱和管压降 $U_{CES}=2\text{V}$，输入电压足够大。试问：

（1）最大输出功率 P_{omax} 和效率 η 各为多少？

（2）晶体管的最大功率 P_{Tmax} 为多少？

（3）为了使输出功率达到 P_{omax}，输入电压的有效值约为多少？

5.5　在图 P5.1 所示的电路中，已知二极管的导通电压 $U_D=0.7\text{V}$，晶体管导通时的 $|U_{BE}|=0.7\text{V}$，VT_2 和 VT_3 的发射极静态电位 $U_{EQ}=0$。试问：

（1）VT_1、VT_3 和 VT_5 的基极静态电位各为多少？

（2）设 $R_2=10\text{k}\Omega$，若 VT_1 和 VT_3 的基极静态电流可忽略不计，则 VT_5 的集电极静态电流约为多少？静态时 u_i 为多少？

（3）若静态时 $i_{B1}>i_{B3}$，则应调节哪个参数可使 $i_{B1}=i_{B3}$？如何调节？

（4）电路中二极管的个数可以是 1、2、3、4 吗？你认为哪个最合适？为什么？

5.6　在图 P5.1 所示的电路中，已知 VT_2 和 VT_4 的饱和管压降 $U_{ces}=2\text{V}$，静态时电源电流可忽略不计。试问负载上可以获得的最大输出功率 P_{omax} 和效率 η 各为多少？

5.7　OTL 电路如图 P5.2 所示。

（1）为了使得最大不失真输出电压幅值最大，静态时 VT_2 和 VT_4 的发射极电位应为多少？若不合适，则一般应调节哪个元件参数？

（2）若 VT_2 和 VT_4 的饱和管压降 $|U_{CES}|=3\text{V}$，输入电压足够大，则电路的最大输出功率 P_{omax} 和效率 η 各为多少？

（3）VT_2 和 VT_4 的 I_{CM}、$U_{(BR)CEO}$ 和 P_{CM} 应如何选择？

5.8　在图 P5.3 所示电路中，已知 VT_1 和 VT_2 的饱和管压降 $|U_{CES}|=2\text{V}$，导通时的 $|U_{BE}|=0.7\text{V}$，输入电压足够大。

（1）A、B、C、D 点的静态电位各为多少？

（2）为了保证 VT_2 和 VT_4 工作在放大状态，管压降 $|U_{CE}|\geqslant 3\text{V}$，电路的最大输出功率 P_{omax} 和效率 η

各为多少？

5.9　在图 P5.4 所示的电路中，已知电压放大倍数为-100，输入电压 u_I 为正弦波，VT_1 和 VT_2 的饱和管压降为 $|U_{CES}|=1V$。试问：

（1）在不失真的情况下，允许输入电压的最大有效值 U_{imax} 为多少？

（2）当 $U_i=100mV$（有效值）时，U_o 为多少？如果 R_3 开路，U_o 为多少？如果 R_3 短路，U_o 为多少？

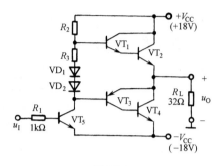

图 P5.1

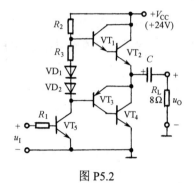

图 P5.2

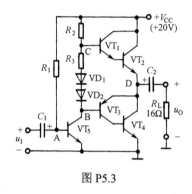

图 P5.3

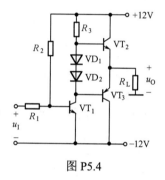

图 P5.4

第 6 章 集成运算放大器

思维导图 6:
集成运算放大器

[内容提要]

集成运算放大器本质上是一个高性能的直接耦合放大电路，具有高增益、输入电阻高、输出电阻低等特点。本章结合运算放大器的内部电路，分别介绍电流源电路、差分放大电路的结构组成、工作原理和电路分析；然后结合典型的集成运算放大器，介绍其电路组成、工作原理和主要技术指标。

6.1 集成运算放大器概述

视频 6-1:
集成运算
放大器简介

6.1.1 集成电路的特点

将一个具有特定功能的电子电路的全部或绝大部分制作在一个半导体基片上，并形成一个独立的器件封装，称为集成电路（Integrated Circuits，IC）。集成电路的研究开始于 20 世纪 60 年代初期。鉴于集成电路体积小、功耗低、元件密度高、功能强、可靠性高的特点，其在电子学领域很快受到重视，并得以迅猛发展。在二三十年间，就从早期几个器件的小规模集成电路发展到中规模集成电路、大规模集成电路，到今天数万个器件的超大规模集成电路。

集成电路的电路设计和制造工艺与一般的分立元件电路相比，有许多不同的特点。

（1）集成电路内部的元件参数精度不高，但处于同一基片上的同类元件，性能和参数具有良好的一致性与同向偏差，有利于实现对称结构的电路。

（2）集成电路的芯片面积小，集成度高，因此功耗很小，一般在毫瓦以下。

（3）集成运放中的晶体管，有时采用复合管结构，以改善其性能。

（4）集成电路中为节省芯片面积，不采用大电容（几百微法以上）元件，且一般尽量不用或少用电容元件。此外，由于集成电路工艺不能直接制作电感元件，因此集成电路各极间采用直接耦合。

（5）集成电路中一般不制作大电阻以少占芯片面积，多采用晶体管（或场效应管）电路取代电阻元件，即用有源器件代替无源器件。

（6）集成电路中的二极管通常用三极管的发射结来代替。

集成电路按功能可分为模拟集成电路和数字集成电路两大类。模拟集成电路按功能可以分为运算放大器、功率放大器、模拟乘法器、集成比较器、集成稳压器等。其中，集成运算放大器是应用最广泛的模拟集成电路，最初多用于对模拟信号进行数学运算和放大，现在已经成为一种通用芯片，在模拟电路中有着广泛的应用。

6.1.2 集成运算放大器的基本结构

集成运算放大器实质上是一个直接耦合多级放大电路，具有增益高、输入电阻大、输出电阻小、抑制温漂能力强等特点。集成运算放大器的电路结构大体可以分为偏置电路、输入级、中间级和输出级几个主要部分，如图 6.1.1 所示。

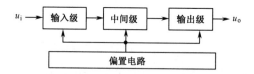

图 6.1.1   集成运算放大器的原理框图

输入级对整个运算放大器的技术指标有重要的影响。一般要求差模放大倍数高，输入电阻高，抑制零点漂移的能力强，通常采用带恒流源的差分放大电路。

中间级的主要作用是提高运算放大器的电压放大倍数，通常采用复合管构成的共射放大电路或共源放大电路。

输出级要求带负载能力强和动态范围大等，通常采用互补对称输出电路降低输出电阻，提高集成运算放大器带负载能力。

偏置电路为各级提供合适的静态工作电流。集成运算放大器的偏置电路多采用电流源电路。

下面重点介绍电流源电路、差分放大电路。需要注意的是，这些电路既是集成运算放大器的重要组成部分，还可以广泛应用于其他电子系统中。

6.2   电流源电路

集成运算放大器中的偏置电路通常采用电流源电路，电流源电路在静态和动态下应具备以下特点：在静态下，能够输出符合要求的直流电流，并且在温度、电源电压等发生变化时，仍能保持输出电流稳定不变；在动态下，输出电阻应尽可能大，当负载变化时输出电流趋于恒定。因此，电流源又称为恒流源。下面介绍几种常用的电流源电路。

6.2.1   基本镜像电流源

图 6.2.1 所示为基本镜像电流源。它充分发挥了集成电路工艺中晶体管易于匹配的特点，晶体管 VT_1 和 VT_2 的参数完全相同。其中，VT_1 的基极与集电极相连，等效为二极管，VT_2 为工作管。在理想情况下，该电路中两个晶体管发射结的电压完全相同，因此它们集电极的电流也相等，即

视频 6-2：
基本电流源电路

$$I_O = I_{C2} = I_{C1} \tag{6.2.1}$$

又有

$$I_{C1} = I_R - 2I_B = I_R - \frac{2I_{C1}}{\beta} \tag{6.2.2}$$

得

$$I_O = \frac{I_R}{1 + \dfrac{2}{\beta}} \tag{6.2.3}$$

其中，I_R 为基准电流，有

$$I_R = \frac{V_{CC} - U_{BE}}{R} \tag{6.2.4}$$

当 $V_{CC} \gg U_{BE}$ 时，则 I_R 与晶体管参数无关，即

$$I_R \approx \frac{V_{CC}}{R} \tag{6.2.5}$$

若 $\beta \gg 2$，则有 $I_{C1} \approx I_R$，代入式（6.2.1），得

$$I_O \approx I_R \approx \frac{V_{CC}}{R} \tag{6.2.6}$$

由以上分析可知，该电流源电路的输出电流由基准电流决定，即改变电流 I_R，则 I_O 随之改变，I_O

如同 I_R 的镜像，故称该电路为镜像电流源。

图 6.2.2 所示为基本镜像电流源的微变等效电路。不难看出，其输出电阻为

$$r_o \approx r_{ce2} \qquad (6.2.7)$$

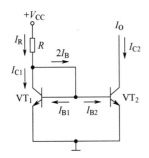

图 6.2.1　基本镜像电流源

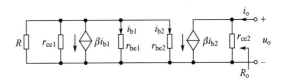

图 6.2.2　基本镜像电流源的微变等效电路

基本镜像电流源结构简单，调试方便，而且 VT_1 对 VT_2 具有温度补偿作用，过程如下。

$$T \nearrow \begin{array}{c} I_{C2} \downarrow \longleftarrow \\[6pt] I_{C1} \uparrow \longrightarrow I_R \uparrow \longrightarrow U_R \uparrow \longrightarrow U_B \downarrow \longrightarrow I_B \downarrow \end{array}$$

但同时，通过对基本镜像电流源的分析，也不难发现其存在以下不足。

（1）当 β 值较小时（不满足 $\beta \gg 2$），输出电流与基准电流存在较大误差。

（2）U_{BE} 和 β 导致 I_O 的热稳定性下降。

（3）I_R（I_O）受电源变化的影响大，故对电源稳定度要求较高。

（4）适用于较大工作电流（毫安量级）的场合。若要获取小电流，则需使用大阻值的 R，集成难度大。

为了进一步提高电流源性能，满足更多应用的需求，基于镜像电流源设计了其他类型的电流源电路。

6.2.2　精密镜像电流源

为了提高基本镜像电流源电路的传输精度，可采用图 6.2.3 所示的电路。电路中

$$I_O \approx I_{C1} = I_R - I_{B3} = I_R - \frac{I_{B1} + I_{B2}}{1 + \beta_3} \qquad (6.2.8)$$

假设 $\beta_1 = \beta_2 = \beta_3 = \beta$，$I_{C1} = I_{C2} = I_O$，则

$$I_O \approx I_{C1} = \frac{I_R}{1 + \dfrac{2}{\beta(1+\beta)}} \qquad (6.2.9)$$

其中，参考电流

$$I_R = \frac{V_{CC} - 2U_{BE}}{R} \qquad (6.2.10)$$

可见，和普通镜像电流源相比，其精度提高了约 $1+\beta$ 倍，因此该电流源称为精密镜像电流源。

视频 6-3：
其他类型的
电流源电路

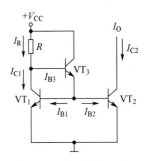

图 6.2.3　精密镜像电流源

6.2.3　比例电流源

如果希望电流源输出电流与参考电流 I_R 成比例关系，可采用图 6.2.4 所示的电路。由图 6.2.4 可知，

$$U_{BE1} + I_{E1}R_{e1} = U_{BE2} + I_{E2}R_{e2}$$

$$I_{E2}R_{e2} = I_{E1}R_{e1} + (U_{BE1} - U_{BE2}) \qquad (6.2.11)$$

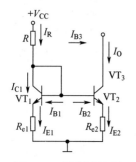

图 6.2.4 比例电流源

得

$$I_{E2} = \frac{I_{E1}R_{e1}}{R_{e2}} + \frac{U_{BE1} - U_{BE2}}{R_{e2}} \qquad (6.2.12)$$

根据 PN 结方程

$$I_{E1} \approx I_S\left(e^{\frac{U_{BE1}}{U_T}} - 1\right), \quad U_{BE1} \approx U_T \ln\frac{I_{E1}}{I_S}$$

$$I_{E2} \approx I_S\left(e^{\frac{U_{BE2}}{U_T}} - 1\right), \quad U_{BE2} \approx U_T \ln\frac{I_{E2}}{I_S}$$

于是

$$U_{BE1} - U_{BE2} = U_T \ln\frac{I_{E1}}{I_{E2}} \qquad (6.2.13)$$

将式（6.2.13）代入式（6.2.11）得

$$I_{E2} = \frac{I_{E1}R_{e1}}{R_{e2}} + \frac{U_T}{R_{e2}} \ln\frac{I_{E1}}{I_{E2}} \qquad (6.2.14)$$

在常温下，当两管的发射极电流相差在 10 倍以内时，式（6.2.14）等式右边的第二项很小，可以忽略，当 β 足够大时，有 $I_R \approx I_{E1}$，$I_O \approx I_{E2}$。于是

$$I_O \approx I_R \frac{R_{e1}}{R_{e2}} \qquad (6.2.15)$$

其中，参考电流

$$I_R \approx \frac{V_{CC} - U_{BE}}{R + R_{e1}}$$

这意味着调整发射极电阻 R_{e1} 和 R_{e2} 的阻值比例，就可以改变输出电流和参考电流的比例关系，因此该电流源称为比例电流源。同时，由于 R_{e2} 的存在，电路输出电阻增大，约为 $(1+\beta)r_{ce2}$，进一步提高了输出电流的恒流特性。

6.2.4 微电流源

集成电路中很多三极管需要非常小（微安量级）的偏置电流，基本镜像电流源如果想要输出非常小的电流（微安量级），电阻 R 要达到兆欧量级，这在集成电路制造工艺中是难以实现的。若要获得微安量级的小电流，可采用图 6.2.5 所示的微电流源。

在该电路中

$$I_O = I_{C2} \approx I_{E2} = \frac{U_{BE1} - U_{BE2}}{R_e} \qquad (6.2.16)$$

其中，$U_{BE1} - U_{BE2}$ 很小，在几十毫伏量级，因此在 R_e 值不大的情况下，即可得到一个比较小的输出电流。

该电路中输出电流和参考电流的关系，可利用式（6.2.14），令 $R_{e1}=0$，得

$$I_O = \frac{U_T}{R_e} \ln\frac{I_R}{I_O} \qquad (6.2.17)$$

这是一个超越方程，难以直接求解，实际中常采用逼近法或图解法。在实际电流源设计中，应先确定 I_R 和 I_O 的数值，然后求出 R 和 R_e 的值。

【例 6.2.1】 微电流源电路如图 6.2.5 所示。图中 V_{CC} 为 9V，要求 $I_O=20\mu A$，若取 $I_R/I_O =100$，即 $I_R=2mA$。试计算 R、R_e。

解：

$$I_R = \frac{V_{CC} - U_{BE}}{R}$$

则

$$R = \frac{V_{CC} - U_{BE}}{I_R} = \frac{9V - 0.7V}{2mA} = 4.15k\Omega$$

因为

$$I_O = \frac{U_T}{R_e} \ln \frac{I_R}{I_O}$$

可求得

$$R_e = \frac{U_T}{I_O} \ln \frac{I_R}{I_O} = \frac{26mV}{0.02mA} \ln 100 = 5.98k\Omega$$

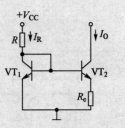

图 6.2.5　微电流源电路

由此可知，采用千欧量级的电阻，即可获得微安量级的输出电流。微电流源除了能够提供非常小的电流，还具有以下特点。

（1）当 V_{CC} 变化时，VT_1 和 VT_2 的基极电位将发生变化，但由于 R_e 的存在，使得 VT_2 的电压变化部分主要降至 R_e 上，即 $\Delta U_{BE2} \ll \Delta U_{BE1}$，则 I_{C2}（I_O）的变化远小于 I_R 的变化。因此电源电压波动对输出电流 I_O 影响较小。

（2）VT_1 对 VT_2 有温度补偿作用，温度稳定性好。

（3）输出电阻比镜像电流源的输出电阻高得多，约为 $(1+\beta)r_{ce2}$，恒流特性更好。

由此可知，微电流源满足了集成电路中偏置电流"小"而"稳"的需求。

除了以上几种常用电流源，还有很多其他类型的电流源，如威尔逊电流源（图 6.2.6）和级联型电流源（图 6.2.7）。

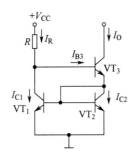

图 6.2.6　威尔逊电流源

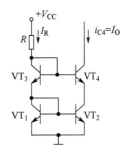

图 6.2.7　级联型电流源

6.2.5　电流源的应用

视频 6-4：
电流源的应用

电流源能够在环境温度、负载等发生变化时，提供稳定的静态电流输出，因此在集成电路中，被用于偏置电路。在实际应用中，可以用一个基准电流获得多个不同的输出电流，构成多路电流源，以适应各级单元电路的需要。图 6.2.8 所示为基于比例电流源的多路电流源。确定了参考电流之后，只要选择合适的发射极电阻，就可以得到与参考电流成比例关系的各输出电流。

此外，由于电流源的动态电阻非常大，还可以用作有源负载，解决在集成电路中难以制作大阻值电阻的问题。例如，在图 6.2.9 中，就是把电流源用作共射放大电路的有源负载。其中，VT_1 是共射放大电路的放大管，负载用 VT_3 和 VT_2 构成的镜像电流源代替。镜像电流源的动态输出电阻约为 r_{ce2}，因此，该放大电路的电压放大倍数为

$$A_u = \frac{-\beta_1 \left(r_{ce1} // r_{ce2} // R_L \right)}{r_{be1}} \tag{6.2.18}$$

可见，电流源用作有源负载，有利于提高放大电路的放大倍数。

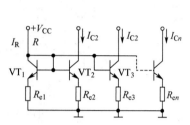

图 6.2.8　基于比例电流源的多路电流源

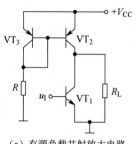
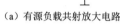
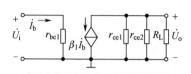

（a）有源负载共射放大电路　　（b）有源负载共射放大电路的微变等效电路

图 6.2.9　电流源用作有源负载的共射放大电路

6.3　差分放大电路

集成运算放大器（简称集成运放）本质上是一个直接耦合放大电路，零点漂移问题是影响直接耦合放大电路信号质量的主要因素，因此抑制零点漂移是制作高质量集成运放的关键。差分放大电路是集成运算放大器的重要组成单元。它有很强的抑制零点漂移能力，因此常用于集成运算放大器的输入级，几乎完全决定了集成运放的差模输入特性、共模抑制特性、输入失调特性和噪声特性。

6.3.1　差分放大电路的结构和工作原理

零点漂移的本质是电路静态工作点的变化，因此为了抑制零点漂移，将两个结构和器件参数完全相同的基本共射放大电路组合在一起，构成图 6.3.1 所示的电路结构，就形成一个基本差分放大电路（又称为差动放大电路）。该电路有两个输入 u_{I1} 和 u_{I2}，两个输出 u_{O1} 和 u_{O2}。

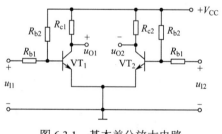

图 6.3.1　基本差分放大电路

视频 6-5：
差分放大电路的
结构和工作原理

在电路理想对称的前提下，对图 6.3.1 所示的差分放大电路进行定性的静态和动态分析。

1. 静态定性分析

由于两管的静态工作点完全相同，因此

$$u_O=u_{O1}-u_{O2}=V_{C1}-V_{C2}=U_{CEQ1}-U_{CEQ2}=0 \tag{6.3.1}$$

当温度等因素造成两管的静态工作点出现漂移时，由于两个管子的温度特性完全相同，即静态工作点的变化量 ΔU_{CEQ1} 和 ΔU_{CEQ2} 也相同，有

$$U_o=(V_{C1}+\Delta V_{C1})-(V_{C2}+\Delta V_{C2})=(U_{CEQ1}+\Delta U_{CEQ1})-(U_{CEQ2}+\Delta U_{CEQ2})=0 \tag{6.3.2}$$

可见，当温度等因素导致静态工作点发生变化时，差分放大电路仍然可以保证零输入零输出，抑制了零点漂移。显然，电路的对称性结构是消除零点漂移的关键之一，电路对称性越好，零点漂移的抑制效果越好。在集成运放等集成电路中，其输入级常采用差动（差分）放大形式，利用片内器件相对误差小、温度均一性好的特点，集成工艺上可实现很高的电路对称性，因而其抑制零点漂移的能力很强。

2. 动态定性分析

在差分放大电路两个输入端输入的两个任意信号 u_{i1} 和 u_{i2} 总可以等效为差模信号和共模信号的线性

叠加，即

$$u_{I1} = \frac{1}{2} u_{Id} + u_{Ic} \qquad\qquad (6.3.3)$$

$$u_{I2} = -\frac{1}{2} u_{Id} + u_{Ic} \qquad\qquad (6.3.4)$$

其中，$u_{Id} = u_{I1} - u_{I2}$ 是两个输入信号中大小相等、极性相反的一对信号分量，称为差模信号，其大小为两个输入信号之差；$u_{Ic} = \frac{u_{I1} + u_{I2}}{2}$ 是两个输入信号中大小相等、极性相同的一对信号分量，称为共模信号，其大小为两个输入信号的平均值。

因此，只要分析清楚差分放大电路对差模信号和共模信号的响应，利用叠加原理就可以完整地描述差分放大电路对任意输入信号的响应。

（1）共模响应定性分析。若差分放大电路输入一对共模信号，即 $u_{I1}=u_{I2}$，由于半边电路的放大倍数相同，有 $u_{O1}=u_{O2}$，因此差分放大电路的差分输出 $u_{Od}=u_{O1}-u_{O2}=0$。由此可知，差分放大电路抑制共模信号。在实际电路中，零点漂移和干扰信号通常属于共模信号，因此差分放大电路抑制共模信号能力的大小，反映了它对零点漂移的抑制水平。

（2）差模响应定性分析。若差分放大电路输入一对差模信号，即 $u_{I1}=-u_{I2}$，有 $u_{O1}=-u_{O2}$，则差分放大电路的差分输出 $u_{Od}=u_{O1}-u_{O2}=2u_{O1}$。由此可知，差分放大电路能够有效放大差模信号。

由定性分析可知，差分放大电路放大差模信号，抑制共模信号。然而，在实际电路中，由于电路难以达到完全理想对称，因此共模信号不能被完全抑制，此时输出信号为差模输入 u_{Id} 放大产生的输出 u_{Od}，以及共模输入 u_{Ic} 放大产生的输出 u_{Oc} 的叠加，即

$$\Delta u_{O} = \Delta u_{Od} + \Delta u_{Oc} = A_{ud}\Delta u_{Id} + A_{uc}\Delta u_{Ic}$$

式中，A_{ud} 为差模放大倍数；A_{uc} 为共模放大倍数。为了衡量差分放大电路放大差模信号和抑制共模信号的能力，定义共模抑制比（K_{CMR}），有

$$K_{CMR} = \left| \frac{A_{ud}}{A_{uc}} \right| \qquad\qquad (6.3.5)$$

共模抑制比通常也用分贝（dB）表示，$K_{CMR} = 20\lg \left| \frac{A_{ud}}{A_{uc}} \right|$。共模抑制比越大，抑制共模信号的能力越强。

6.3.2　长尾式差分放大电路及其分析

图 6.3.1 所示的基本差分放大电路仅利用电路对称性来抑制零点漂移和共模信号，但各个管子本身的温漂并未受到抑制，即当差分放大电路从一个输出端输出信号（单端输出）时，无法抑制零点漂移和共模信号。为了解决以上问题，在差分放大电路的发射极引入电阻 R_e 和电源 $-V_{EE}$，得到图 6.3.2 所示的长尾式差分放大电路。

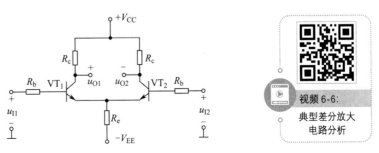

图 6.3.2　长尾式差分放大电路

1. 静态分析

图 6.3.2 所示的长尾式差分放大电路的直流通路如图 6.3.3 所示。

根据电路结构的对称性，可以取任何一边输入回路来计算，可得

$$I_{BQ} = \frac{V_{EE} - U_{BEQ}}{R_b + 2(1+\beta)R_e} \tag{6.3.6}$$

根据三极管的电流关系

$$I_{CQ} = \beta I_{BQ} \tag{6.3.7}$$

由输出回路有

$$U_{CEQ} \approx V_{CC} + V_{EE} - I_{CQ}(R_c + 2R_e) \tag{6.3.8}$$

根据以上分析可得

$$I_{EQ} = (1+\beta)I_{BQ} \approx \frac{V_{EE}}{2R_e} \tag{6.3.9}$$

所以，选择合适的 V_{EE} 和 R_e 可设置合适的静态工作点。

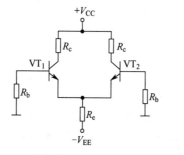

图 6.3.3　长尾式差分放大电路的直流通路

2. 动态分析

差分放大电路有两个输入端和两个输出端。如果从差分放大电路的两个输入端同时输入信号，称为双端输入。此外，也可以从一个输入端输入信号，另一个输入端接地，称为单端输入。如果从差分放大电路的两个输出端之间输出，称为双端输出。此外，也可以从一个输出端输出信号，称为单端输出。综上所述，差分放大电路有 4 种工作方式：双端输入双端输出（双入双出）、双端输入单端输出（双入单出）、单端输入双端输出（单入双出）和单端输入单端输出（单入单出）。下面分别分析 4 种工作方式的动态性能。

（1）双入双出。图 6.3.4（a）所示为双入双出的差分放大电路。首先分析差模响应，即 $u_{I1}=-u_{I2}$。由于电路对称，此时两管的发射极电流 i_{E1} 和 i_{E2} 也是一对差模信号，因此 R_e 上的交流电流为 0，可以视其为交流短路。同时两管的集电极电位 u_{O1} 和 u_{O2} 也是一对差模信号，因此负载电阻 R_L 中点的电位不变，可视为交流接地。由此，可得到图 6.3.4（b）所示的交流通路。

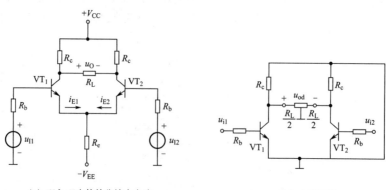

（a）双入双出的差分放大电路　　　（b）交流通路

图 6.3.4　差分放大电路双入双出情况

由此，可将差动放大电路的交流通路分成两个独立的部分，如图 6.3.5 所示。在差模信号的作用下，双端输入双端输出的差动放大电路满足

$$u_{od} = u_{o1} - u_{o2} = 2u_{o1} \qquad u_{id} = u_{i1} - u_{i2} = 2u_{i1}$$

所以差模放大倍数为

$$A_{ud} = \frac{u_{od}}{u_{id}} = \frac{2u_{o1}}{2u_{i1}} = -\frac{\beta\left(R_c // \dfrac{R_L}{2}\right)}{R_b + r_{be}} \qquad (6.3.10)$$

差模输入电阻为

$$R_{id} = 2\left(R_b + r_{be}\right) \qquad (6.3.11)$$

差模输出电阻为

$$R_{od} \approx 2R_c \qquad (6.3.12)$$

由此可以看出，双入双出差动放大电路的差模电压放大倍数约等于其半边电路的放大倍数，即相当于一个单管共射放大电路的放大倍数。其差模输入电阻和输出电阻是半边电路的两倍。

而在共模信号的作用下，由于加在两个输入端的信号大小相等、极性相同，即 $u_{i1}=u_{i2}$，于是在双端输出时 R_L 上的电位相等，流过的电流为零，可视为开路。两管的发射极电流 $i_{e1}=i_{e2}=i_e$，因此 R_e 上的交流电流为 $2i_e$。根据电路的对称性，同样可得到两个独立的电路，如图 6.3.6 所示。

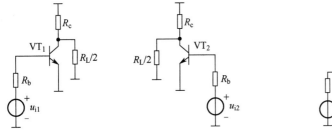

图 6.3.5　双入双出差动放大电路
等效成两个独立放大电路

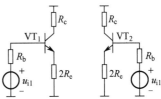

图 6.3.6　差分放大电路
对共模信号的等效电路

由图可得半电路的电压放大倍数为

$$A_{uc1} = \frac{u_{o1}}{u_{i1}} = -\frac{\beta R_C}{R_b + r_{be} + (1+\beta)2R_e} \qquad (6.3.13)$$

由于左右两个电路完全一样，因此该放大倍数即为差分放大电路的共模放大倍数。输出电压为

$$u_o = A_{uc1}u_{i1} - A_{uc2}u_{i2}$$

当电路完全对称时，输出电压为

$$u_o = A_{uc}\left(u_{i1} - u_{i2}\right) = 0$$

共模放大倍数为

$$A_{uc} = 0$$

当电路不完全对称时，由于 $2(1+\beta)R_e \gg R_c$，因此共模放大倍数 $A_{uc} \approx 0$。

可见，在双端输出的情况下，差分放大电路对共模信号的抑制作用有两个方面：一是依靠电路的对称性；二是依靠 R_e 的负反馈作用。

（2）双入单出。图 6.3.7（a）所示为双入单出差分放大电路。由于输入回路仍然是对称的，因此 R_e 上无交流差模信号，只响应共模输入，且 R_L 仅接在左端的半电路上，所以差分放大电路的差模响应等效电路和共模响应等效电路分别如图 6.3.7（b）和（c）所示。由图 6.3.7（b）可得单端输出差分放大电路的差模电压放大倍数为

$$A_{ud} = \frac{u_{o1}}{u_{i1} - u_{i2}} = \frac{u_{o1}}{2u_{i1}} = \frac{1}{2}A_{u1} = -\frac{1}{2}\frac{\beta\left(R_c // R_L\right)}{R_b + r_{be}} \qquad (6.3.14)$$

可见，单端输出差分放大电路的差模电压放大倍数约为双端输出时的一半。

由图 6.3.7（c）可求得单端输出的共模电压放大倍数

$$A_{uc} = -\frac{\beta(R_c//R_L)}{R_b + r_{be} + (1+\beta)2R_e} \tag{6.3.15}$$

显然，单端输出由于破坏了对称性，抑制共模仅靠 R_e 的负反馈作用。而由于 R_e 的负反馈作用很强，因此即使是单端输出，差分放大电路也可以有很高的共模抑制比。

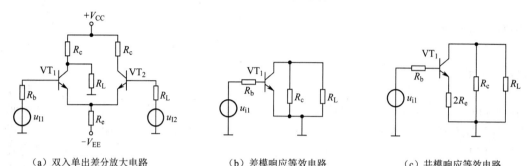

（a）双入单出差分放大电路　　　（b）差模响应等效电路　　　（c）共模响应等效电路

图 6.3.7　单端输出的差分放大电路分析

差模输入电阻和输出电阻分别为

$$R_{id} = 2(R_b + r_{be}), \quad R_{od} \approx R_c \tag{6.3.16}$$

如果从 VT_2 的集电极输出，也就是 R_L 接在 VT_2 的集电极，就可以采用相似的分析方法得到此时的差模电压增益为

$$A_{ud} = \frac{u_{o2}}{u_{i1} - u_{i2}} = \frac{u_{o2}}{-2u_{i2}} = -\frac{1}{2}A_{u2} = \frac{1}{2}\frac{\beta(R_c//R_L)}{R_b + r_{be}} \tag{6.3.17}$$

由此可知，单端输出时可以通过选择不同的输出端获得和输入差模信号不同的极性关系。

（3）单入双出和单入单出。除以上两种接法之外，差分放大电路还可以连接成单入双出和单入单出两种。图 6.3.8（a）所示为单入双出差分放大电路。

此时的输入为 $u_{I1} = u_I$、$u_{I2} = 0$，可等效为

$$u_{I1} = \frac{u_I}{2} + \frac{u_I}{2}, \quad u_{I2} = \frac{u_I}{2} - \frac{u_I}{2} \tag{6.3.18}$$

因此，单入双出可以等效为双入双出情况，如图 6.3.8（b）所示。

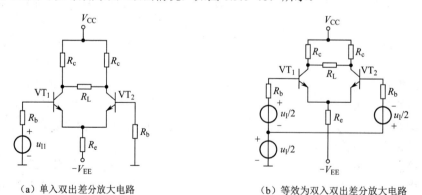

（a）单入双出差分放大电路　　　　　（b）等效为双入双出差分放大电路

图 6.3.8　差分放大电路单入双出接法

其动态性能和双入双出情况相同。举一反三，单入单出接法也可以等效为双入单出接法，在此不再赘述。表 6.3.1 列出了差分放大电路 4 种接法的性能比较。

表 6.3.1　差分放大电路 4 种接法的性能比较

性能	接法			
	双端输入 双端输出	双端输入 单端输出	单端输入 双端输出	单端输入 单端输出
A_d	$-\dfrac{\beta\left(R_\text{c}//\dfrac{R_\text{L}}{2}\right)}{R_\text{b}+r_\text{be}}$	$\pm\dfrac{1}{2}\dfrac{\beta(R_\text{c}//R_\text{L})}{R_\text{b}+r_\text{be}}$	$-\dfrac{\beta\left(R_\text{c}//\dfrac{R_\text{L}}{2}\right)}{R_\text{b}+r_\text{be}}$	$\pm\dfrac{1}{2}\dfrac{\beta(R_\text{c}//R_\text{L})}{R_\text{b}+r_\text{be}}$
R_id	$2(R_\text{b}+r_\text{be})$	$2(R_\text{b}+r_\text{be})$	$2(R_\text{b}+r_\text{be})$	$2(R_\text{b}+r_\text{be})$
R_o	$2R_\text{c}$	R_c	$2R_\text{c}$	R_c
K_CMR	∞ 很高	$\dfrac{\beta R_\text{e}}{r_\text{be}}$ 较高	∞ 很高	$\dfrac{\beta R_\text{e}}{r_\text{be}}$ 较高

可得出以下结论。

① 差模放大倍数仅决定于输出的形式。当双端输出时，差模放大倍数与单管共射放大电路电压放大倍数相当；当单端输出时，差模电压放大倍数约为双端输出时的一半。

② 当单端输出时，可以选择从不同的三极管集电极输出，从而使差模输出电压与差模输入电压极性相同或相反。

③ 由于双端输出可以利用电路对称性和负反馈共同抑制共模信号，因此共模抑制比较单端输出时高。

④ 当单端输出时，尽管电路对称性被破坏，但由于长尾电阻引入很强的共模负反馈，两个管子仍基本工作在差分状态。

6.3.3　差分放大电路的改进

1. 带调零电阻的差分放大电路

在实际电路中，由于两边电路参数不可能完全一致，为了保证静态时的输出为零，常接入调零电位器 R_W，如图 6.3.9 所示。

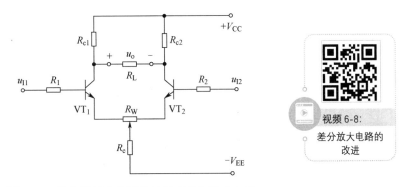

视频 6-8：
差分放大电路的改进

图 6.3.9　接入调零电位器的长尾式差分放大电路

【例 6.3.1】　在图 6.3.9 所示的放大电路中，已知 $V_\text{CC} = V_\text{EE} = 12\text{V}$，三极管的 $\beta_1=\beta_2=\beta=50$，$R_\text{c1} = R_\text{c2} = R_\text{c} = 30\text{k}\Omega$，$R_\text{e} = 27\text{k}\Omega$，$R_1 = R_2 = R = 10\text{k}\Omega$，$R_\text{W} = 500\Omega$，且设 R_W 的滑动端调在中点位置，负载电阻 $R_\text{L} = 20\text{ k}\Omega$。

（1）试估算放大电路的静态工作点 Q。

（2）估算差模电压放大倍数 A_ud。

（3）估算差模输入电阻 R_id 和输出电阻 R_o。

解：（1）由三极管的基极回路可得

$$I_{BQ} = \frac{V_{EE} - U_{BEQ}}{R + (1 + \beta)(2R_e + 0.5R_W)}$$

$$= \frac{12V - 0.7V}{10k\Omega + 51 \times (2 \times 27 + 0.5 \times 0.5)k\Omega}$$

$$\approx 0.004mA = 4\mu A$$

则 $$I_{CQ} \approx \beta I_{BQ} = 50 \times 0.004mA = 0.2mA$$

$$U_{CQ} \approx V_{CC} - I_{CQ}R_c = (12 - 0.2 \times 30)V = 6V$$

$$U_{BQ} = -I_{BQ}R = (-0.004 \times 10)V = -0.04V = -40mV$$

（2）为了估算 A_{ud}，需先画出放大电路的交流通路。长尾电阻 R_e 引入一个共模负反馈，故对差模电压放大倍数 A_{ud} 没有影响。但调零电位器 R_W 中只流过一个三极管的电流，因此将使差模电压放大倍数降低。放大电路的交流通路如图 6.3.10 所示。

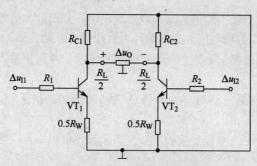

图 6.3.10 放大电路的交流通路

由图可得差模电压放大倍数为

$$A_{ud} = -\frac{\beta R_L'}{R + r_{be} + (1 + \beta)\dfrac{R_W}{2}}$$

其中 $$R_L' = R_c // \frac{R_L}{2} = \frac{30 \times \dfrac{20}{2}}{30 + \dfrac{20}{2}}k\Omega = 7.5k\Omega$$

$$r_{be} = r_{bb'} + (1 + \beta)\frac{26(mA)}{I_{EQ}} \approx 300\Omega + 51 \times \frac{26mV}{0.2mA} = 6930\Omega = 6.93k\Omega$$

则 $$A_{ud} = -\frac{50 \times 7.5k\Omega}{10k\Omega + 6.93k\Omega + 51 \times 0.5 \times 0.5k\Omega} \approx -12.6$$

（3）$R_{id} = 2\left[R + r_{be} + (1 + \beta)\dfrac{R_W}{2}\right] = 2 \times (10 + 6.93 + 51 \times 0.5 \times 0.5)k\Omega \approx 59.4k\Omega$

$$R_o = 2R_c = 2 \times 30k\Omega = 60k\Omega$$

2. 带恒流源的差分放大电路

在长尾式差分放大电路中，R_e 越大，抑制共模信号和零点漂移（简称零漂）的效果越好。但是，R_e 越大，为了保证三极管正常工作，在同样的工作电流下所需的负电源 V_{EE} 的值也越高，这显然对实际应用来说是不现实的。因此，希望既要抑制零漂的效果比较好，又不要求过高的 V_{EE} 值。可以利用电流源动态电阻大的特点，用电流源取代长尾电阻 R_e，提高电路的共模抑制比。采用恒流源的差分放大电路如图 6.3.11 所示。此时，流过差分放大电路发射极的电流为

$$I_{E1} + I_{E2} = I_{C3} = I_{C4} \tag{6.3.19}$$

同样，用电流源取代集电极电阻，可以获得高的电压放大倍数，如图 6.3.12 所示。其中，NPN 型三极管 VT$_1$、VT$_2$ 为放大三极管，PNP 型三极管 VT$_3$、VT$_4$ 组成镜像电流源，分别作为 VT$_1$、VT$_2$ 的有源负载。此差分放大电路采用双端输入、单端输出接法。VT$_1$、VT$_2$ 发射极的恒流源决定放大管的工作电流。

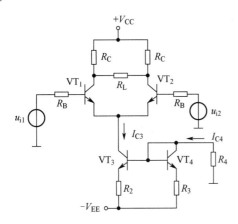

图 6.3.11　采用恒流源的差分放大电路

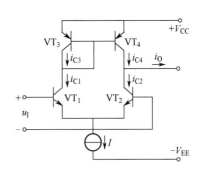

图 6.3.12　用电流源取代集电极电阻的差分放大电路

【例 6.3.2】　在图 6.3.12 所示的差分放大电路中，设电路理想对称，VT$_3$、VT$_4$ 的 β 足够大，试分析静态和动态时 i_O 各为多少。

解： 当静态时，即当输入电压为零时，由于电路理想对称，可认为两个放大管 VT$_1$、VT$_2$ 的静态电流相等，即 $I_{C1}=I_{C2}$。VT$_3$、VT$_4$ 组成镜像电流源，因此 $I_{C3} \approx I_{C4}$。当 VT$_3$、VT$_4$ 的 β 足够大时，可忽略 VT$_3$ 和 VT$_4$ 的基极电流，有 $I_{C1} \approx I_{C3}$，$I_{C2}=I_{C4}$。因此，$I_O=I_{C4}-I_{C2} \approx 0$。这就意味着该电路在静态下，流向下一级的静态电流很小，具有类似阻容耦合的静态工作点隔离的效果。

当动态时，若输入差模信号，则 Δi_{C1} 和 Δi_{C2} 为差模信号，即 $\Delta i_{C1}= -\Delta i_{C2}$。并且 $\Delta i_{C3} \approx \Delta i_{C4}$，$\Delta i_{C1} \approx \Delta i_{C3}$，于是可得 $\Delta i_{C2} \approx -\Delta i_{C4}$，而输出电流 i_O 等于 i_{C4} 与 i_{C2} 之差，所以

$$\Delta i_O = \Delta i_{C4} - \Delta i_{C2} = 2\Delta i_{C4}$$

同理，若输入为共模信号，则 Δi_{C1} 和 Δi_{C2} 为共模信号，即 $\Delta i_{C1}=\Delta i_{C2}$。此时情况与静态相似，因此输出 $\Delta i_O = 0$。

由此可知，该差分放大电路具有可以有效地传递差模信号，而抑制共模信号，静态电流小等优点，是集成运放输入级的基本形态。

6.4　典型集成运算放大器

视频 6-9：
典型集成运算放大器

集成运算放大器种类繁多，本节以两种典型集成运算放大器为例，介绍集成运放的内部结构、工作原理和分析方法。

6.4.1　LM741 双极型集成运算放大器

LM741 是目前国内应用极为广泛的一种高增益通用运算放大器，电路原理图如图 6.4.1 所示。

从图 6.4.1 中可以看出，LM741 运算放大器包括偏置电路、输入级、中间级、输出级 4 个部分。下面分别对这 4 个部分进行分析。

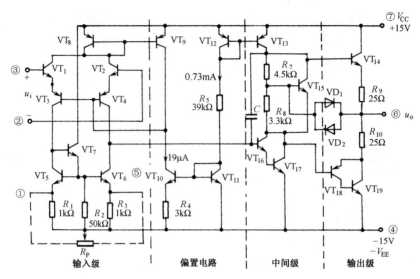

图 6.4.1　通用的 LM741 运算放大器电路原理图

1. 偏置电路

偏置电路向各级提供偏置电流。电路由 VT_8、VT_9 及 VT_{12}、VT_{13} 形成的镜像电流源和 VT_{10}、VT_{11} 形成的微电流源构成，如图 6.4.2 所示。流过 R_5 上的基准电流为

$$I_R = \frac{V_{CC} - (-V_{EE}) - 2U_{BE}}{R_5} = \frac{30V - 2 \times 0.7V}{39k\Omega} \approx 0.73mA \tag{6.4.1}$$

由于 VT_{10} 和 VT_{11} 构成微电流源，因此

$$I_{C10} = \frac{U_T}{R_4} \ln \frac{I_R}{I_{C10}} \tag{6.4.2}$$

用逼近法求得

$$I_{C10} \approx 19\mu A, \quad I_{C10} = I_{C9} + 2I_{B3} \tag{6.4.3}$$

VT_8、VT_9 和 VT_{12}、VT_{13} 分别构成镜像电流源，于是

$$2I_{C1} \approx I_{C9}, \quad I_{C13} \approx I_R \tag{6.4.4}$$

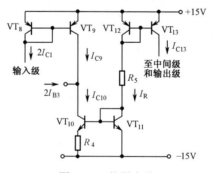

图 6.4.2　偏置电路

上述近似只有在晶体管的 β 值较大时才成立。实际的 β 一般在 5 左右，因此与上述近似偏离较大。同时从式（6.4.3）中可以看出，因为 I_{C10} 恒定，当 I_{C9} 增大时，I_{B3} 要减小，随着 I_{B3} 减小，将使得 I_{C1}、I_{C2} 减小，从而 I_{C9} 减小，所以能保持输入级的偏置电流稳定。与此同时，偏置电路由 I_{C13} 向中间级和输出级提供静态偏置电流。

2. 输入级

输入级由 VT_1、VT_2、VT_3 和 VT_4 组成共集-共基差分放大电路，VT_5 和 VT_6 构成有源负载。差分输

入信号由 VT_1、VT_2 的基极送入，从 VT_4 集电极输出至中间级。图 6.4.1 中下端用虚线连接的是调零电位器 R_P。

共集-共基差分放大电路是一种复合组态，兼有共集电极组态和共基极组态的优点。其中 VT_1、VT_2 是共集电极组态，具有较高的差模输入电阻和差模输入电压。VT_3、VT_4 为共基极组态，有电压放大作用，又因为 VT_5、VT_6 充当有源负载，所以可得到很高的电压放大倍数。而且共基极接法还使频率响应得到改善，使输入端承受高电压的能力也大为增强。

3. 中间级

中间级是一个共射放大电路。晶体管 VT_{16}、VT_{17} 形成复合管。利用复合管提高电路的输入电阻，避免降低前级的电压放大倍数。以 VT_{12}、VT_{13} 构成的镜像电流源作为放大电路的有源负载，获得足够高的电压放大倍数。电容 C 的作用是进行相位补偿，防止产生自激振荡。

4. 输出级

为了实现较强的带负载能力、大的动态范围等能力，输出级通常采用准互补输出电路。VT_{18}、VT_{19} 形成 PNP 型的复合管，与 VT_{14} 一起构成准互补输出电路，因此具有很高的输入阻抗和很强的带负载能力。

R_7、R_8 和 VT_{15} 形成 U_{BE} 倍增电路，使电路工作在甲乙类状态，以减小交越失真。R_9、R_{10} 用作输出电流（发射极电流）的采样电阻，与 VD_1、VD_2 共同形成过流保护电路。因为

$$u_{R7} + u_{VD1} = u_{BE14} + i_O R_9 \tag{6.4.5}$$

i_O 不超过输出电流额定值，$U_{VD1} < U_{on}$，VD_1 截止，一旦超过额定电流，VD_1 导通，VT_{14} 基极电流分流，从而使其发射极电流减小。VD_2 对 VT_{18}、VT_{19} 起到保护作用。

6.4.2　CMOS C14573 集成运算放大器

在测量中经常需要输入电阻高、电流小的放大器。有时要求其电流在 10μA 左右。双极型器件难以满足上述要求，必须使用场效应型器件，它具有工作电源电压低、功耗小、输入电阻高等特点。场效应集成运算放大器种类很多，下面以 CMOS C14573 集成运放为例，简述其工作原理。

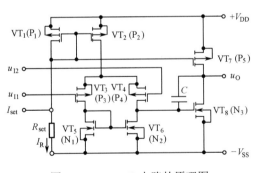

图 6.4.3　C14573 电路的原理图

C14573 电路的原理图如图 6.4.3 所示。该电路是一个两级放大电路，分为静态偏置、差分输入级和输出级 3 个部分。在图 6.4.3 中，VT_1、VT_2 和 VT_7 构成多路电流源，改变外接电阻 R_{set}，可改变电流源的参考电流 I_R 的大小。一般控制在 20~200μA，从而改变开环增益等性能参数，因此该运放号称"可编程"。它为输入级的差分放大电路和输出级的共源极放大电路提供偏置电流，同时是输出级共源极放大电路的有源负载。VT_3、VT_4 构成共源极的差分放大电路。VT_5、VT_6 组成镜像电流源，形成差分放大电路的有源负载，并使得差分放大电路单端输出具有与双端输出同样的电压增益。VT_8 形成一个共源极放大电路。电容 C 起相位补偿作用，防止自激。

6.5　集成运算放大器的主要参数

要用好集成运放，了解其性能参数非常必要。集成运算放大器参数很多，下面仅介绍主要参数。

视频 6-10：
集成运算放大器的
主要参数

1. 输入直流参数

（1）输入失调电压 U_{IO}。当输入端短路时（输入电压置零时），由于内部的差分放大电路不完全对称，使得输出电压不为零。要使集成运算放大器输出为零，需要在输入端加入补偿电压，此补偿电压称为输入失调电压 U_{IO}。

（2）输入失调电压的温漂 α_{UIO}。

$$\alpha_{UIO} = \frac{dU_{IO}}{dT} \approx \frac{\Delta U_{IO}}{\Delta T}$$

式中，$\dfrac{\Delta U_{IO}}{\Delta T}$ 为在确定的温度范围内，U_{IO} 随温度平均的变化率。普通运放一般为 $10 \sim 20\mu V/℃$。

（3）输入偏置电流 I_{IB}。在集成运放零输入时，两个输入端输入的直流偏置电流平均值，即

$$I_{IB} = \frac{1}{2}\left(I_{IB+} + I_{IB-}\right)$$

（4）输入失调电流 I_{IO}。在集成运放零输入时，两个输入端输入的直流偏置电流值之差，即

$$I_{IO} = \left| I_{IB+} - I_{IB-} \right|$$

（5）输入失调电流的温漂 α_{IIO}。在确定的温度范围内，I_{IO} 随温度变化的平均率，典型值在几千微安/度（$\mu A/℃$）。

$$\alpha_{IIO} = \frac{dI_{IO}}{dT} \approx \frac{\Delta I_{IO}}{\Delta T}$$

显然，失调电压、失调电流以及温漂参数都是越小越好。根据这些参数，还可以通过外电路的设计进行补偿，以实现更加高精度的信号处理。

2. 差模特性参数

（1）差模开环电压增益 A_{od}。运放不加反馈称为开环。此时的电压放大倍数称为开环电压增益，常用分贝 dB 表示，即 $20\lg|A_{od}|$，$A_{od} = \left| \dfrac{\Delta U_o}{\Delta U_+ - \Delta U_-} \right|$。通用运放的差模开环电压增益一般为 10^5，即 100dB 左右。

（2）差模输入电阻 r_{id}。运放在开环状态下，两个输入端对差模信号呈现的动态电阻，$r_{id} = \dfrac{\Delta U_{Id}}{\Delta I_{Id}}$。LM741 的差模输入电阻大于 $2M\Omega$。

（3）差模输出电阻 r_{od}。运放输出级的输出电阻。LM741 的差模输出电阻约为 75Ω。

（4）−3dB 带宽 f_H。当运放增益 A_{od} 下降到原来的 0.707 时，所对应的频率。

（5）最大差模输入电压 U_{idm}。最大差模输入电压 U_{idm} 是指运放两个输入端之间允许加的最大差模电压，超过该电压，差分对管有可能发生反向击穿。

3. 共模参数

（1）共模抑制比 K_{CMR}。共模抑制比 K_{CMR} 是差模放大倍数与共模放大倍数比值的绝对值，即

$$K_{CMR} = \left| \frac{A_{od}}{A_{oc}} \right| \tag{6.5.1}$$

共模抑制比通常用分贝（dB）表示，即 $20\lg\left|\dfrac{A_{od}}{A_{oc}}\right|$。LM741 的共模抑制比约为 70dB。

（2）最大共模输入电压 U_{icm}。最大共模输入电压 U_{icm} 是指允许输入的最大共模电压值。超过该数值，共模抑制特性将严重恶化。

4. 其他参数

（1）上升速率 S_R。上升速率 S_R 是表示运放对大信号阶跃输入响应速度的参数。定义为单位时间内

输出电压的最大变化率。

$$S_R = \frac{\mathrm{d}u_o}{\mathrm{d}t}\bigg|_{max} \qquad (6.5.2)$$

LM741 的上升速率约为 0.7V/μs。

（2）输出电压的最大摆幅。输出电压的最大摆幅是在标称电压和额定负载下，运放的交流输出信号不出现明显的非线性失真时，所能达到的最大输出电压峰值。

6.6　集成运算放大器的符号和传输特性

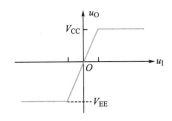

视频 6-11：
集成运算放大器的
符号和传输特性

6.6.1　集成运算放大器的符号

集成运算放大器有 5 个基本引线端，电路符号如图 6.6.1（a）所示。在图 6.6.1（a）中，正负电源端为 $+V_{CC}$ 和 $-V_{EE}$；同相输入端用"+"表示，反相输入端用"-"表示，输出端为 u_O。在同相输入端输入信号，输出与输入同相；在反相输入端输入信号，输出与输入反相。为了方便，有时正负电源端也被略去，得到简化的电路符号，如图 6.6.1（b）所示。

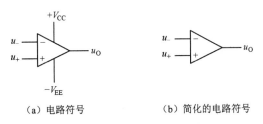

（a）电路符号　　　　　　（b）简化的电路符号

图 6.6.1　集成运算放大器的符号

6.6.2　集成运算放大器的开环电压传输特性

集成运算放大器在开环状态工作时，有两种状态：线性放大状态和饱和（非线性）状态。图 6.6.2 所示为集成运算放大器的电压传输特性。图中横轴为差模输入电压，纵轴为输出电压。图中中间部分为线性放大区，此时特性曲线的斜率即为集成运放的开环电压增益 A_{od}。由于运算放大器的开环电压增益极高，因此集成运放的线性区非常窄。只要输入的差模电压超过一定范围，即发生正向饱和（输出趋于 $+V_{CC}$）或反向饱和（输出趋于 $-V_{EE}$）。

图 6.6.2　集成运算放大器的电压传输特性

6.7　集成运算放大器的种类及使用

6.7.1　集成运算放大器的种类

集成运算放大器的种类有很多，按照参数特点，集成运算放大器可分为如下几类。

1. 通用型集成运算放大器

通用型集成运算放大器是以通用为目的而设计的。这类器件的主要特点是价格低廉、产品量大面广，技术指标适合于一般性使用，是目前应用最为广泛的集成运算放大器。例如，μA741（单运放）、LM358（双运放）、LM324（四运放）及以场效应管为输入级的 LF356 都属于通用型集成运放。

2．高阻型集成运算放大器

高阻型集成运算放大器的特点是差模输入阻抗非常高，输入偏置电流非常小，一般 $r_{id}>(10^9\sim10^{12})\Omega$，$I_{IB}$ 为几皮安到几十皮安，也称为低输入偏置电流型。实现这些指标的主要措施是利用场效应管高输入阻抗的特点，用场效应管组成运算放大器的差分输入级。用场效应管作为输入级，不仅输入阻抗高，输入偏置电流低，而且具有高速、宽带和低噪声等优点，但输入失调电压较大。常见的此类集成运放器件有 LF356、LF355、LF347（四运放）及更高输入阻抗的 CA3130、CA3140 等。

3．低温漂型集成运算放大器

在精密仪器、弱信号检测等自动控制仪表中，总是希望集成运算放大器的失调电压要小且不随温度的变化而变化。低温漂型集成运算放大器就是为此而设计的。目前常用的高精度、低温漂集成运算放大器有 OP07、OP27、AD508 及由 MOSFET 组成的斩波稳零型低漂移器件 ICL7650 等。

4．高速型集成运算放大器

在高速 A/D 和 D/A 转换器、高速采样-保持电路、模拟乘法器等电路中，要求集成运算放大器有较快的转换速率，通常选用高速型集成运算放大器。高速型集成运算放大器的主要特点是具有高的转换速率和宽的频率响应，其转换速率可达每微秒几十伏至几百伏或更高。常见的高速型集成运算放大器有 LM318 和 μA715 等，其 $S_R=50\sim70V/ms$，BW>20MHz。

5．低功耗型集成运算放大器

在空间探测等领域，需要电子系统续航能力强，相应地，需要集成运放工作在很低的电源电压并只取微弱的电流，可采用低功耗型集成运算放大器。低功耗型集成运算放大器的静态功耗通常比通用型集成运算放大器低 1～2 个数量级，目前有的产品功耗已达微瓦量级，可用电池供电。例如，CL760 的供电电源为 1.5V，功耗为 10mW，可采用单节电池供电。

6．高压大功率型集成运算放大器

集成运算放大器的输出电压主要受供电电源的限制。在普通的集成运算放大器中，输出电压的最大值一般仅几十伏，输出电流仅几十毫安。若要提高输出电压或增大输出电流，集成运算放大器外部必须要加辅助电路。相比之下，高压大功率型集成运算放大器外部不需要附加任何电路，即可输出高电压和大电流。例如，D41 集成运算放大器的输出电压可达±150V，μA791 集成运算放大器的输出电流可达 1A。

除了上面介绍的几种类型，集成运算放大器按工作原理还可分为电压放大型（等效为受输入电压控制的电压源）、电流放大型（等效为受输入电流控制的电流源）、跨导型（等效为受输入电压控制的电流源）、互阻型（等效为受输入电流控制的电压源）；按可控性可分为可变增益型（电压增益可控，外加电压控制和数字编码控制）和选通控制型（多通道输入，单通道输出）。

6.7.2 集成运算放大器的调零与消振

集成运放在制造中由于内部的差分放大电路不可能做到绝对对称，因此存在失调电压和失调电压温漂，为了提高放大器的精度，要对放大器外接调零电位器进行调零补偿，如图 6.7.1 所示。目前，很多对精度要求不高的通用运算放大器为了降低应用电路成本，取消了外接调零端，如 TL082、LM324 等。但是，对于精密放大器调零还是必不可少的，不过现在有些高档的精密型集成运算放大器在集成电路内部已经设置了自动调零机构，使用相对简单一些，如 ICL7650。

集成运算放大器在使用中一般要加入深度负反馈才能作为放大器使用，有可能出现自激振荡，使放大器变得不稳定，尤其是在外围电路中存在电容、电感等可能产生附加相移器件的情况下。图 6.7.1 中 8、9 脚之间外接的电容就是用于放

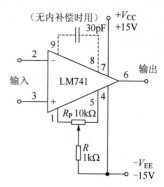

图 6.7.1　集成运放的调零与消振

大器的相频特性补偿,消除可能出现的自激振荡,不过现在有很多通用型集成运算放大器内部已经集成了补偿电容,使用时无须外接。集成运算放大器在使用时是否需要外接调零和相位补偿请参考使用手册。关于负反馈放大器的稳定性问题将在第 7 章介绍。

6.7.3　集成运算放大器的保护及扩展

1. 保护电路

为了保护集成运算放大器,在使用时需要增加相关的保护电路。一般来说,有以下几种类型的保护:输入端保护、输出端保护和电源端保护。

输入端保护包括差模电压过压保护和共模电压过压保护。它们都是利用电压过高时稳压管击穿或二极管导通来实现的,电源端保护主要是防止电源极性反接,保护电路如图 6.7.2～图 6.7.5 所示。

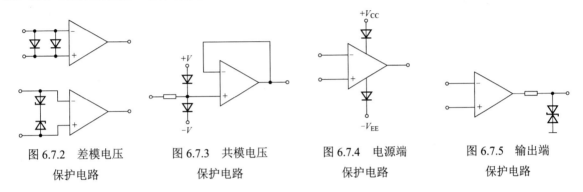

图 6.7.2　差模电压　　　　图 6.7.3　共模电压　　　　图 6.7.4　电源端　　　　图 6.7.5　输出端
　　　保护电路　　　　　　　　保护电路　　　　　　　　保护电路　　　　　　　保护电路

2. 输出电流扩展电路

当所使用的集成运算放大器的输出电流不能满足要求时,可以通过外加射极跟随器或互补输出电路来扩展输出电流,如图 6.7.6 所示。

3. 输出电压扩展电路

集成运算放大器的最大输出电压受集成运算放大器所加电源电压的限制,通过图 6.7.7 所示的电路,即可在不增加集成运算放大器电源电压的情况下扩展输出电压。

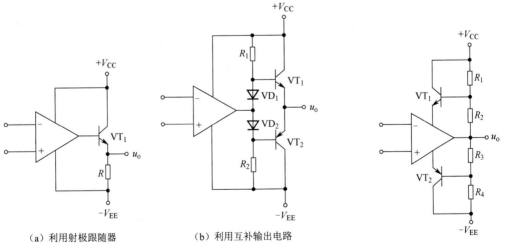

（a）利用射极跟随器　　　　　（b）利用互补输出电路

图 6.7.6　输出电流扩展电路　　　　　　　　图 6.7.7　输出电压扩展电路

本 章 小 结

本章主要讲述了集成运放的结构特点、电路组成、主要技术指标、种类、低频等效电路及理想运放模型。

（1）集成运放实际上是一个高性能的直接耦合多级放大电路，通常由输入级、中间级、输出级和偏置电路四部分组成。

① 输入级对集成运放多项技术指标具有决定性作用。通常采用带电流源的差分放大电路实现。典型差分放大电路利用电路的对称性和长尾电阻引入的负反馈抑制零漂与共模信号，提高共模抑制比。差分放大电路有 4 种不同接法。

② 中间级的主要任务是提供足够大的电压放大倍数，通常采用复合管构成的共射放大电路，配合有源负载，获得极高的电压增益。

③ 输出级的主要任务是提高带负载能力，并向负载提供足够的输出功率，多采用互补对称电路。

④ 偏置电路的主要任务是向各级提供稳定合适的偏置电流，广泛采用镜像电流源、比例电流源、微电流源等电流源电路。

（2）MOS 集成运放具有输入电阻高、输入电流小等特点，更适用于测量，又由于 NMOS 和 PMOS 之间存在互补，不需要电平转移，线路简单，有利于集成。

（3）集成运算放大器的主要参数可以反映器件内部电路的对称性，以及对交流信号的放大能力和处理速度等，是选择器件的重要参考。

（4）集成运算放大器种类丰富，可以根据具体应用的需求选择通用型或专用型集成运放。

（5）在使用集成运放时，应注意调零、设置偏置电压、频率补偿和必要的保护措施。

习 题 六

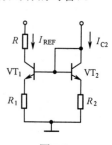
习题六
答案

6.1　选择填空，将正确选项和答案填入空内。

（1）集成运算放大器与分立元件放大电路相比，虽然工作原理基本一致，但在电路结构上具有自己突出的特点。例如，放大器之间通常都采用_____耦合方式，利用同一个芯片上相邻器件之间参数对称性好的特点，输入级几乎都采用_____放大电路；常用_____代替大电阻，组成有源负载等。

（2）集成运放内部电路通常包含 4 个基本组成部分，即_____、_____、_____和_____。

（3）图 P6.1 所示电路为比例电流源。在忽略两管的基极电流的情况下，$I_{C2} \approx$_____。

（4）差分放大电路是为了____而设置的（A．提高放大倍数，B．提高输入电阻，C．抑制温漂），它主要通过____来实现（D．增加一级放大电路，E．采用两个输入端，F．利用参数对称的对管）。

（5）在长尾式差分放大电路中，R_e 的主要作用是____。

    A．提高差模电压放大倍数　　　　　　　　B．抑制零漂

    C．增大差模输入电阻

（6）在长尾式差分放大电路中，R_e 对____有负反馈作用。

    A．差模信号　　　　B．共模信号　　　　C．任意信号

（7）差分放大电路利用恒流源代替 R_e 是为了____。

    A．提高差模电压放大倍数　　　　　　　　B．提高共模电压放大倍数

    C．提高共模抑制比

图 P6.1

（8）差分放大电路中的差模输入信号是两个输入端信号的____，共模输入信号是两个输入端信号的____。

　　A．差　　　　　　　B．和　　　　　　　C．比值　　　　　　　D．平均值

（9）共模抑制比等于____之比。

　　A．差模输入电压与共模输入电压

　　B．输出信号电压中差模分量与共模分量

　　C．差模电压放大倍数与共模电压放大倍数

6.2　在图 P6.2 所示的微电流源电路中，已知 $V_{CC}=15V$，$R=15k\Omega$，$U_{BE}=0.6V$，$U_T=26mV$。要求输出电流 I_O 为 10μA，试确定 R_2 的值。

6.3　图 P6.3 是一个多路电流源电路，已知所有的晶体管均有 $U_{BE}=0.6V$，$\beta \gg 1$。试估算各路输出电流 I_1、I_2、I_3、I_4 的值。

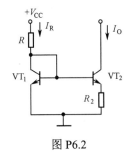

图 P6.2　　　　　　　　　　　　　　　　　　　　　　图 P6.3

6.4　在图 P6.4 所示的差动放大电路中，设 $\beta_1 = \beta_2 = 50$，$r_{bb'1} = r_{bb'2} = 300\Omega$，其他参数如图 P6.4 所示。

（1）计算差模电压放大倍数 A_{ud}、共模电压放大倍数 A_{uc}、共模抑制比 K_{CMR}。

（2）计算差模输入电阻 r_{id} 和输出电阻 r_{od}。

（3）当 $U_{i1}=-5V$，$U_{i2}=-15V$ 时，计算输出电压 U_o。

6.5　图 P6.5 所示的差动放大电路的参数是完全对称的，即 $\beta_1 = \beta_2 = \beta$，$r_{be1} = r_{be2} = r_{be}$。

（1）写出电位器动点在中点时的 A_{ud} 表达式。

（2）写出电位器动点在最右端时的 A_{ud} 表达式，比较两个结果有什么不同。

（3）将图中 VT_1 和 VT_2 的等效负载电阻分别记作 R_{C1} 和 R_{C2}，证明：

$$K_{CMR} = \frac{R_{C1}+R_{C2}}{\left|R_{C1}-R_{C2}\right|}\left[\frac{1}{2}+\frac{(1+\beta)R_B}{R_B+r_{be}}\right]$$

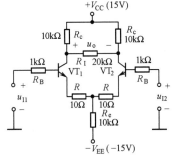
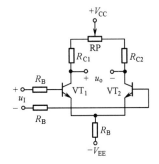

图 P6.4　　　　　　　　　　　　　　　　　　　　　　图 P6.5

6.6　在图 P6.6 所示的差动放大电路中，晶体管的 $\beta=50$，$r_{bb}=100\Omega$，其他参数如图 P6.6 所示。

（1）计算静态工作时的 I_{C1}、I_{C2}、U_{C1}、U_{C2}。设 R_B 上的压降可以忽略，$U_{BE}=0.7V$。

（2）计算差模电压放大倍数 A_{ud}，差模输入电阻 r_{id}、输出电阻 r_{od}。

（3）当 U_o=0.8V（直流）时，U_i 为多少？

（4）当 U_i=−1V（直流）时，U_o 为多少？

6.7　图 P6.7 是高精度运放的简化原理电路。试分析：

（1）两个输入端中哪个是同相输入端，哪个是反相输入端？

（2）VT_3 和 VT_4 的作用。

（3）电流源 I_3 的作用。

（4）VD_1 与 VD_2 的作用。

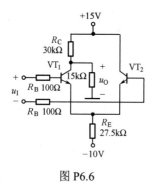

图 P6.6

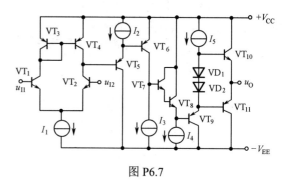

图 P6.7

6.8　在图 P6.8 所示的电路中，静态时输出电压 U_o=0，晶体管都为硅管，U_{BE}=0.7V，β=100，$r_{bb'}$=100Ω。试计算 R_c 的值，并计算该电路的放大倍数。

6.9　恒流源差分放大电路如图 P6.9 所示。设晶体管 VT_1、VT_2、VT_3 的特性相同，且 β=50，U_{BE}=0.7V，r_{be}=1.5kΩ，R_w 的滑动端位于中点。试估算：

（1）静态工作点 I_{C1}、I_{C2}、U_{CE1}、U_{CE2}；

（2）差模电压放大倍数 A_{ud} 为多少？

（3）差模输入电阻 R_{id} 和输出电阻 R_{od}。

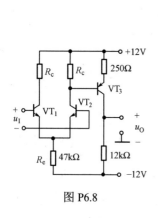

图 P6.8

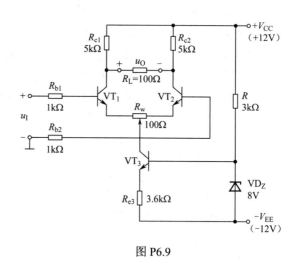

图 P6.9

思维导图 7:
放大电路中的反馈

第 7 章　放大电路中的反馈

[内容提要]

本章将讨论反馈的概念；放大电路中反馈的类别、组态；在深度负反馈条件下，放大倍数的估算、负反馈对放大电路性能的影响。并在此基础上，讨论在负反馈的情况下，放大电路产生自激的条件和消除自激的方法。

7.1　反馈的概念和一般表达式

视频 7-1:
反馈的基本概念

前面介绍的各类放大电路在应用中可能面临一些共性需求，如降低噪声、稳定增益、抑制电路参数变化的影响等，而负反馈是改善放大电路各项性能的有效手段，在实际电子系统中得到了极为广泛的应用。

电子系统中的反馈（Feedback）是将电路的输出量（电压或电流）的一部分或全部通过一定的方式回送到放大电路的输入端，并对输入量（电压或电流）产生影响的过程。

一个反馈放大电路可以用图 7.1.1 所示的框图表示，由基本放大器、反馈网络和比较环节构成。当开关 SW 断开时，放大电路中的信号仅有正向传输通路，此时没有反馈，称为开环放大电路。当开关 SW 闭合时，放大电路由完成正向传输的基本放大器和完成反向传输的反馈网络构成，通过比较环节对输入产生影响，形成反馈，称为闭环放大电路。

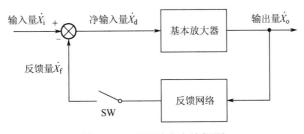

图 7.1.1　反馈放大电路框图

图中 $\dot{X}_i$ 为反馈放大电路的输入量，$\dot{X}_o$ 为反馈放大电路的输出量，$\dot{X}_f$ 为反馈量，$\dot{X}_d = \dot{X}_i - \dot{X}_f$ 为基本放大电路的输入量（或净输入量），图中的 "+" 和 "−" 是进行比较时的参考极性。

其中，基本放大电路的放大倍数（或开环增益）为 $\dot{A} = \dot{X}_o / \dot{X}_d$，反馈网络的反馈系数定义为 $\dot{F} = \dot{X}_f / \dot{X}_o$。定义 $\dot{A}_f = \dot{X}_o / \dot{X}_i$ 为闭环增益。由

$$\dot{X}_o = \dot{A}\dot{X}_d \tag{7.1.1}$$

$$\dot{X}_f = \dot{F}\dot{X}_o = \dot{A}\dot{F}\dot{X}_d \tag{7.1.2}$$

$$\dot{X}_i = \dot{X}_d + \dot{X}_f = \left(1 + \dot{A}\dot{F}\right)\dot{X}_d \tag{7.1.3}$$

可得

$$\dot{A}_{\mathrm{f}} = \frac{\dot{A}}{1 + \dot{A}\dot{F}} \tag{7.1.4}$$

式中，$\dot{A}\dot{F}$ 为环路增益；$|1 + \dot{A}\dot{F}|$ 为反馈深度。反馈深度是衡量反馈强弱的一项重要指标，其值直接影响电路性能。

若 $\left|1 + \dot{A}\dot{F}\right| \gg 1$，称为深度负反馈，此时

$$\dot{A}_{\mathrm{f}} = \frac{\dot{A}}{1 + \dot{A}\dot{F}} \approx \frac{\dot{A}}{\dot{A}\dot{F}} = \frac{1}{\dot{F}} \tag{7.1.5}$$

由此可知，在深度负反馈条件下，电路的闭环增益主要取决于反馈系数，与开环增益几乎无关。而反馈网络多由电阻、电容等组成，其性能几乎不受环境、温度等因素的影响，因此采取深度负反馈措施，可以大大改善放大电路放大倍数的稳定性。

当 $|1 + \dot{A}\dot{F}| = 0$ 时，则 $|\dot{A}_{\mathrm{f}}| = \infty$，即使没有输入信号，也会有输出信号，称为放大电路自激。

7.2　反馈的分类和判别

视频 7-2：
反馈的分类

7.2.1　有无反馈的判断

判断一个电路是否存在反馈，可分析电路是否存在联系输出回路和输入回路的电路，并对输入量产生影响，传输反馈信号的元件称为反馈元件。

【例 7.2.1】　判断图 7.2.1 所示电路是否存在反馈。

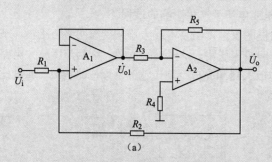
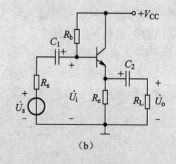

图 7.2.1　例 7.2.1 图

解：图 7.2.1（a）所示为两级放大电路，其中每一级放大电路都存在反馈网络，第一级的输出端和反相输入端之间由导线连接；第二级的输出端和反相输入端之间由电阻 R_5 连接。此外，从第二级的输出端到第一级的输入端也有一条反馈网络，由 R_2 构成。通常称各级内部的反馈为局部（或本级）反馈，称跨级的反馈为整体（或级间）反馈。因此，该电路既存在本级反馈也存在级间反馈。其中，级间反馈为主要反馈，本级反馈为次要反馈。

图 7.2.1（b）所示为共集放大电路。图中 R_{e} 同时存在于输入回路和输出回路中，将输入回路和输出回路联系起来，因此此电路存在反馈，R_{e} 为反馈元件。

7.2.2　反馈极性的判别

1．正反馈和负反馈

根据反馈信号在比较环节产生的效果不同，反馈极性可分为正反馈和负反馈。

在图 7.1.1 中的比较环节有 $\dot{X}_{\mathrm{d}} = \dot{X}_{\mathrm{i}} - \dot{X}_{\mathrm{f}}$，如果反馈信号使净输入量削弱，即 $\dot{X}_{\mathrm{d}} < \dot{X}_{\mathrm{i}}$，输出量减小，称为负反馈。负反馈将从多方面改善放大电路的性能，是

视频 7-3：
反馈极性的判别

本章的重点研究对象。反之，如果反馈信号使净输入量增强，即 $\dot{X}_{\mathrm{d}} > \dot{X}_{\mathrm{i}}$，输出量增大，称为正反馈。放大电路中若引入正反馈，会进一步加剧输出量的变化，甚至使整个电路产生自激振荡而不能正常工作，因此，在放大电路中很少使用。而在信号发生电路中，则需通过引入正反馈使电路发生自激振荡，从而产生所需的信号。

2. 反馈极性的判别

正、负反馈可以用瞬时极性法来判别。瞬时极性法是指利用电路中各点对地交流信号的瞬时电位极性来判断反馈极性的方法。步骤如下。

（1）假设输入信号在某瞬时的极性为正，标为 ⊕。

（2）沿着基本放大电路、反馈网络，逐级标出电路中各点的瞬时极性，直至判断出反馈信号的瞬时极性。

（3）经比较环节，判断若反馈信号的瞬时极性使净输入量减小，则为负反馈；反之，为正反馈。

在实际电路判别中，可以采用如下规则来快速判断反馈极性。

（1）当反馈信号与输入信号加在放大器的相同输入端时，如果反馈信号与输入信号瞬时极性相反，为负反馈；反之，为正反馈。

（2）当反馈信号与输入信号加在放大器的不同输入端时，如果反馈信号与输入信号瞬时极性相反，为正反馈；反之，为负反馈。

图 7.2.2（a）中的级间反馈，输入信号和反馈信号加在运放的相同输入端，且通过瞬时极性法可判断输入信号和反馈信号的瞬时极性相反，因此为负反馈。

在图 7.2.2（b）中，反馈信号通过 R_{f} 加在 VT_1 的发射极，而输入信号从 VT_1 的基极输入，反馈信号与输入信号加在放大器的不同输入端，且通过瞬时极性法，可以判断输入信号和反馈信号的瞬时极性相反，因此为正反馈。

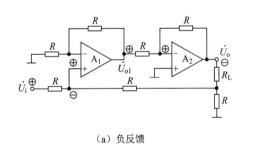

（a）负反馈　　　　　　　　　　　　　（b）正反馈

图 7.2.2　负反馈和正反馈

7.2.3　交、直流反馈的判别

根据反馈信号的性质可将反馈分为直流反馈和交流反馈。如果反馈网络只能传输直流信号，即反馈网络只出现在直流通路中，称为直流反馈。直流反馈影响电流的静态工作点，第 2 章中介绍的分压偏置放大电路如图 7.2.3（a）所示，图中的 R_{e} 引入的就是直流负反馈，其目的是稳定静态工作点。

如果反馈网络只能传输交流信号，或者反馈网络只出现在交流通路中，称为交流反馈。交流反馈可以从多方面影响放大电路的动态性能，是本章重点讨论的内容。如图 7.2.3（b）所示，由于电容 C 的存在，使得反馈网络只能传输交流信号。由此可知，可以通过分析反馈网络是否存在直流通路和交流通路来判别交/直流反馈。有些电路的反馈既可以传输直流信号，也可以传输交流信号，这类反馈称为交直流反馈。

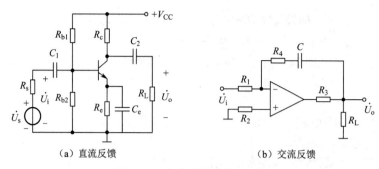

（a）直流反馈   （b）交流反馈

图 7.2.3　直流反馈和交流反馈

7.2.4　电压、电流反馈的判别

根据反馈信号取样对象的不同，反馈可分为电压反馈和电流反馈。如果反馈信号从输出电压取样，即反馈信号与输出电压成正比，称为电压反馈；如果反馈信号从输出电流取样，即反馈信号与输出电流成正比，称为电流反馈。

判断电压反馈和电流反馈，可采用输出短路法，具体操作如下。

（1）假设负载 R_L 短路（未接负载时输出对地短路），如果反馈信号为零，即反馈消失，则为电压反馈。

（2）假设负载 R_L 短路（未接负载时输出对地短路），若反馈仍然存在，则为电流反馈。

图 7.2.4（a）所示为前面介绍过的共集放大电路，其中 R_e 是同时存在于输入回路和输出回路的反馈元件。对于交流信号，通过输出短路法，假设 R_L 短路，此时 R_e 被短路，反馈消失，因此是电压反馈。在图 7.2.4（b）所示电路中，假设 R_L 短路，R_1 上仍然有电流，反馈回到输入回路影响输入信号，反馈仍然存在，因此是电流反馈。

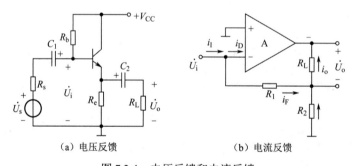

（a）电压反馈   （b）电流反馈

图 7.2.4　电压反馈和电流反馈

7.2.5　串联、并联反馈的判别

根据在比较环节中输入信号和反馈信号的比较方式不同，可分为串联反馈和并联反馈。如果输入信号和反馈信号是以电压的形式进行比较的，即 $\dot{U}_d = \dot{U}_i - \dot{U}_f$，称为串联反馈；如果输入信号和反馈信号是以电流的形式进行比较的，即 $\dot{I}_d = \dot{I}_i - \dot{I}_f$，称为并联反馈。

在实际电路中，可以通过观察在比较环节输入信号和反馈信号的接入端子来判断。

（1）若反馈信号和输入信号接于放大器的同一输入端，则为并联反馈。

（2）若反馈信号和输入信号接于放大器的不同输入端，则为串联反馈。

在图 7.2.4（a）所示电路中，输入信号接于基本放大器的基极，而反馈信号接于基本放大器的发射极，因此为串联反馈；在图 7.2.4（b）所示电路中，输入信号和反馈信号均接于基本放大器的反相输入端，因此为并联反馈。

7.3　负反馈的 4 种组态

通过以上分析可知，放大电路中的反馈形式是多种多样的，如图 7.3.1 所示。本节将重点讨论分析交流负反馈。根据反馈信号在输出端采样方式以及在输入回路中比较形式的不同，交流负反馈可以分为 4 种组态：电压串联负反馈、电压并联负反馈、电流串联负反馈和电流并联负反馈。为了便于分析引入反馈后的一般规律，常常利用方框图来表示各种组态的负反馈。下面分别对这 4 种组态进行分析。

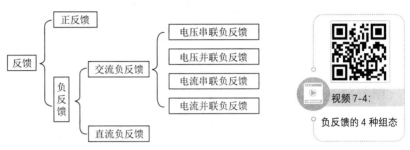

图 7.3.1　反馈的分类和交流负反馈的 4 种组态

7.3.1　电压串联负反馈

　　电压串联负反馈的方框图如图 7.3.2 所示。反馈电压从对输出电压采样而得到，然后在输入回路中与输入电压比较后得到净输入电压，即 $\dot{U}_d = \dot{U}_i - \dot{U}_f$。

　　由图 7.3.2 可知，基本放大器的输入信号是净输入电压 $\dot{U}_d$，输出信号是 $\dot{U}_o$，二者均为电压信号，故其开环增益用符号 $\dot{A}_{uu}$ 表示，即

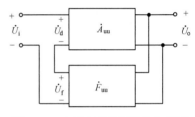

图 7.3.2　电压串联负反馈的方框图

$$\dot{A}_{uu} = \frac{\dot{U}_o}{\dot{U}_d} \tag{7.3.1}$$

反馈网络的输入信号是基本放大器的输出电压 $\dot{U}_o$，它的输出信号是反馈电压 $\dot{U}_f$。反馈网络的反馈系数是 $\dot{U}_f$ 与 $\dot{U}_o$ 之比，故用符号 $\dot{F}_{uu}$ 表示，可得

$$\dot{F}_{uu} = \frac{\dot{U}_f}{\dot{U}_o} \tag{7.3.2}$$

此时的闭环增益为无量纲的电压增益，即
$$\dot{A}_{uf} = \dot{A}_{uu}/(1 + \dot{A}_{uu}\dot{F}_{uu}) \tag{7.3.3}$$

7.3.2　电压并联负反馈

　　电压并联负反馈的方框图如图 7.3.3 所示。基本放大器的输入信号是净输入电流 $\dot{I}_d$，输出信号是基本放大器的输出电压 $\dot{U}_o$，开环增益用符号 $\dot{A}_{ui}$ 表示，即

$$\dot{A}_{ui} = \frac{\dot{U}_o}{\dot{I}_d} \tag{7.3.4}$$

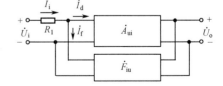

图 7.3.3　电压并联负反馈的方框图

由式（7.3.4）可知，$\dot{A}_{ui}$ 的量纲是电阻，为基本放大器的转移电阻。

反馈网络的输入信号是基本放大器的输出电压 $\dot{U}_o$，输出信号是反馈电流 $\dot{I}_f$。反馈网络的反馈系数

为 $\dot{I}_{\mathrm{f}}$ 与 $\dot{U}_{\mathrm{o}}$ 之比，用符号 $\dot{F}_{\mathrm{iu}}$ 表示，它的量纲是电导，可表示为

$$\dot{F}_{\mathrm{iu}} = \frac{\dot{I}_{\mathrm{f}}}{\dot{U}_{\mathrm{o}}} \tag{7.3.5}$$

此时的闭环增益为电阻量纲的互阻增益，即

$$\dot{A}_{\mathrm{rf}} = \dot{A}_{\mathrm{ui}} / (1 + \dot{A}_{\mathrm{ui}} \dot{F}_{\mathrm{iu}}) \tag{7.3.6}$$

7.3.3 电流串联负反馈

电流串联负反馈的方框图如图 7.3.4 所示。基本放大器的输入信号是净输入电压 $\dot{U}_{\mathrm{d}}$，输出信号是基本放大器的输出电流 $\dot{I}_{\mathrm{o}}$，基本放大器的开环增益用符号 $\dot{A}_{\mathrm{iu}}$ 表示，即

$$\dot{A}_{\mathrm{iu}} = \frac{\dot{I}_{\mathrm{o}}}{\dot{U}_{\mathrm{d}}} \tag{7.3.7}$$

由式（7.3.7）可知，$\dot{A}_{\mathrm{iu}}$ 的量纲是电导，为基本放大器的转移电导。

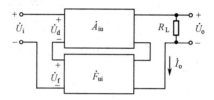

图 7.3.4 电流串联负反馈的方框图

反馈网络的输入信号是基本放大器的输出电流 $\dot{I}_{\mathrm{o}}$，输出信号是反馈电压 $\dot{U}_{\mathrm{f}}$，反馈系数等于 $\dot{U}_{\mathrm{f}}$ 与 $\dot{I}_{\mathrm{o}}$ 之比，用符号 $\dot{F}_{\mathrm{ui}}$ 表示，它的量纲是电阻，可表示为

$$\dot{F}_{\mathrm{ui}} = \frac{\dot{U}_{\mathrm{f}}}{\dot{I}_{\mathrm{o}}} \tag{7.3.8}$$

此时的闭环增益为电导量纲的互导增益，即

$$\dot{A}_{\mathrm{gf}} = \dot{A}_{\mathrm{iu}} / (1 + \dot{A}_{\mathrm{iu}} \dot{F}_{\mathrm{ui}}) \tag{7.3.9}$$

7.3.4 电流并联负反馈

电流并联负反馈的方框图如图 7.3.5 所示。基本放大器的输入信号是净输入电流 $\dot{I}_{\mathrm{d}}$，输出信号是基本放大器的输出电流 $\dot{I}_{\mathrm{o}}$，基本放大器的开环增益用符号 $\dot{A}_{\mathrm{ii}}$ 表示，即

$$\dot{A}_{\mathrm{ii}} = \frac{\dot{I}_{\mathrm{o}}}{\dot{I}_{\mathrm{d}}} \tag{7.3.10}$$

式中，$\dot{A}_{\mathrm{ii}}$ 为基本放大器的电流放大倍数。

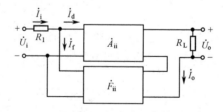

图 7.3.5 电流并联负反馈的方框图

反馈网络的输入信号是基本放大器的输出电流 $\dot{I}_{\mathrm{o}}$，输出信号是反馈电流 $\dot{I}_{\mathrm{f}}$，反馈系数等于 $\dot{I}_{\mathrm{f}}$ 与 $\dot{I}_{\mathrm{o}}$ 之比，用符号 $\dot{F}_{\mathrm{ii}}$ 表示，即

$$\dot{F}_{\text{ii}} = \frac{\dot{I}_{\text{f}}}{\dot{I}_{\text{o}}} \tag{7.3.11}$$

此时的闭环增益为无量纲的电流增益，即

$$\dot{A}_{\text{if}} = \dot{A}_{\text{ii}}/(1 + \dot{A}_{\text{ii}}\dot{F}_{\text{ii}}) \tag{7.3.12}$$

根据以上讨论可知，对于不同组态的负反馈放大电路来说，其中开环增益和反馈系数的物理意义和量纲都各不相同，因此统称为广义的开环增益和广义的反馈系数。为了便于比较，现将 4 种负反馈组态的开环增益和反馈系数分别列于表 7.3.1 中。

表 7.3.1　4 种负反馈组态的开环增益和反馈系数的比较

负反馈组态	输出信号	反馈信号	开环增益		反馈系数		闭环增益		功能
电压串联负反馈	$\dot{U}_{\text{o}}$	$\dot{U}_{\text{f}}$	电压放大倍数	$\dot{A}_{\text{uu}} = \dfrac{\dot{U}_{\text{o}}}{\dot{U}_{\text{d}}}$	电压放大倍数	$\dot{F}_{\text{uu}} = \dfrac{\dot{U}_{\text{f}}}{\dot{U}_{\text{o}}}$	电压放大倍数	$\dot{A}_{\text{uf}} = \dfrac{\dot{A}_{\text{uu}}}{1 + \dot{A}_{\text{uu}}\dot{F}_{\text{uu}}}$	压控电压源
电压并联负反馈	$\dot{U}_{\text{o}}$	$\dot{I}_{\text{f}}$	转移电阻	$\dot{A}_{\text{ui}} = \dfrac{\dot{U}_{\text{o}}}{\dot{I}_{\text{d}}}(\Omega)$	互阻放大倍数	$\dot{F}_{\text{iu}} = \dfrac{\dot{I}_{\text{f}}}{\dot{U}_{\text{o}}}(\text{S})$	互阻放大倍数	$\dot{A}_{\text{rf}} = \dfrac{\dot{A}_{\text{ui}}}{1 + \dot{A}_{\text{ui}}\dot{F}_{\text{iu}}}$	流控电压源
电流串联负反馈	$\dot{I}_{\text{o}}$	$\dot{U}_{\text{f}}$	转移电导	$\dot{A}_{\text{iu}} = \dfrac{\dot{I}_{\text{o}}}{\dot{U}_{\text{d}}}(\text{S})$	互导放大倍数	$\dot{F}_{\text{ui}} = \dfrac{\dot{U}_{\text{f}}}{\dot{I}_{\text{o}}}(\Omega)$	互导放大倍数	$\dot{A}_{\text{gf}} = \dfrac{\dot{A}_{\text{iu}}}{1 + \dot{A}_{\text{iu}}\dot{F}_{\text{ui}}}$	压控电流源
电流并联负反馈	$\dot{I}_{\text{o}}$	$\dot{I}_{\text{f}}$	电流放大倍数	$\dot{A}_{\text{ii}} = \dfrac{\dot{I}_{\text{o}}}{\dot{I}_{\text{d}}}$	电流放大倍数	$\dot{F}_{\text{ii}} = \dfrac{\dot{I}_{\text{f}}}{\dot{I}_{\text{o}}}$	电流放大倍数	$\dot{A}_{\text{if}} = \dfrac{\dot{A}_{\text{ii}}}{1 + \dot{A}_{\text{ii}}\dot{F}_{\text{ii}}}$	流控电流源

7.4　负反馈对放大电路性能的影响

视频 7-5：
负反馈对放大电路
性能的影响

负反馈能够从多方面改善放大电路的性能。下面分别进行介绍。

7.4.1　提高放大倍数的稳定性

在放大电路中，电源电压的波动、温度的变化、器件和元件参数的变化等，都可能引起增益的变化。引入负反馈将提高放大电路增益的稳定性。

从前面的分析已得出

$$\dot{A}_{\text{f}} = \frac{\dot{A}}{1 + \dot{A}\dot{F}} \tag{7.4.1}$$

若放大电路工作在中频段，则 $\dot{A}$ 为实数，于是有

$$A_{\text{f}} = \frac{A}{1 + AF} \tag{7.4.2}$$

$$dA_{\text{f}} = \frac{dA}{(1 + AF)^2} \tag{7.4.3}$$

其相对变化率为

$$\frac{dA_{\text{f}}}{A_{\text{f}}} = \frac{1}{1 + AF}\frac{dA}{A} \tag{7.4.4}$$

可见，引入负反馈后，放大倍数下降为原来的 $1/|1 + \dot{A}\dot{F}|$，但闭环增益的相对变化率下降为开环增益的 $1/|1 + \dot{A}\dot{F}|$，即放大倍数的稳定性提高了 $|1 + \dot{A}\dot{F}|$ 倍。

【例 7.4.1】　在图 7.4.1 所示的电压串联负反馈放大电路中，假设集成运放的开环差模电压放大倍数 $\dot{A} = 10^5$，$R_1 = 2\text{k}\Omega$，$R_{\text{f}} = 18\text{k}\Omega$。

（1）试估算反馈系数 $\dot{F}$ 和反馈深度 $|1+\dot{A}\dot{F}|$。

（2）试估算放大电路的闭环电压放大倍数 $\dot{A}_\mathrm{f}$。

（3）在中频段，如果集成运放的开环差模电压放大倍数 A 的相对变化量为 $\pm 10\%$，此时闭环电压放大倍数 A_f 的相对变化量等于多少？

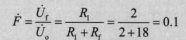

图 7.4.1　电压串联负反馈放大电路

解：（1）反馈系数为

$$\dot{F} = \frac{\dot{U}_\mathrm{f}}{\dot{U}_\mathrm{o}} = \frac{R_1}{R_1 + R_\mathrm{f}} = \frac{2}{2+18} = 0.1$$

反馈深度为

$$|1+\dot{A}\dot{F}| = 1 + 10^5 \times 0.1 \approx 10^4$$

（2）闭环放大倍数为

$$\dot{A}_\mathrm{f} = \frac{\dot{A}}{1+\dot{A}\dot{F}} \approx \frac{10^5}{10^4} = 10$$

（3）A_f 的相对变化量为

$$\frac{\mathrm{d}A_\mathrm{f}}{A_\mathrm{f}} = \frac{1}{1+AF}\frac{\mathrm{d}A}{A} = \frac{\pm 10\%}{10^4} = \pm 0.001\%$$

结果表明，当开环差模电压放大倍数的相对变化量为 $\pm 10\%$ 时，闭环电压放大倍数的相对变化量只有 $\pm 0.001\%$，即十万分之一。这说明引入反馈深度为 10^4 的负反馈以后，放大倍数的稳定性提高了 10^4 倍，即提高了一万倍。

7.4.2　改变输入电阻和输出电阻

放大电路引入不同组态的负反馈后，对输入电阻和输出电阻将产生不同的影响。人们经常利用各种形式的负反馈来改变输入、输出电阻的数值，以满足实际工作中提出的特定要求。

1. 负反馈对输入电阻的影响

反馈信号与输入信号在放大电路输入回路中的比较方式不同，将对输入电阻产生不同的影响。串联负反馈将增大输入电阻，而并联负反馈将减小输入电阻。下面进行具体分析。

（1）串联负反馈使输入电阻增大。图 7.4.2 所示为串联负反馈放大电路示意图。

无反馈时的输入电阻为

$$R_\mathrm{i} = \frac{\dot{U}_\mathrm{d}}{\dot{I}_\mathrm{i}} \tag{7.4.5}$$

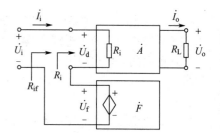

图 7.4.2　串联负反馈放大电路示意图

引入串联负反馈后，输入电阻为

$$R_\mathrm{if} = \frac{\dot{U}_\mathrm{i}}{\dot{I}_\mathrm{i}} = \frac{\dot{U}_\mathrm{d} + \dot{U}_\mathrm{f}}{\dot{I}_\mathrm{i}} \tag{7.4.6}$$

式（7.4.6）中的反馈电压 $\dot{U}_\mathrm{f}$ 是净输入电压 $\dot{U}_\mathrm{d}$ 经放大网络放大，再经反馈网络以后得到的，即

$$\dot{U}_\mathrm{f} = \dot{A}\dot{F}\dot{U}_\mathrm{d} \tag{7.4.7}$$

将式（7.4.7）代入式（7.4.6），可得

$$R_\mathrm{if} = \frac{\dot{U}_\mathrm{d} + \dot{A}\dot{F}\dot{U}_\mathrm{d}}{\dot{I}_\mathrm{i}} = \left(1+\dot{A}\dot{F}\right)R_\mathrm{i} \tag{7.4.8}$$

由此得出结论，引入串联负反馈，放大电路的输入电阻将增大，为无反馈时的 $\left(1+\dot{A}\dot{F}\right)$ 倍。

但需要注意的是，引入串联负反馈后，只是将反馈环路内的输入电阻增大（$1+\dot{A}\dot{F}$）倍，如图 7.4.3 中 R_{b1} 和 R_{b2} 并不包括在反馈环路内，因此不受影响。该电路总的输入电阻为

$$R'_{if} = R_{if} \, // \, R_{b1} \, // \, R_{b2} \tag{7.4.9}$$

其中，只有 R_{if} 增大了（$1+\dot{A}\dot{F}$）倍。若 R_{b1}、R_{b2} 不够大，则即使 R_{if} 增大很多，总的 R'_{if} 将增大不多。

（2）并联负反馈使输入电阻减小。在图 7.4.4 所示的并联负反馈放大电路示意图中，无反馈时的输入电阻为

$$R_i = \frac{\dot{U}_i}{\dot{I}_d} \tag{7.4.10}$$

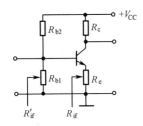

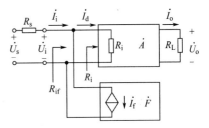

图 7.4.3　R_{if} 与 R'_{if} 的区别　　　　　图 7.4.4　并联负反馈放大电路示意图

引入并联负反馈后，输入电阻为

$$R_{if} = \frac{\dot{U}_i}{\dot{I}_i} = \frac{\dot{U}_i}{\dot{I}_d + \dot{I}_f} \tag{7.4.11}$$

式（7.4.11）中的反馈电流 $\dot{I}_f$ 是净输入电流 $\dot{I}_d$ 经放大网络和反馈网络后得到的，即

$$\dot{I}_f = \dot{A}\dot{F}\dot{I}_d$$

将上式代入式（7.4.11），可得

$$R_{if} = \frac{\dot{U}_i}{\dot{I}_d + \dot{A}\dot{F}\dot{I}_d} = \frac{R_i}{1+\dot{A}\dot{F}} \tag{7.4.12}$$

由以上分析可知，引入并联负反馈后，放大电路的输入电阻将减小，成为无反馈时的 $1/$（$1+\dot{A}\dot{F}$）。

2．负反馈对输出电阻的影响

反馈信号在放大电路输出端的采样方式不同，将对输出电阻产生不同的影响。电压负反馈将减小输出电阻；而电流负反馈将增大输出电阻。

（1）电压负反馈使输出电阻减小。图 7.4.5 所示为电压负反馈放大电路示意图。根据定义计算输出电阻，令输入信号 $\dot{X}_i = 0$。

从放大器的输出端往里看，放大器可以等效为 R_o 与一个等效电压源 $\dot{A}\dot{X}_d$ 的串联，其中 R_o 是无反馈时放大器的输出电阻，$\dot{A}$ 是当负载电阻 R_L 开路时放大器的放大倍数，$\dot{X}_d$ 为净输入信号。因为外加输入信号 $\dot{X}_i = 0$，所以

$$\dot{X}_d = \dot{X}_i - \dot{X}_f = -\dot{X}_f \tag{7.4.13}$$

式中，$\dot{X}_f$ 为反馈信号。由于是电压负反馈，即反馈信号 $\dot{X}_f$ 从放大电路的输出电压 $\dot{U}_o$ 采样，因此

$$\dot{X}_f = \dot{F}\dot{U}_o \tag{7.4.14}$$

由图 7.4.5 可知

$$\dot{U}_o = \dot{I}_o R_o + \dot{A}\dot{X}_d = \dot{I}_o R_o - \dot{A}\dot{F}\dot{U}_o \tag{7.4.15}$$

整理式（7.4.15）可得，电压负反馈放大电路的输出电阻为

$$R_{of} = \frac{\dot{U}_o}{\dot{I}_o} = \frac{R_o}{1+\dot{A}\dot{F}} \tag{7.4.16}$$

由式（7.4.16）可知，引入电压负反馈后，放大电路的输出电阻将减小，成为无反馈时的 $1/(1+\dot{A}\dot{F})$。输出电阻的减小，将使得输出电压变得稳定，当引入深度电压负反馈时，电路输出电阻趋于零。此时，对于负载来说，电路等效为恒压源。

（2）电流负反馈使输出电阻增大。图 7.4.6 所示为电流负反馈放大电路示意图。根据定义计算输出电阻，令 $\dot{X}_i = 0$。

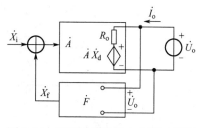
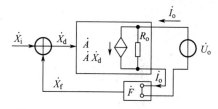

图 7.4.5　电压负反馈放大电路示意图　　　　图 7.4.6　电流负反馈放大电路示意图

从放大器输出端往里看，放大网络可等效为 R_o 与等效电流源 $\dot{A}\dot{X}_d$ 的并联。图中 R_o 是无反馈时放大网络的输出电阻，$\dot{A}$ 是负载电阻 R_L 短路时放大网络的放大倍数，$\dot{X}_d$ 仍为净输入信号。由于 $\dot{X}_i = 0$，且为电流负反馈，即反馈信号从输出电流采样得到，因此

$$\dot{X}_d = \dot{X}_i - \dot{X}_f = -\dot{X}_f = -\dot{F}\dot{I}_o \qquad (7.4.17)$$

由图 7.4.6 可得

$$\dot{I}_o = \frac{\dot{U}_o}{R_o} + \dot{A}\dot{X}_d = \frac{\dot{U}_o}{R_o} - \dot{A}\dot{F}\dot{I}_o \qquad (7.4.18)$$

整理式（7.4.18）可得，电流负反馈放大电路的输出电阻为

$$R_{of} = \frac{\dot{U}_o}{\dot{I}_o} = (1 + \dot{A}\dot{F})R_o \qquad (7.4.19)$$

由式（7.4.19）可知，引入电流负反馈，放大电路的输出电阻将增大，成为无反馈时的 $(1+\dot{A}\dot{F})$ 倍。输出电阻的增大，将使得输出电流变得稳定，当引入深度电流负反馈时，电路输出电阻趋于无穷大。此时，对于负载来说，电路等效为恒流源。

同样必须注意的是，电流负反馈只能将反馈环路内的输出电阻增大 $(1+\dot{A}\dot{F})$ 倍。如图 7.4.7 中的 R_c，由于不包括在电流负反馈环路之内，因此不受影响。该电路总的输出电阻为

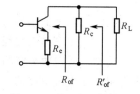

图 7.4.7　R_{of} 与 R'_{of} 的区别

$$R'_{of} = R_{of} // R_c$$

一般情况下，因为 $R_c \ll R_{of}$，所以即使由于引入电流负反馈而使 R_{of} 增大很多，但总的 R'_{of} 增加并不多。

综上所述，关于负反馈对放大电路的输入电阻和输出电阻的影响，可以得出以下几点结论。

① 反馈信号与外加输入信号的求和方式不同，将对放大电路的输入电阻产生不同的影响：串联负反馈使输入电阻增大；并联负反馈使输入电阻减小。

② 反馈信号在输出端的采样方式不同，或者说反馈网络与放大器的连接方式不同将对放大电路的输出电阻产生不同的影响：电压负反馈使输出电阻减小；电流负反馈使输出电阻增大。

③ 负反馈对输入电阻和输出电阻影响的程度，均与反馈深度 $(1+\dot{A}\dot{F})$ 有关，或者增大为原来的 $(1+\dot{A}\dot{F})$ 倍，或者减小为原来的 $1/(1+\dot{A}\dot{F})$。

从上述分析可以得出引入负反馈的一般原则如下。

① 稳定静态工作点引入直流负反馈。

② 改善交流性能引入交流负反馈。

③ 减小输出电阻或稳定输出电压引入电压负反馈。

④ 增大输出电阻或稳定输出电流引入电流负反馈。

⑤ 增大输入电阻或减小输入电流引入串联负反馈。

⑥ 减小输入电阻或增大输入电流引入并联负反馈。

7.4.3　减小非线性失真和抑制干扰

引入负反馈可以减小非线性失真。例如，由图 7.4.8 可知，如果正弦波输入信号 $\dot{X}_{\mathrm{i}}$ 经过放大后产生的失真波形为正半周大、负半周小，那么经过反馈后，在 F 为常数的条件下，反馈信号 $\dot{X}_{\mathrm{f}}$ 也是正半周大、负半周小。但它和输入信号 $\dot{X}_{\mathrm{i}}$ 相减后得到的净输入信号 $\dot{X}_{\mathrm{d}} = \dot{X}_{\mathrm{i}} - \dot{X}_{\mathrm{f}}$ 的波形却变成正半周小、负半周大。通过负反馈，把输出信号的正半周压缩、负半周扩大，结果使正、负半周的幅度趋于一致，从而改善了输出波形。

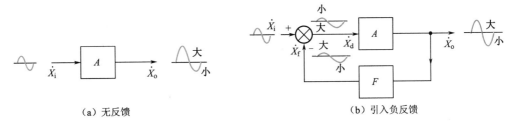

（a）无反馈　　　　　　　　　　　　　　（b）引入负反馈

图 7.4.8　利用负反馈减小非线性失真

可以证明，在非线性失真不太严重时，输出波形中的非线性失真近似减小为原来的 $1/(1+\dot{A}\dot{F})$。

同理，采用负反馈也可以抑制由载流子热运动所产生的噪声，因为可以将噪声看成是放大电路内部产生的谐波电压，所以通过引入负反馈，谐波电压也可以大致被抑制为原来的 $1/(1+\dot{A}\dot{F})$。当放大电路受到干扰时，也可以利用负反馈进行抑制。

值得注意的是，负反馈减小非线性失真和抑制噪声干扰是指对反馈环内的失真和噪声。对于输入信号本身存在的非线性失真、噪声干扰，负反馈将无能为力。

7.4.4　展宽通频带

从本质上说，放大电路的通频带受到一定限制是由于放大电路对不同频率的输入信号呈现出不同的放大倍数而造成的。而通过前面的分析已知，无论何种原因引起放大电路的放大倍数发生变化，均可以通过负反馈使放大倍数的相对变化量减小，提高放大倍数的稳定性。由此可知，对于信号频率不同而引起的放大倍数下降，也可以利用负反馈进行改善。所以，引入负反馈可以展宽放大电路的通频带。

由第 3 章增益带宽积的分析可知，当晶体管参数选定后，其共射放大电路的电压放大倍数与通频带的乘积近似等于一个常数。引入负反馈后，电压放大倍数下降为原来的 $1/(1+\dot{A}\dot{F})$，则通频带宽度必定增加为原来的 $(1+\dot{A}\dot{F})$ 倍。下面进一步说明。

假设无反馈时放大电路在高频段的放大倍数为

$$\dot{A}_{\mathrm{H}} = \frac{\dot{A}_{\mathrm{m}}}{1+\mathrm{j}\dfrac{f}{f_{\mathrm{H}}}} \tag{7.4.20}$$

式中，$\dot{A}_{\mathrm{m}}$ 和 f_{H} 分别为无反馈时的中频放大倍数和上限频率。

引入负反馈后，假设反馈系数为 $\dot{F}$，则此时高频段的放大倍数将成为

$$\dot{A}_{\mathrm{Hf}} = \frac{\dot{A}_{\mathrm{H}}}{1+\dot{A}_{\mathrm{H}}\dot{F}} = \frac{\dfrac{\dot{A}_{\mathrm{m}}}{1+\mathrm{j}\dfrac{f}{f_{\mathrm{H}}}}}{1+\dfrac{\dot{A}_{\mathrm{m}}}{1+\mathrm{j}\dfrac{f}{f_{\mathrm{H}}}}\dot{F}} = \frac{\dot{A}_{\mathrm{m}}}{1+\dot{A}_{\mathrm{m}}\dot{F}+\mathrm{j}\dfrac{f}{f_{\mathrm{H}}}} = \frac{\dfrac{\dot{A}_{\mathrm{m}}}{1+\dot{A}_{\mathrm{m}}\dot{F}}}{1+\mathrm{j}\dfrac{f}{\left(1+\dot{A}_{\mathrm{m}}\dot{F}\right)f_{\mathrm{H}}}} \qquad (7.4.21)$$

比较式（7.4.20）和式（7.4.21）可知，引入负反馈后的中频放大倍数 $\dot{A}_{\mathrm{mf}}$ 和上限频率 f_{Hf} 分别为

$$\dot{A}_{\mathrm{mf}} = \frac{\dot{A}_{\mathrm{m}}}{1+\dot{A}_{\mathrm{m}}\dot{F}} \qquad (7.4.22)$$

$$f_{\mathrm{Hf}} = \left(1+\dot{A}_{\mathrm{m}}\dot{F}\right)f_{\mathrm{H}} \qquad (7.4.23)$$

可见，引入负反馈后，放大电路的中频放大倍数减小了，等于无反馈时的 $1/\left(1+\dot{A}_{\mathrm{m}}\dot{F}\right)$，而上限频率提高了，等于无反馈时的 $\left(1+\dot{A}_{\mathrm{m}}\dot{F}\right)$ 倍。

同理，无反馈时低频段的放大倍数为

$$\dot{A}_{\mathrm{L}} = \frac{\dot{A}_{\mathrm{m}}}{1-\mathrm{j}\dfrac{f_{\mathrm{L}}}{f}} \qquad (7.4.24)$$

式中，f_{L} 为无反馈时的下限频率。

引入负反馈后，低频段的放大倍数将成为

$$\dot{A}_{\mathrm{Li}} = \frac{\dot{A}_{\mathrm{L}}}{1+\dot{A}_{\mathrm{L}}\dot{F}} = \frac{\dot{A}_{\mathrm{m}}/\left(1-\mathrm{j}\dfrac{f_{\mathrm{L}}}{f}\right)}{1+\dfrac{\dot{A}_{\mathrm{m}}}{1-\mathrm{j}\dfrac{f_{\mathrm{L}}}{f}}\cdot\dot{F}} = \frac{\dot{A}_{\mathrm{m}}}{1+\dot{A}_{\mathrm{m}}\dot{F}-\mathrm{j}\dfrac{f_{\mathrm{L}}}{f}} = \frac{\dfrac{\dot{A}_{\mathrm{m}}}{1+\dot{A}_{\mathrm{m}}\dot{F}}}{1-\mathrm{j}\dfrac{f_{\mathrm{L}}}{\left(1+\dot{A}_{\mathrm{m}}\dot{F}\right)f}} \qquad (7.4.25)$$

比较式（7.4.24）和式（7.4.25）可知，引入负反馈后的下限频率为

$$f_{\mathrm{Lf}} = \frac{f_{\mathrm{L}}}{1+\dot{A}_{\mathrm{m}}\dot{F}} \qquad (7.4.26)$$

可见，引入负反馈后，放大电路的下限频率降低了，等于无反馈时的 $1/\left(1+\dot{A}_{\mathrm{m}}\dot{F}\right)$。

由此可知，引入负反馈后，放大电路的上限频率提高了 $\left(1+\dot{A}_{\mathrm{m}}\dot{F}\right)$ 倍，而下限频率降低到原来的 $1/\left(1+\dot{A}_{\mathrm{m}}\dot{F}\right)$，所以总的通频带得到了展宽。

对于一般阻容耦合放大电路来说，通常有 $f_{\mathrm{H}} \gg f_{\mathrm{L}}$；而对于直接耦合放大电路来说，$f_{\mathrm{L}}=0$，所以通频带可以近似地用上限频率表示，即认为无反馈时的通频带（BW）为

$$\mathrm{BW} = f_{\mathrm{H}} - f_{\mathrm{L}} \approx f_{\mathrm{H}} \qquad (7.4.27)$$

引入负反馈后的通频带为

$$\mathrm{BW_f} = f_{\mathrm{Hf}} - f_{\mathrm{Lf}} \approx f_{\mathrm{Hf}} \qquad (7.4.28)$$

由式（7.4.23）可知，$f_{\mathrm{Hf}} = \left(1+\dot{A}_{\mathrm{m}}\dot{F}\right)f_{\mathrm{H}}$，则可得

$$\mathrm{BW_f} \approx \left(1+\dot{A}_{\mathrm{m}}\dot{F}\right)\mathrm{BW} \qquad (7.4.29)$$

式（7.4.29）表明，引入负反馈后，通频带展宽了 $\left(1+\dot{A}_{\mathrm{m}}\dot{F}\right)$ 倍，但中频放大倍数下降为无反馈时的 $1/\left(1+\dot{A}_{\mathrm{m}}\dot{F}\right)$，因此中频放大倍数与通频带的乘积将基本不变，即

$$\dot{A}_{\mathrm{mf}}\mathrm{BW_f} \approx \dot{A}_{\mathrm{m}}\mathrm{BW} \qquad (7.4.30)$$

由此可知，负反馈的深度越深，则通频带展得越宽，但同时中频放大倍数下降得越多。引入负反馈后，通频带和中频放大倍数的变化情况如图 7.4.9 所示。

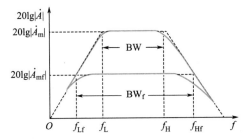

图 7.4.9 负反馈对通频带和中频放大倍数的影响

【例 7.4.2】 在图 7.4.1 所示的电压串联负反馈放大电路中，已知集成运放中频时的开环差模电压放大倍数 $\dot{A}_m=10^5$，上限频率 $f_H=2\text{kHz}$。引入负反馈后，闭环电压放大倍数 $\dot{A}_{mf}=10^2$，试问反馈深度等于多少？此时负反馈放大电路的通频带等于多少？

解： 由式（7.4.22）可知，$\dot{A}_{mf}=\dfrac{\dot{A}_m}{1+\dot{A}_m\dot{F}}$，则反馈深度为

$$1+\dot{A}_m\dot{F}=\frac{\dot{A}_m}{\dot{A}_{mf}}=\frac{10^5}{10^2}=10^3$$

因为下限频率等于零，所以通频带就等于上限频率，则负反馈放大电路的通频带为

$$\text{BW}_f=f_{Hf}=\left(1+\dot{A}_m\dot{F}\right)f_H=\left(10^3\times2\right)\text{kHz}=2000\text{kHz}$$

7.5 深度负反馈放大电路闭环增益的估算

在实际电路中，很多情况下是引入深度负反馈。从 7.1 节中已得出，$\dot{A}_f=\dot{A}/\left(1+\dot{A}\dot{F}\right)$，当电路引入深度负反馈时，即 $|1+\dot{A}\dot{F}|\gg1$ 时，可得

$$\dot{A}_f\approx\frac{1}{\dot{F}} \tag{7.5.1}$$

根据 $\dot{A}_f$ 和 $\dot{F}$ 的定义

$$\dot{A}_f=\frac{\dot{X}_o}{\dot{X}_i}\approx\frac{1}{\dot{F}}=\frac{\dot{X}_o}{\dot{X}_f} \tag{7.5.2}$$

视频 7-6：
深度负反馈放大电路
闭环增益的估算

说明 $\dot{X}_i\approx\dot{X}_f$，这表明在深度负反馈近似计算中，忽略了净输入量，于是在串联反馈中，$\dot{U}_i\approx\dot{U}_f$。在并联反馈中，$\dot{I}_i\approx\dot{I}_f$。然后根据电压放大倍数公式，容易得到反馈电路的放大倍数 $\dot{A}_{uuf}$。

具体的分析步骤如下：
（1）确定反馈组态。
（2）找出反馈网络。
（3）在输入回路切断比较环节，剥离反馈网络。
① 若为串联反馈，则将反馈接入的基本放大器输入端交流开路。
② 若为并联反馈，则将反馈接入的基本放大器输入端交流对地短路。
（4）计算此时 $\dot{X}_o$ 产生的 $\dot{X}_f$，则反馈系数 $\dot{F}=\dot{X}_f/\dot{X}_o$。

（5）计算 $\dot{A}_f\approx\dfrac{1}{\dot{F}}$。

（6）根据需求，转换闭环增益为相应的放大倍数形式。

【例 7.5.1】 计算图 7.5.1 中各放大电路的电压放大倍数。

解： 图 7.5.1（a）所示电路是电压串联负反馈，分析可知，反馈电压 $\dot{U}_f$ 为输出电压 $\dot{U}_o$ 经 R_f 和 R_1 通路，在 R_1 上产生的压降，因此 R_1 和 R_f 构成了反馈网络。由于是串联反馈，可将反馈接入端，

即集成运放反相端开路，剥离出反馈网络。因此可以求出反馈电压为

$$\dot{U}_f = \frac{\dot{U}_o R_1}{R_f + R_1}$$

则反馈系数为

$$\dot{F}_{uu} = \frac{\dot{U}_f}{\dot{U}_o} = \frac{R_1}{R_f + R_1}$$

闭环电压增益为

$$\dot{A}_{uf} \approx \frac{1}{\dot{F}_{uu}} = 1 + \frac{R_f}{R_1}$$

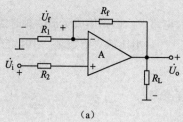
（a）

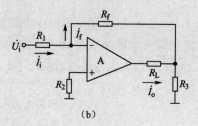
（b）

图 7.5.1　例 7.5.1 图

图 7.5.1（b）所示电路是电流并联负反馈，分析可知，反馈电流 $\dot{I}_f$ 是输出电流 $\dot{I}_o$ 经 R_3 和 R_f 支路分流产生的，因此 R_3 和 R_f 构成反馈网络。由于是并联反馈，可将反馈接入端，即集成运放反相端对地短路。因此求出反馈电流为

$$\dot{I}_f = \frac{-\dot{I}_o R_3}{R_3 + R_f}$$

则反馈系数为

$$\dot{F}_{ii} = \frac{\dot{I}_f}{\dot{I}_o} = -\frac{R_3}{R_3 + R_f}$$

闭环电流增益为

$$\dot{A}_{if} \approx \frac{1}{\dot{F}_{ii}} = -\frac{R_3 + R_f}{R_3}$$

于是

$$\dot{A}_{uf} = \frac{\dot{U}_o}{\dot{U}_i} = \frac{\dot{I}_o R_L}{\dot{I}_i R_i} = -\frac{(R_3 + R_f) R_L}{R_1 R_3}$$

7.6　负反馈放大电路的稳定性

视频 7-7：
负反馈放大
电路的稳定性

7.6.1　自激振荡的产生原因和条件

负反馈对放大电路的影响程度取决于反馈深度 $|1 + \dot{A}\dot{F}|$。$|1 + \dot{A}\dot{F}|$ 越大，影响的程度也越大。在前面判别放大电路的正、负反馈的方法和结论实际是在中频特性下得出的，忽略了电路中电抗元件的影响。当电路处于高频段或低频段时，电抗元件的影响就不能忽略了。由于电抗元件的影响，反馈闭环将产生附加相位移。当附加相位移达到±180°时，放大器的净输入信号不是被削弱了，而是被加强了，形成正反馈。当正反馈足够强时，放大电路即使没有信号输入，也有一定频率和幅度的输出信号。这种现象称为自激振荡，简称自激。放大电路出现自激，将不再能稳定的工作，因此放大电路应避免自激。

具有负反馈环路的闭环放大倍数为

$$\dot{A}_f = \frac{\dot{A}}{1 + \dot{A}\dot{F}}$$

当

$$1 + \dot{A}\dot{F} = 0，有 \dot{A}_f \to \infty$$

因此自激的条件是 $\dot{A}\dot{F}=-1$ 。从而得到自激振荡的条件为

振幅条件为
$$\left|\dot{A}\dot{F}\right|=1 \tag{7.6.1}$$

相位条件为
$$\arg \dot{A}\dot{F}=\varphi_{\mathrm{A}}\left(f\right)+\varphi_{\mathrm{F}}\left(f\right)=\pm\left(2n+1\right)\pi\quad\left(n=0,1,2,\cdots\right) \tag{7.6.2}$$

7.6.2　负反馈放大电路稳定性的判断

1. 稳定裕度

为保证负反馈放大电路的稳定工作，不产生自激，定义稳定裕度，如图 7.6.1 所示。

在环路增益波特图中，$20\lg\left|\dot{A}\dot{F}\right|=0$ （对应于 $\left|\dot{A}\dot{F}\right|=1$ ）处的频率为 f_{c} ，则定义 $\varphi_{\mathrm{m}}=180°-\left|\varphi_{\mathrm{A}}+\varphi_{\mathrm{F}}\right|_{f=f_{\mathrm{c}}}$ 为相位裕度。相位波特图对应的相位移 180° 的频率为 f_{o} ，定义 $G_{\mathrm{m}}=20\lg\left|\dot{A}\dot{F}\right|_{f=f_{\mathrm{o}}}$（dB）为幅值裕度。

工程上通常认为，$\varphi_{\mathrm{m}}\geqslant45°$ 或 $G_{\mathrm{m}}\leqslant-10\mathrm{dB}$ ，电路具有足够的稳定裕度，负反馈放大电路具有可靠的稳定性。

2. 相位裕度图解分析法

可以采用相位裕度图解分析法判断负反馈放大电路的稳定性。假设反馈网络为线性网络，分析步骤如下。

（1）在开环增益波特图或环路增益波特图上找出 f_{c} 。

在开环增益波特图上，作 $20\lg(1/F)$（dB）直线，与开环增益波特图交点对应的频率即为 f_{c} 。

在环路增益波特图上，曲线与横轴交点（$\left|\dot{A}\dot{F}\right|=1$ 处）对应的频率即为 f_{c} 。

（2）根据 f_{c} 在相频特性曲线上找到对应的相角 $\varphi_{\mathrm{T}}(f_{\mathrm{c}})$ 。

（3）判断相位裕度。

若 $\varphi_{\mathrm{m}}=180-\left|\varphi_{\mathrm{T}}(f_{\mathrm{c}})\right|>45°$ ，则放大电路具有足够的稳定裕度，可以稳定工作。

若 $\varphi_{\mathrm{m}}=180-\left|\varphi_{\mathrm{T}}(f_{\mathrm{c}})\right|<45°$ ，则放大电路没有足够的稳定裕度，可能自激。如果 $\varphi_{\mathrm{m}}=180-\left|\varphi_{\mathrm{T}}(f_{\mathrm{c}})\right|<0°$ ，放大电路必将产生自激。

例如，在图 7.6.2（a）中，$\varphi_{\mathrm{m}}>45°$ ，因此电路稳定；在图 7.6.2（b）中，$\varphi_{\mathrm{m}}<0°$ ，因此电路可能自激。

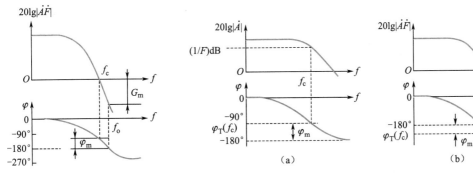

图 7.6.1　裕度在波特图上的表示　　　　图 7.6.2　相位裕度图解分析法判断电路是否自激

7.6.3　负反馈放大电路自激振荡的消除方法

负反馈放大电路自激振荡的消除就是要设法破坏自激振荡产生条件，即使电路不存在 f_{o} ，或者存在 f_{o} 时，不满足幅值条件，这时电路必然稳定。常用的补偿方法有滞后补偿和超前补偿。为了分析简单，我们认为反馈网络为纯电阻网络，此时的相位移仅是由基本放大电路本身产生的。

（1）简单的滞后补偿。在多级放大电路的前两级之间并联上补偿电容 C ，如图 7.6.3（a）所示，高频等效电路如图 7.6.3（b）所示。假设前级的输出电阻为 R_{o1} ，后级的输入电阻为 R_{i2} ，后级的输入电容

为 C_{i2}，则补偿前的上限频率为

$$f_{H1} = \frac{1}{2\pi(R_{o1}//R_{i2})C_{i2}} \qquad (7.6.3)$$

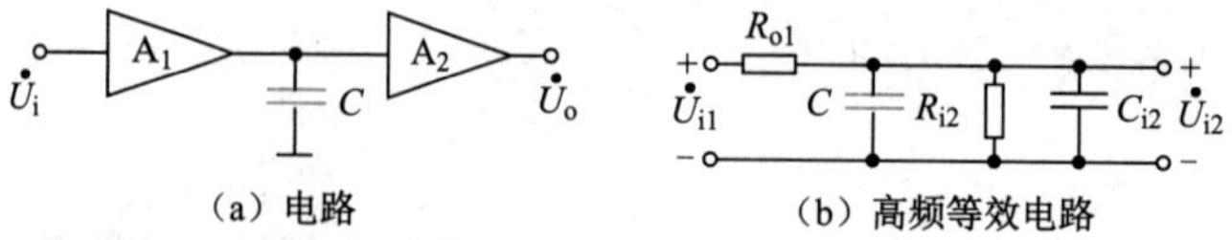

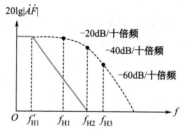

（a）电路　　　　　　　　（b）高频等效电路

图 7.6.3　带补偿电容 C 的多级放大电路和高频等效电路

在加入补偿电容 C 后，上限频率为

$$f_{H1}' = \frac{1}{2\pi(R_{o1}//R_{i2})(C_{i2}+C)} \qquad (7.6.4)$$

在选择电容 C 使 $f=f_{H2}$ 时

$$20\lg|\dot{A}\dot{F}|_{f=f_{H2}} = 0 \qquad (7.6.5)$$

且 $f_{H2} \geqslant 10f_{H1}'$，则 $f=f_c$ 时的相位 $|\varphi_A + \varphi_F|_{f=f_c} \to -135°$，于是有足够的相位裕度，不会产生自激。由于补偿使这段频率相位滞后，因此称为滞后补偿。图 7.6.4 所示为电容补偿的波特图（补偿后如图中实线所示）。

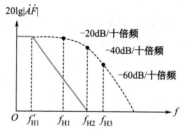

图 7.6.4　电容补偿的波特图

（2）RC 滞后补偿。简单的滞后补偿是以牺牲带宽为代价的。在这种情况下，通频带变窄。RC 滞后补偿对损失有所补偿，如图 7.6.5（a）所示。根据图 7.6.5（b）中的高频等效电路，设 $C \gg C_{i2}$，于是忽略 C_{i2}，利用戴维南定律，可得

$$\frac{\dot{U}_{i2}}{\dot{U}_{o1}} = \frac{R + \dfrac{1}{j\omega C}}{R_{o1}//R_{i2} + R + \dfrac{1}{j\omega C}} = \frac{1 + j\dfrac{f}{f_{H2}'}}{1 + j\dfrac{f}{f_{H1}'}} \cdot \frac{R}{R_{o1}//R_{i2} + R} \qquad (7.6.6)$$

其中

$$f_{H1}' = \frac{1}{2\pi(R_{o1}//R_{i2}+R)C}, \qquad f_{H2}' = \frac{1}{2\pi RC}$$

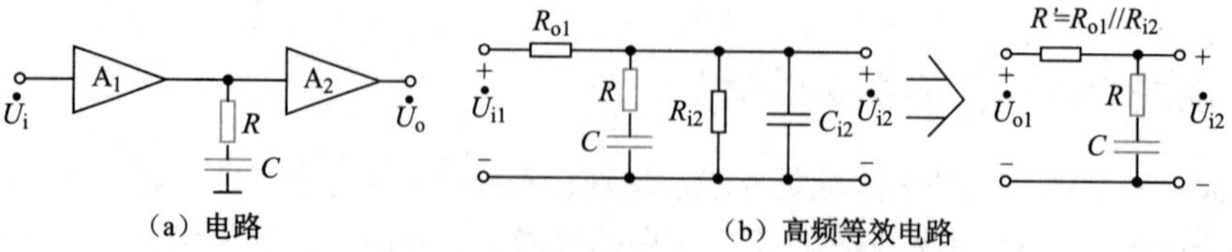

（a）电路　　　　　　　　　　　（b）高频等效电路

图 7.6.5　RC 滞后补偿电路和高频等效电路

如果补偿前的环路增益为

$$\dot{A}\dot{F} = \frac{\dot{A}_{um}\dot{F}}{\left(1 + j\dfrac{f}{f_{H1}}\right)\left(1 + j\dfrac{f}{f_{H2}}\right)\left(1 + j\dfrac{f}{f_{H3}}\right)} \tag{7.6.7}$$

调整 RC 值，使 $f_{H3} = f'_{H2}$，于是补偿后的环路增益为

$$\dot{A}\dot{F} = \frac{\dot{A}_{um}\dot{F}}{\left(1 + j\dfrac{f}{f'_{H1}}\right)\left(1 + j\dfrac{f}{f_{H3}}\right)} \tag{7.6.8}$$

电路中只留下两个拐点，不可能产生振荡。

图 7.6.6 所示为 RC 滞后补偿的波特图（补偿后如图中实线所示）。

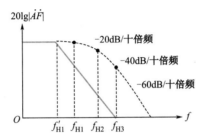

图 7.6.6　RC 滞后补偿的波特图

本 章 小 结

　　放大电路中的反馈是电子技术课程的重点内容之一。本章介绍了反馈的概念，判别反馈类型的方法，引入负反馈后对放大电路性能的改善，深度负反馈放大电路分析、计算方法以及负反馈放大电路的自激振荡现象和消除方法。

　　（1）所谓放大电路中的反馈，通常是指将放大电路的输出量（输出电压或输出电流）或输出量的一部分，通过一定方式回送到放大电路的输入回路中去。

　　根据反馈极性的不同，可以分为正反馈和负反馈。

　　根据反馈信号本身的交、直流性质不同，可分为直流反馈和交流反馈。

　　根据反馈信号在放大电路输出端采样方式的不同，可以分为电压反馈和电流反馈。

　　根据反馈信号与输入信号在输入回路中比较形式的不同，可以分为串联反馈和并联反馈。

　　对于负反馈而言，根据反馈信号在输出端采样方式以及在输入回路中比较形式的不同，共有 4 种组态：电压串联负反馈、电压并联负反馈、电流串联负反馈和电流并联负反馈。

　　（2）反馈类型的判断方法和技巧。

　　反馈的有无——找联系。

　　反馈的极性——瞬时极性法。

　　反馈的交直流性质——看通路（电容观察法）。

　　电压和电流反馈——输出短路法。

　　串联和并联反馈——看端子。

　　（3）正反馈是正弦波振荡器及波形发生器的基础，负反馈是改善放大电路各项技术指标的有效手段。

　　直流负反馈的作用是稳定静态工作点，不影响放大电路的动态性能。

　　交流负反馈的作用是改善放大电路的各项动态技术指标。

　　电压负反馈使输出电压保持稳定，因而降低了放大电路的输出电阻；电流负反馈使输出电流保持稳定，因而提高了输出电阻；串联负反馈提高了电路的输入电阻；并联负反馈则降低了输入电阻。

无论何种极性和组态的反馈放大电路，其闭环放大倍数均可以写成一般表达式，即

$$\dot{A}_f = \frac{\dot{A}}{1 + \dot{A}\dot{F}}$$

引入负反馈后，放大电路的许多技术指标得到了改善，如放大倍数稳定性提高（$1+\dot{A}\dot{F}$）倍；将非线性失真和噪声干扰降为原先的 $1/(1+\dot{A}\dot{F})$；展宽通频带（$1+\dot{A}\dot{F}$）倍；改变输入电阻和输出电阻的倍数均与（$1+\dot{A}\dot{F}$）有关。

（4）对深度负反馈放大电路的分析可利用近似公式 $\dot{A}_f \approx 1/\dot{F}$ 和 $\dot{X}_f \approx \dot{X}_i$，从而很容易估计反馈环路的放大倍数。

（5）负反馈放大电路在一定条件下可能转化成正反馈，甚至产生自激振荡。负反馈放大电路自激振荡的条件为

$$\dot{A}\dot{F} = -1$$

即幅度条件为 $$|\dot{A}\dot{F}| = 1$$

相位条件为 $$\arg \dot{A}\dot{F} = \varphi_A + \varphi_F = \pm(2n+1)\pi \quad (n=0,1,2,\cdots)$$

常用的校正措施有电容校正和 RC 校正等，其目的都是改变放大电路的开环频率特性，使 $\varphi_{AF} = 180°$ 时，$|\dot{A}\dot{F}| < 1$，从而破坏产生自激的条件，保证放大电路的稳定工作。

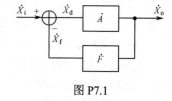

习题七   答案

习 题 七

7.1 填空题

（1）判断是正反馈还是负反馈一般采用_____法。

（2）对于交流负反馈，根据输出端采样方式的不同和输入信号与反馈信号在输入回路的求和形式不同，共有 4 种组态：_____负反馈、_____负反馈、_____负反馈和_____负反馈。

（3）图 P7.1 是反馈放大电路的方框图，其闭环放大倍数 $\dot{A}_f$ 可表示为

$$\dot{A}_f = \frac{\dot{A}}{1 + \dot{A}\dot{F}}$$

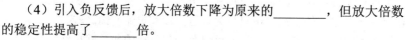

式中，$1+\dot{A}\dot{F}$ 为_____。

（4）引入负反馈后，放大倍数下降为原来的_____，但放大倍数的稳定性提高了_____倍。

图 P7.1

（5）引入负反馈后，通频带展宽了_____倍。

（6）在深度负反馈条件下，电压串联负反馈放大倍数 $\dot{A}_{uuf} = $_____。

（7）负反馈放大电路产生自激振荡的条件是_____，即振幅条件为 $|\dot{A}\dot{F}| = $_____，相位条件为 $\arg \dot{A}\dot{F} = $_____。

（8）直流负反馈的作用是_____。

7.2 判别图 P7.2 中的电路是正反馈还是负反馈，是交流反馈还是直流反馈。（图中的电容对交流可视为短路）

7.3 电路图如图 P7.3 所示，要求同题 7.2。

7.4 指出图 P7.2 中（b）、（f）所示电路的交流反馈的反馈组态。

7.5 指出图 P7.3 中各电路的交流反馈的反馈组态。

7.6 用深度负反馈的估算方法计算图 P7.2 中（b）、（f）所示电路的电压放大倍数。

7.7 用深度负反馈的估算方法计算图 P7.3 中各电路的电压放大倍数。

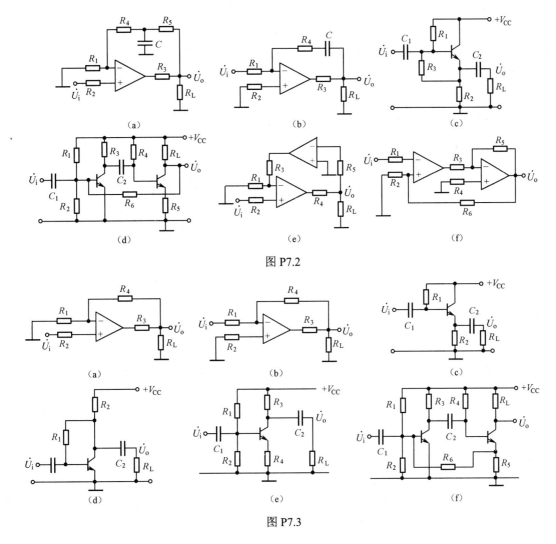

图 P7.2

图 P7.3

7.8　电路如图 P7.4 所示。

（1）确定该电路的反馈组态。

（2）在深度负反馈条件下，估算电压放大倍数 A_{uf}。

（3）说明该电路的特点。

7.9　由运放组成的放大电路如图 P7.5 所示。为了使 A_u 稳定，R_o 小，应引入什么样的反馈？请在图中画出来。若要求电压放大倍数 $|A_u| = 20$，则选用元件的数值要多大？

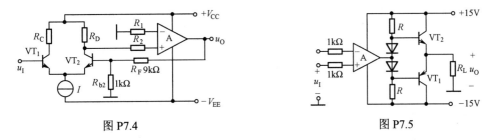

图 P7.4　　　　　　　　　　图 P7.5

7.10　为了得到 $|\dot{A}_u| = 100$ 的放大电路，有以下几种方案。

（1）由一个无反馈的放大电路组成，$|\dot{A}_u| = 100$（例如，选两级放大电路）。

（2）由两级无反馈放大电路串联，$|\dot{A}_u|=10^4$，并引入反馈，$F=0.01$。

（3）由两个运放构成两级放大电路，$|\dot{A}_u|=10^5$，并引入反馈，$F=0.01$。

试比较哪种方案好，为什么？

7.11　某电路的$|\dot{A}\dot{F}|$的波特图如图 P7.6（a）所示。试判别电路是否产生振荡，若实际电路如图 P7.6（b）所示，则要消除振荡采取什么措施？请在图上定性地画出来。

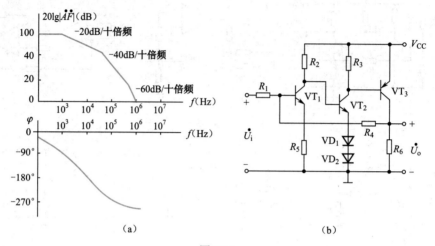

（a）　　　　　　　　　　　　（b）

图 P7.6

第 8 章　集成运算放大器的应用

思维导图 8:
集成运算放大器
的应用

[内容提要]

集成运算放大器的应用分为线性和非线性两大类。本章首先引入集成运放的理想模型和分析依据；其次介绍集成运放的线性应用，主要包括各种运算电路（比例电路、求和电路、微分与积分电路、对数与指数电路、乘法与除法电路等）和有源滤波电路（低通电路、高通电路、带通电路、带阻电路）；最后介绍集成运放的非线性应用，主要为电压比较器（单限、滞回和窗口比较器）。

8.1　集成运算放大器的理想模型和分析依据

视频 8-1:
集成运算放大器的
理想模型和分析依据

通过前面的介绍，可知集成运算放大器本质上是一个具有增益高、输入电阻大、抑制温漂能力强等优良特性的多级放大电路。相比于单管放大电路，它构成的电路还具有体积小、质量轻、价格低、使用可靠、灵活方便、通用性强等优点，在检测、自动控制、信号产生与信号处理等许多方面得到了广泛应用。

8.1.1　理想运放模型

集成运算放大器的符号如图 8.1.1（a）所示。在集成运放电路中，常采用理想模型，也称为理想运放。所谓理想运放，是指将集成运放的各项技术指标理想化，具体如下。

差模电压放大倍数	$A_{od} = \infty$
共模抑制比	$K_{CMR} = \infty$
输入电阻	$r_i = \infty$
输出电阻	$r_o = 0$
输入偏置电流	$I_{IB} = 0$
输入失调电流	$I_{IO} = 0$
输入失调电压	$U_{IO} = 0$
开环带宽	$f_H = \infty$

经参数理想化，集成运放的传输特性就从图 8.1.1（b）所示的实际传输特性演变为图 8.1.1（c）所示的理想传输特性。

实际的集成运算放大器当然不可能达到上述理想化的技术指标。但是，由于制造集成运放工艺水平的不断提高，集成运放产品的各项技术指标日益改善。因此，一般情况下，在分析集成运放的应用电路时，将实际的集成运放视为理想运放所带来的误差在工程上是允许的。以后将会看到，在分析运放应用电路的工作原理和输入/输出关系时，运用理想运放的概念，有利于抓住事物的本质，忽略次要因素，简化分析的过程。在本章及随后几章对各种运放应用电路的分析中，如无特别说明，均将集成运放作为理想运放来考虑。

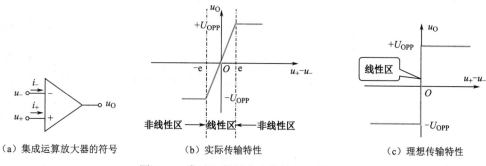

（a）集成运算放大器的符号　　　（b）实际传输特性　　　（c）理想传输特性

图 8.1.1　集成运算放大器的符号及传输特性

图 8.1.1（b）所示为集成运放的实际传输特性曲线。可见，集成运放的工作区域有两个：线性区和非线性区。当集成运放工作于线性区时，集成运放的输出电压与其两个输入端的电压之间存在着线性放大关系，即

$$u_O = A_{od}(u_+ - u_-) \tag{8.1.1}$$

式中，u_O 为集成运放的输出端电压；u_+ 和 u_- 分别为同相输入端电压和反相输入端电压；A_{od} 为其开环差模电压增益。

若输入端差模电压的幅度比较大，则集成运放的工作范围将超出线性放大区域而到达非线性区，此时集成运放的输出、输入信号之间将不满足式（8.1.1）所示的关系式。输出电压呈饱和状态，输出为正或负的最大值。

由于实际运放的线性区非常窄，因此为了保证在输入信号较大时集成运放能工作于线性区，应引入深度负反馈。将反馈信号引向反相输入端，使反馈信号抵消部分输入信号，保证在输入信号较大时，u_{Id} 仍然很小，从而使集成运算放大器工作在线性区。因此，是否引入负反馈是判断集成运放是否工作于线性区的主要标志。若集成运放处于开环状态或只引入正反馈，则其工作于非线性区。

8.1.2　理想运放工作在线性区的特点和分析依据

理想运放工作于线性区有虚短和虚断两个重要特点。

1. 虚短

由于运放工作在线性区，因此输出、输入信号之间符合式（8.1.1）所示的关系式。同时，因为理想运放的 $A_{od} = \infty$，所以由式（8.1.1）可得

$$u_+ - u_- = \frac{u_O}{A_{od}} = 0$$

即

$$u_+ = u_- \tag{8.1.2}$$

式（8.1.2）表示在理想运放工作于线性区时，同相输入端与反相输入端两点的电压相等，就像将该两点短路一样。但是，该两点实际上并未真正被短路，是虚假的短路，所以将这种现象称为"虚短"。

实际的集成运放 $A_{od} \neq \infty$，因此 u_+ 与 u_- 不可能完全相等。但是，当 A_{od} 足够大时，集成运放的差模输入电压 $(u_+ - u_-)$ 的值很小，与电路中其他电压相比，可以忽略不计。例如，在线性区内，当 $u_O = 10V$ 时，若 $A_{od} = 10^5$，则 $u_+ - u_- = 0.1mV$；若 $A_{od} = 10^7$，则 $u_+ - u_- = 1\mu V$。可见，在一定的 u_O 值之下，集成运放的 A_{od} 越大，则 u_+ 与 u_- 差值越小，将两点视为"虚短"所带来的误差也越小。

2. 虚断

由于理想运放的差模输入电阻 $r_{id} = \infty$，因此在其两个输入端均没有电流，即在图 8.1.1（a）中，有

$$i_+ = i_- = 0 \tag{8.1.3}$$

此时，运放的同相输入端和反相输入端的电流都等于零，就像断路一样，这种现象称为"虚断"。

在集成运放实际线性应用电路中，如果集成运放的同相输入端电位为零，即 $u_+ = 0$，那么根据虚短

有 $u_-=0$，即反相输入端虽然没有接地，但电位也为零，称为"虚地"。虚地是虚短的一个特例，它是反相输入式集成运放线性电路的重要特点。

"虚短"和"虚断"是理想运放工作在线性区时的两点重要结论。这两点重要结论常常作为今后分析许多运放应用电路的出发点，因此必须牢牢掌握。

8.1.3　理想运放工作在非线性区的特点和分析依据

在理想运放工作于非线性区时，输出电压和输入电压之间不存在线性关系，"虚短"不复存在。此时，输出电压 u_O 的值只有两种可能：正向最大输出电压或负向最大输出电压。

当 $u_+ > u_-$ 时，$u_O = +U_{OPP}$。

当 $u_+ < u_-$ 时，$u_O = -U_{OPP}$。

因为非线性区仍有理想运放的输入电阻 $r_{id} = \infty$，所以"虚断"仍然成立。

集成运放工作于线性区和非线性区可以构成多种应用电路，本章重点介绍以运算电路、有源滤波器为代表的线性应用和以电压比较器为代表的非线性电路。

8.2　运算电路

集成运放加上适当的反馈网络，可以实现模拟信号的数学运算，运放也因此得名。在分析这类电路时，集成运放通常是作为理想运算放大器来处理的。这样一来，可使分析过程大为简化。只有在分析误差时，才考虑运放的具体参数。

8.2.1　比例运算电路

输出电压和输入电压成比例关系的电路称为比例运算电路。根据输入接法的不同，比例运算电路有 3 种基本形式：反相输入比例运算电路、同相输入比例运算电路以及差分输入比例运算电路。

视频 8-2：
运算电路——
比例运算电路

1. 反相输入比例运算电路

（1）基本电路。

反相输入比例运算电路原理图如图 8.2.1 所示。由图 8.2.1 可知，基本电路是一个电压并联负反馈电路。由于集成运放的输入级是差分放大电路，要求两个输入回路参数对称，即要求静态下反相端等效电阻 R_N 等于同相端等效电阻 R_P，这里 $R_N = R_1 // R_F$，故在同相输入端要加上平衡电阻 $R_P = R_1 // R_F$。根据"虚短"、"虚断"和"虚地"的概念，$u_- = u_+ = 0$，$i_i = i_f$，因此

$$\frac{u_I}{R_1} = \frac{-u_O}{R_F}$$

于是有

$$A_{uf} = \frac{\Delta u_O}{\Delta u_I} = -\frac{R_F}{R_1} \tag{8.2.1}$$

反相输入比例运算电路具有如下特点。

① 比例系数的数值取决于电阻 R_F 与 R_1 之比，而与集成运放内部各项参数无关。只要 R_F 和 R_1 的阻值比较准确和稳定，即可得到较为精确的比例运算关系。比例系数的数值可以大于或等于 1，也可以小于 1。

② 由于引入了深度电压并联负反馈，因此电路的输入电阻不高，而输出电阻很低。

$$R_i = R_1, \quad R_o = 0 \tag{8.2.2}$$

③ 该电路存在"虚地"，因此集成运放的共模输入电压为零，对集成运放抑制共模能力要求低。换言之，即使集成运放的 K_{CMR} 不高，运算精度也能得到保证。

（2）T形网络反相输入比例运算电路。

在基本反相输入比例运算电路中，如果电压放大倍数不变，要想增加输入电阻，反馈电阻将以放大倍数成倍增加。可采用T形反馈网络，提高输入电阻的同时，降低反馈电阻的数值，如图8.2.2所示。

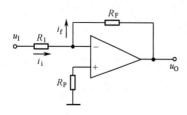

图 8.2.1　反相输入比例运算电路原理图

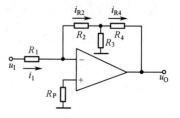

图 8.2.2　T形网络反相输入比例运算电路

由于电路存在"虚地"，因此有

$$i_{R_4} = \frac{-u_O}{R_4 + R_2 // R_3}$$

于是

$$i_{R_2} = \frac{i_{R_4} R_3}{R_2 + R_3} = \frac{-u_O}{R_4 + R_2 // R_3} \cdot \frac{R_3}{R_2 + R_3} = i_i$$

得

$$\frac{u_I}{R_1} = -\frac{u_O}{R_4 + R_2 // R_3} \cdot \frac{R_3}{R_2 + R_3}$$

$$A_{uf} = \frac{\Delta u_O}{\Delta u_I} = -\frac{R_2 R_3 + R_2 R_4 + R_3 R_4}{R_1 R_3} \qquad (8.2.3)$$

对比式（8.2.1）可知，T形网络等效为一个反馈电阻，即

$$R_F = \frac{R_2 R_3 + R_2 R_4 + R_3 R_4}{R_3} \qquad (8.2.4)$$

此时，同相输入端的补偿电阻为

$$R_P = R_1 // \left(R_2 + R_3 // R_4 \right)$$

2．同相输入比例运算电路

（1）基本电路。同相输入比例运算电路如图8.2.3所示。要求两个输入回路参数对称，同样有 $R_N = R_P$，即 $R_P = R_1 // R_F$。

由于"虚断"，因此有

$$u_+ = u_I$$

$$u_- = \frac{R_1}{R_1 + R_F} u_O$$

结合以上两式，可得

$$A_{uf} = \frac{\Delta u_O}{\Delta u_I} = 1 + \frac{R_F}{R_1} \qquad (8.2.5)$$

由于引入了深度电压串联负反馈，该电路的输入、输出电阻分别为

$$R_i = \infty，\quad R_o = 0 \qquad (8.2.6)$$

可见，同相输入比例运算电路有输入电阻高的特点，但输入共模信号电压高，对集成运放的共模抑制比（K_{CMR}）要求也高。若共模电压超过容许的数值，电路也无法正常动作。

（2）电压跟随器。令同相输入比例运算电路中的 $R_F = 0$、$R_1 = \infty$，电路如图8.2.4所示。此时有

$$A_{uf} = 1 \qquad (8.2.7)$$

即输出电压与输入电压的幅值和相位都相等，二者之间呈"跟随"关系，称为电压跟随器。由于引入深度负反馈，因此电压跟随器具有比射极（源极）输出器更优良的跟随特性，广泛应用于信号隔离、阻抗

匹配等。

值得注意的是，电压跟随器反馈系数 $F=1$，反馈深度深，某些运放，如果相位补偿不当，可能产生自激。

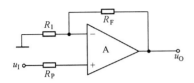

图 8.2.3　同相输入比例运算电路

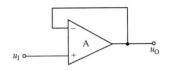

图 8.2.4　电压跟随器

3．差分输入比例运算电路

在图 8.2.5 中，输入电压 u_I 和 u_I' 分别加在集成运放的反相输入端和同相输入端，输出端通过反馈电阻 R_F 接回到反相输入端。为了保证运放两个输入端对地的电阻平衡，同时为了避免降低共模抑制比，通常要求

$$R_i = R_i'$$
$$R_F = R_F'$$

在理想情况下，由于"虚断"，$i_+ = i_- = 0$，利用叠加定理可求得反相输入端的电压为

$$u_- = \frac{R_F}{R_i + R_F}u_I + \frac{R_i}{R_i + R_F}u_O$$

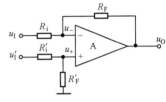

图 8.2.5　差分输入比例运算电路

而同相输入端的电压为

$$u_+ = \frac{R_F'}{R_i' + R_F'}u_I'$$

利用"虚短"的概念，即 $u_- = u_+$，于是得

$$\frac{R_F}{R_i + R_F}u_I + \frac{R_i}{R_i + R_F}u_O = \frac{R_F'}{R_i' + R_F'}u_I'$$

当满足条件 $R_i = R_i'$、$R_F = R_F'$ 时，整理上式，可求得差分输入比例运算电路的电压放大倍数为

$$A_{uf} = \frac{\Delta u_O}{\Delta u_I - \Delta u_I'} = -\frac{R_F}{R_i} \tag{8.2.8}$$

在电路元件参数对称的条件下，差分输入比例运算电路的差模输入电阻为

$$R_{if} = 2R_i \tag{8.2.9}$$

由式（8.2.8）可知，电路的输出电压与两个输入电压之差成正比，实现了差分输入比例运算。其比值 $|A_{uf}|$ 同样取决于电阻 R_F 和 R_i 之比，而与集成运放内部参数无关。由以上分析还可知，电路中不存在"虚地"现象，差分输入比例运算电路中集成运放的反相输入端和同相输入端可能加有较高的共模输入电压。

差分输入比例运算电路除了可以进行减法运算，还经常被用在测量放大器上。差分输入比例运算电路的缺点有以下两点：一是对元件的对称性要求比较高，如果元件失配，不仅会在计算中带来附加误差，而且将产生共模电压输出；二是输入电阻不够高，综合利用各种比例运算电路的优点可以提升该电路性能。

4．三运放差动电路（仪表用数据放大器）

三运放差动电路原理图如图 8.2.6 所示。在图 8.2.6 中，$u_A = u_{I1}$，$u_B = u_{I2}$，因而 R_2 电阻上的电流为

$$i_{R_2} = \frac{u_{I1} - u_{I2}}{R_2}$$

$$u_{o1} - u_{o2} = i_{R_2} \cdot (R_2 + 2R_1) = \frac{R_2 + 2R_1}{R_2}(u_{i1} - u_{i2})$$

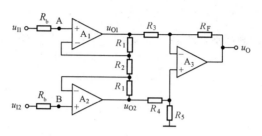

图 8.2.6   三运放差动电路原理图

当 $R_3 = R_4 = R$ ， $R_5 = R_F$ 时，A_3 构成的差分输入比例运算电路满足

$$u_O = -\frac{R_F}{R}\left(1+\frac{2R_1}{R_2}\right)(u_{I1} - u_{I2}) \tag{8.2.10}$$

相比于单运放差分输入比例运算电路，该电路具有以下特点。

（1）当输入为共模信号时，$u_{I1} = u_{I2}$，$i_{R_2} = 0$，$u_{O1} - u_{O2} = 0$，电路有很强的抑制共模的能力，放大倍数越高，抑制共模能力越强。

（2）由于同相输入比例运算电路引入串联负反馈，输入电阻很大。

（3）可将 R_2 设为可调电阻，用于调整比例系数。

注意，$R_b = R_1 // \dfrac{R_2}{2}$，电路电阻 R_3、R_4、R_5、R_F 也需要选用高精度电阻，并且需精确匹配，保证电路的对称性，否则将影响 u_O 的精度。另外，A_1、A_2、A_3 均应选择高精度运算放大器（如 OP07 等），否则也会影响输出误差。

集成仪表用数据放大器是基于以上原理电路设计出的集成芯片。它是一种具有高输入电阻、高共模抑制比、高增益的直接耦合放大器，采用差动输入、单端输出的形式，常用于数据采集、高速信号调节、医疗仪器、高档音响设备等。

图 8.2.7 所示为 INA102 型的集成仪表用的放大器。在图 8.2.7 中，电容均为相位补偿电容，第二级电压放大倍数为 1，改变第一级的输入端口时，可改变第一级的电压增益，分别为 10 倍、100 倍和 1000 倍。INA102 的输入电阻可达 $10^4 M\Omega$，K_{CMR} 为 100dB，输出电阻为 0.1Ω，带宽为 300kHz。当电源电压为±15V 时，最大共模输入电压为±12.5V。

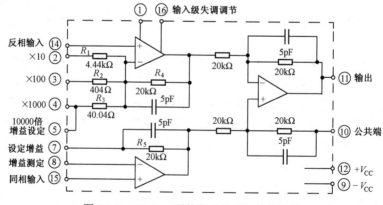

图 8.2.7   INA102 型的集成仪表用的放大器

8.2.2   求和电路

求和电路的输出量反映多个模拟输入量相加的结果。

视频 8-3：

运算电路——

加减电路

1. 加法电路

（1）反相输入加法电路。反相输入加法电路如图 8.2.8 所示。根据"虚地"的概念，$u_- = u_+ = 0$。节点 N 的电流方程为 $i_1 + i_2 + i_3 = i_F$，因此

$$\frac{u_{I1}}{R_1} + \frac{u_{I2}}{R_2} + \frac{u_{I3}}{R_3} = -\frac{u_O}{R_F}$$

于是有

$$u_O = -R_F\left(\frac{u_{I1}}{R_1} + \frac{u_{I2}}{R_2} + \frac{u_{I3}}{R_3}\right) \tag{8.2.11}$$

上述结果也可由叠加原理求得。由结果可知，当改变反相输入加法电路某一输入回路的电阻时，仅改变输出电压与该路输入电压之间的比例关系，对其他各路没有影响，调节方便。此外，由于电路存在"虚地"，因此运算精度受集成运放本身共模抑制比影响较小。因此，在实际工作中，反相输入加法电路应用比较广泛。

（2）同相输入加法电路。同相输入加法电路如图 8.2.9 所示。

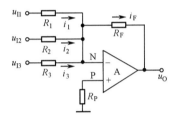

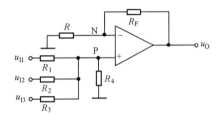

图 8.2.8　反相输入加法电路　　　　　图 8.2.9　同相输入加法电路

要求两个输入回路参数对称，同样有 $R_N = R_P$，其中 $R_N = R \mathbin{/\mkern-5mu/} R_F$，$R_P = R_1 \mathbin{/\mkern-5mu/} R_2 \mathbin{/\mkern-5mu/} R_3 \mathbin{/\mkern-5mu/} R_4$。节点 P 的方程为

$$\frac{u_{I1} - u_+}{R_1} + \frac{u_{I2} - u_+}{R_2} + \frac{u_{I3} - u_+}{R_3} = \frac{u_+}{R_4}$$

解上式可得

$$u_+ = \left(\frac{u_{I1}}{R_1} + \frac{u_{I2}}{R_2} + \frac{u_{I3}}{R_3}\right)R_1 \mathbin{/\mkern-5mu/} R_2 \mathbin{/\mkern-5mu/} R_3 \mathbin{/\mkern-5mu/} R_4 = \left(\frac{u_{I1}}{R_1} + \frac{u_{I2}}{R_2} + \frac{u_{I3}}{R_3}\right)R_P$$

于是有

$$u_O = \left(1 + \frac{R_F}{R}\right)u_- = \left(1 + \frac{R_F}{R}\right)u_+ = \left(1 + \frac{R_F}{R}\right)R_P\left(\frac{u_{I1}}{R_1} + \frac{u_{I2}}{R_2} + \frac{u_{I3}}{R_3}\right)$$

$$= R_F\frac{R_P}{R_N}\left(\frac{u_{I1}}{R_1} + \frac{u_{I2}}{R_2} + \frac{u_{I3}}{R_3}\right) \tag{8.2.12}$$

若满足 $R_N = R_P$，则式（8.2.12）可写为

$$u_O = R_F\left(\frac{u_{I1}}{R_1} + \frac{u_{I2}}{R_2} + \frac{u_{I3}}{R_3}\right) \tag{8.2.13}$$

上述结果同样可由叠加原理求得。

相比于反相输入加法电路，同相输入加法电路如果调节某一支路电阻时，其他各路的比例关系随之变化，因此调节不便。此外，由于不存在"虚地"，运算精度对集成运放本身性能依赖较强，因此在实际工作中，同相求和电路应用不如反相求和电路应用广泛。

2. 减法电路

（1）单运放减法电路。运放在同相输入时，输出与输入同相；在反相输入时，输出与输入反相。因此多个信号同时作用在同相输入端和反相输入端，就可形成减法运算，如图 8.2.10 所示。当

$R_1 /\!/ R_2 /\!/ R_F = R_a /\!/ R_b /\!/ R$ 时，依据叠加原理，当仅由同相输入端输入时，为同相加法电路，参考式（8.2.13）可得输出电压为

$$u_{O1} = R_F \left(\frac{u_{Ia}}{R_a} + \frac{u_{Ib}}{R_b} \right)$$

当仅由反相输入端输入时，为反相加法电路，参考式（8.2.11）可得输出电压为

$$u_{O2} = -R_F \left(\frac{u_{I1}}{R_1} + \frac{u_{I2}}{R_2} \right)$$

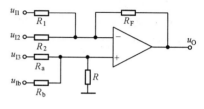

图 8.2.10　单运放减法电路

因此可得
$$u_O = R_F \left(\frac{u_{Ia}}{R_a} + \frac{u_{Ib}}{R_b} - \frac{u_{I1}}{R_1} - \frac{u_{I2}}{R_2} \right) \tag{8.2.14}$$

（2）双运放减法电路。单运放的减法电路虽然结构简单，但也有其缺点：一是调整不方便；二是输入电阻低。因此，可采用两级反相输入求和放大电路。下面举一个实例加以说明。

【例 8.2.1】 试用集成运放实现以下运算关系。
$$u_O = 0.5u_{I1} - 5u_{I2} + 1.5u_{I3}$$

解：给定的运算关系中既有加法，又有减法，可以利用两个集成运放达到以上要求，图 8.2.11 所示的电路可以实现这种功能。首先将 u_{I1} 与 u_{I3} 通过运放 A_1 进行反相求和，使
$$u_{O1} = -(0.5u_{I1} + 1.5u_{I3})$$

然后将 A_1 的输出与 u_{I2} 通过反相求和，可得到图 8.2.11 所示的电路，且使
$$u_O = -(u_{O1} + 5u_{I2}) = 0.5u_{I1} - 5u_{I2} + 1.5u_{I3}$$

将以上两个表达式分别与式（8.2.11）对比，可得
$$\frac{R_{F1}}{R_1} = 0.5 , \quad \frac{R_{F1}}{R_2} = 1.5 , \quad \frac{R_{F2}}{R_4} = 1 , \quad \frac{R_{F2}}{R_3} = 5$$

可选 $R_{F1} = 20k\Omega$，可求得
$$R_1 = R_{F1} / 0.5 = \left(\frac{20}{0.5} \right) k\Omega = 40k\Omega$$

$$R_2 = \frac{R_{F1}}{1.5} = \left(\frac{20}{1.5} \right) k\Omega \approx 13.333k\Omega$$

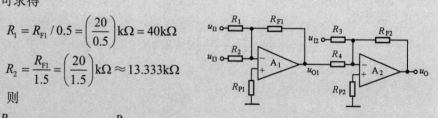

若选 $R_{F2} = 100k\Omega$，则
$$R_4 = \frac{R_{F2}}{1} = 100k\Omega , \quad R_3 = \frac{R_{F2}}{5} = 20k\Omega$$

图 8.2.11　例 8.2.1 电路

进而可算得
$$R_{P1} = R_1 /\!/ R_2 /\!/ R_{F1} = 40k\Omega /\!/ 13.333k\Omega /\!/ 20k\Omega \approx 6.667k\Omega$$

$$R_{P2} = R_3 /\!/ R_4 /\!/ R_{F2} = 20k\Omega /\!/ 100k\Omega /\!/ 100k\Omega \approx 14.286k\Omega$$

利用双运放减法电路实现多路信号的减法运算，可以较为方便地进行参数的调整，同时由于存在"虚地"，运算精度相对较高。

8.2.3　微分和积分运算电路

1. 积分运算电路

积分运算电路是一种应用比较广泛的模拟信号运算电路。它是组成模拟计算机的基本单元，用以实现对积分方程的模拟。同时，积分运算电路也是控制和测量系统中的重要单元，利用其充放电过程可以实现延时、定时以及各种波形的产生。

视频 8-4：
运算电路——
微分和积分运算电路

反相积分运算电路的基本电路如图 8.2.12 所示。

根据"虚地"的概念可得

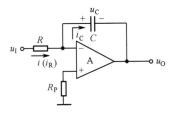

$$u_- = u_+ = 0 ， \quad i_R = i_C = \frac{u_I}{R}$$

输出电压与电容上的电压关系为

$$u_O = -u_C = -\frac{1}{C}\int i_C dt = -\frac{1}{RC}\int u_I dt \qquad (8.2.15)$$

图 8.2.12　反相积分运算电路的基本电路

求从时间 t_1 到 t_2 的积分时

$$u_O = -\frac{1}{RC}\int_{t_1}^{t_2} u_I dt + u_O(t_1) \qquad (8.2.16)$$

在实际电路中，如果电容容量足够大，随着积分时间的无限增大，积分运算电路的输出最终将达到运放的最大输出值 $+U_{om}$ 或 $-U_{om}$。

当 u_i 为常量 U_i 时，若时间从 0 开始，则

$$u_o = -\frac{1}{RC}\int_0^t U_I dt + u_o(0) = -\frac{U_I}{RC}t + u_O(0) \qquad (8.2.17)$$

通过上述分析可知，对于反相积分运算电路，若输入阶跃信号，输出是以 $-\dfrac{U_I}{RC}$ 为斜率的直线；若输入矩形波，输出是三角波或梯形波；若输入正弦波，输出波移相 90°，如图 8.2.13 所示。

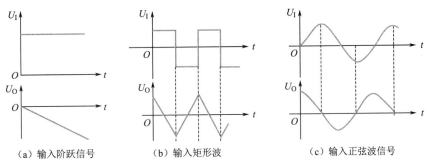

（a）输入阶跃信号　　　　（b）输入矩形波　　　　（c）输入正弦波信号

图 8.2.13　输入不同波形时的输出变化

【例 8.2.2】　假设图 8.2.12 所示电路的输入电压 u_1 为图 8.2.14（a）所示的矩形波；若积分运算电路的参数分别为以下 3 种情况，试分别画出相应的输出电压波形。

（1）$R=100kΩ$，$C=0.5μF$；（2）$R=50kΩ$，$C=0.5μF$；（3）$R=10kΩ$，$C=0.5μF$。

已知 $t=0$ 时积分电容上的初始电压等于零，集成运放的最大输出电压 $U_{OPP}=±14V$。

解：（1）积分运算电路参数为 $R=100kΩ$，$C=0.5μF$ 时的情况。

在 $t=0\sim10ms$ 期间，输入电压 $u_1=+10V$。当 $t_0=0$ 时，输出电压的初始值 $U_o(0)=0$，则由式（8.2.17）可得

$$u_{O1} = -\frac{u_1}{RC}(t-t_0) + U_o(0) = \left(-\frac{10}{100\times10^3\times0.5\times10^{-6}}t\right)V = (-200t)V$$

即 u_{O1} 将以 200V/s 的速度，从零开始往负方向增长。当 $t=10ms$ 时，得

$$u_{O1} = (-200\times0.01)V = -2V$$

在 $t=10\sim30ms$ 期间，$u_1=-10V$。当 $t_0=10ms$ 时，$U_o(0)=-2V$，则由式（8.2.16）可得

$$u_{O1} = \left[-\frac{-10}{100\times10^3\times0.5\times10^{-6}}(t-0.01) - 2\right]V$$

$$= \left[200(t-0.01) - 2\right]V$$

即 u_{O1} 以 200V/s 的速度，从-2V 开始往正方向增长。当 t=20ms 时，得

$$u_{O1} = \left[200 \times (0.02 - 0.01) - 2 \right] V = 0V$$

当 t=30ms 时，得

$$u_{O1} = \left[200 \times (0.03 - 0.01) - 2 \right] V = 2V$$

在 t=30～50ms 期间，u_I=+10V，u_{O1} 从+2V 开始，又以 200V/s 的速度往负方向增长，以后重复上述过程。u_{O1} 的波形如图 8.2.14（b）所示。

由图 8.2.14（b）可知，当 u_I 为矩形波时，u_O 被变换成三角波，此时积分运算电路起着波形变换的作用。

（2）积分运算电路参数为 R=50kΩ，C=0.5μF 时的情况。

在 t=0～10ms 期间，

$$u_{O2} = \left(-\frac{10}{50 \times 10^3 \times 0.5 \times 10^{-6}} t \right) V$$

$$= (-400t)(V)$$

即 u_{O2} 将以 400V/s 的速度增长。当 t=10ms 时，$u_{O2} = (-400 \times 0.01) V = -4V$。

由此可知，若积分时间常数减小一半，则积分运算电路输出电压的增长速度将加大一倍，输出三角波形的幅度也增大一倍。u_{O2} 的波形如图 8.2.14（c）所示。

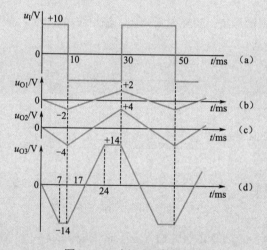

图 8.2.14　例 8.2.2 的波形图

（3）积分运算电路参数为 R=10kΩ，C=0.5μF 时的情况。

在 t=0～10ms 期间，

$$u_{O3} = -\frac{10}{10 \times 10^3 \times 0.5 \times 10^{-6}} t = -2000t$$

此时，u_{O3} 以 2000V/s 的速度增长。当 t=10ms 时，$u_{O3} = (-2000 \times 0.01) V = -20V$。

但是，这个结论显然是不正确的，因为已知集成运放的最大输出电压 U_{OPP}=±14V，所以当积分运算电路的输出电压增长到±14V 时将达到饱和，不再继续增长。由 u_{O3} 的表达式可知，当 u_{O3} 达到-14V 时，即

$$u_{O3} = -2000t = -14V$$

可得

$$t = \left(\frac{-14}{-2000} \right) s = 0.007s = 7ms$$

即当 t=7ms 时，u_{O3} 增长到-14V，然后 u_{O3} 将保持不变。u_{O3} 的波形如图 8.2.14（d）所示。

　　由图 8.2.14（d）可知，当积分时间常数继续减小时，积分运算电路输出电压的增长速度以及输出电压幅度将继续增大。但是当 u_O 达到最大值后，将保持不变，此时输出波形已不再是三角波，而成为梯形波。

2. 微分运算电路

（1）基本微分运算电路。微分运算电路的基本电路如图 8.2.15 所示。根据"虚地"的概念可得

$$u_- = u_+ = 0 ， \quad u_C = u_I ， \quad i_R = i_C = C\frac{du_C}{dt}$$

输出电压为

$$u_O = -i_R R = -RC\frac{du_I}{dt} = -\tau\frac{du_I}{dt} \tag{8.2.18}$$

即输出和输入之间具有微分关系。其中，$\tau = RC$ 为时间常数。

（2）实用微分运算电路。基本微分运算电路无论是输入信号发生阶跃变化还是受大幅值脉冲干扰，都可能使集成运放内部的放大管进入饱和状态或截止状态，使信号消失，甚至不能脱离原来状态回到放大区，进入阻塞状态。同时，由于反馈环节是滞后环节，它与集成运算放大器内部的滞后环节叠加，很容易满足自激条件，出现自激，造成电路不稳定。因此，基本微分运算电路不能实际应用。

　　为了克服以上缺点，常采用图 8.2.16 所示的实用微分运算电路。主要措施是在输入回路中接入一个电阻 R_1 与微分电容 C 串联，以限制输入电流。同时，在反馈回路中接入一个电容 C_1 与微分电阻 R 并联，并使 $RC_1 \approx R_1 C$。在正常的工作频率范围内，使 $R_1 \ll \dfrac{1}{\omega C}$，而 $\dfrac{1}{\omega C_1} \gg R$，此时 R_1 和 C_1 对微分运算电路的影响很小。但当频率高到一定程度时，R_1 和 C_1 的作用使闭环放大倍数降低，从而抑制了高频噪声。同时 RC_1 形成了一个超前环节，对相位进行了补偿，提高了电路的稳定性。此外，在反馈回路中加接两个稳压管，用以限制输出幅度。最后在 R_P 的两端也并联一个电容 C_2，以便进一步进行相位补偿。

　　图 8.2.17 所示为输入电压为矩形波时的微分运算电路输出波形图。

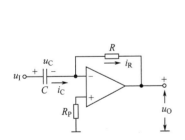

图 8.2.15　微分运算电路的基本电路

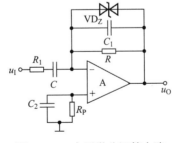

图 8.2.16　实用微分运算电路

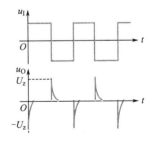

图 8.2.17　输入电压为矩形波时的微分运算电路输出波形图

8.2.4　对数和指数运算电路

对数和指数运算是利用 PN 结的伏安特性具有指数关系来实现的。

1. 对数运算电路

（1）采用二极管的对数运算电路。采用二极管的对数运算电路如图 8.2.18 所示。为使二极管导通，输入电压应大于零。根据 PN 结的方程有

$$i_D \approx I_S e^{\frac{u_D}{U_T}}$$

视频 8-5：
运算电路——
对数和指数运算电路

于是得到

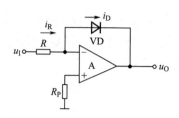

图 8.2.18　采用二极管的对数运算电路

$$u_D = U_T \ln \frac{i_D}{I_S}$$

根据"虚地"的概念，可得

$$u_+ = u_- = 0 , \quad i_D = i_R = \frac{u_I}{R}$$

从而可得输出电压为

$$u_O = -u_D = -U_T \ln \frac{u_I}{I_S R} \tag{8.2.19}$$

从式（8.2.19）可以看出，该电路运算关系与 U_T 和 I_S 有关，因此运算精度容易受温度的影响；同时，在电流小时，二极管内的载流子复合运动不能忽略；在电流大时，二极管的内阻不能忽略，因此只有在一定的电流范围内，才满足 PN 结方程的指数关系。在使用中，输入电压范围受到限制。为扩大输入电压范围，可使用三极管取代二极管。

（2）采用三极管的对数运算电路。图 8.2.19 所示为采用三极管的对数运算电路。根据"虚地"的概念，可得

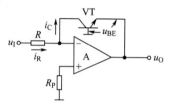

$$u_- = u_+ = 0 , \quad i_C = i_R = \frac{u_I}{R}$$

又因为

$$i_C \approx i_E \approx I_S e^{\frac{u_{BE}}{U_T}}$$

于是有

$$u_{BE} \approx U_T \ln \frac{i_C}{I_S}$$

图 8.2.19　采用三极管的对数运算电路

$$u_O = -u_{BE} \approx -U_T \ln \frac{u_I}{I_S R} \tag{8.2.20}$$

可见，温度的影响并没有改变。为了削弱温度的影响，可采用由三运放构成的对数运算电路（见图 8.2.20）。

在图 8.2.20 中，运放 A_1 和 A_2 的输出电压分别为

$$u_{O1} = -U_T \ln \frac{u_I}{R I_S} , \quad u_{O2} = -U_T \ln \frac{U_R}{R I_S}$$

于是 A_3 的输出电压为

$$u_O = -\frac{R_F}{R_1} (u_{O1} - u_{O2}) = \frac{R_F}{R_1} U_T \ln \frac{u_I}{U_R} \tag{8.2.21}$$

可见，消除了反向饱和电流 I_S 对运算精度的影响。

（3）集成对数运算电路。集成对数运算电路是利用差分放大电路的原理，用两个特性相同的晶体管去消除 I_S 对运算精度的影响。图 8.2.21 所示为 ICL8048 对数运算电路原理图。

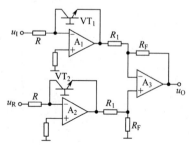

图 8.2.20　由三运放构成的对数运算电路

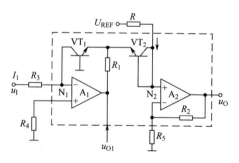

图 8.2.21　ICL8048 对数运算电路原理图

从图 8.2.21 中可以得出

$$u_{N2} = u_{BE2} - u_{BE1} \quad (很小)$$

对于晶体管 VT_1 有

$$i_{C1} = i_1 = \frac{u_I}{R_3} \approx I_S \exp(u_{BE1}/U_T)$$

$$u_{BE1} = U_T \ln \frac{u_I}{I_S R_3}$$

对于晶体管 VT_2 有

$$i_{C2} \approx I_R = I_S \exp(u_{BE2}/U_T)$$

$$u_{BE2} = U_T \ln \frac{I_R}{I_S}$$

其中

$$I_R = (U_{REF} - u_{N2})/R \approx \frac{U_{REF}}{R}$$

于是

$$u_{N2} = -U_T \ln \frac{u_I}{I_R R_3}$$

$$u_o = -\left(1 + \frac{R_2}{R_5}\right) U_T \ln \frac{u_I}{I_R R_3} \quad (8.2.22)$$

在图 8.2.21 中，R、R_3、R_4、R_5 均为外接电阻。如果外接电阻 R_5 为具有正温度系数的热敏电阻，可补偿 U_T 的温度特性。

2. 指数运算电路

指数运算是对数运算的逆运算，因此可以将对数运算电路中的二极管（或 BJT）与电阻 R 位置互换，即为指数运算电路，如图 8.2.22 所示。

在图 8.2.22（a）中，根据"虚地"的概念，可得 $u_- = u_+ = 0$，$i_I = i_R = I_S \exp(u_D/U_T)$，又因为 $u_I = u_D$，于是有

$$u_O = -i_R R = -I_S R \exp(u_I/U_T) \quad (8.2.23)$$

在图 8.2.22（b）中，同样根据"虚地"的概念，可得 $u_- = u_+ = 0$，$i_I = i_R = I_S \exp(u_{BE}/U_T)$，又因为 $u_I = u_{BE}$，于是有

$$u_O = -i_R R = -I_S R \exp(u_I/U_T) \quad (8.2.24)$$

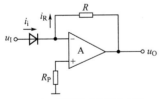
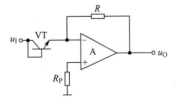

（a）由二极管构成的基本电路　　　　　　（b）由三极管构成的基本电路

图 8.2.22 指数运算电路

然而，为使晶体管导通，输入电压应大于零，且只能在发射结导通压降范围内，因此其动态范围较小。同时，由式（8.2.24）可知，该电路运算精度与温度有关。

8.2.5 乘法与除法电路

乘法与除法电路可以对两个输入模拟信号实现乘法或除法运算。它们可由采用集成运放的对数及指

数运算电路组成，目前常采用单片的集成模拟乘法器。

1. 利用集成运放构成乘法与除法电路

大家知道，乘法电路的输出电压正比于两个输入电压的乘积，即

$$u_O = u_{I1}u_{I2}$$

将上式取对数，得

$$\ln u_O = \ln(u_{I1}u_{I2}) = \ln u_{I1} + \ln u_{I2}$$

再将上式取指数，可得

$$u_O = \exp(\ln u_{I1} + \ln u_{I2}) \qquad (8.2.25)$$

因此，利用对数运算电路、求和电路和指数运算电路，可以完成乘法运算。这种乘法运算的电路方框图如图 8.2.23 所示。

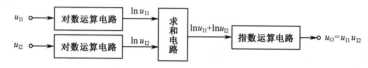

图 8.2.23　乘法运算的电路方框图

同理，对于除法电路，其输出电压正比于两个输入电压相除所得的商，可以先将两路输入信号取对数、相减再取指数，得

$$u_O = u_{I1} / u_{I2} = \exp(\ln u_{I1} - \ln u_{I2}) \qquad (8.2.26)$$

将式（8.2.26）与式（8.2.25）对比，可知二者的差别仅在于表达式指数部分的（$\ln u_{I1} + \ln u_{I2}$）变成（$\ln u_{I1} - \ln u_{I2}$）。因此，除法电路的原理方框图只需在图 8.2.23 的基础上，将求和电路改为减法电路即可。

2. 集成模拟乘法器

集成模拟乘法器是实现两个模拟信号相乘的器件，是一种多用途、通用性很强的集成电路，广泛应用于乘法、除法、乘方、开方等模拟运算，同时广泛应用于信号调制、解调、混频、倍频、鉴相等领域。本节重点介绍集成模拟乘法器的应用。

乘法器的输出电压 u_O 和两个输入电压 u_X、u_Y 的乘积成正比，即有

$$u_O = Ku_Xu_Y \qquad (8.2.27)$$

式中，K 为乘积系数，也称为乘积增益，其量纲是 V^{-1}。

从相乘的代数性质出发，乘法器有 4 个工作区域，这 4 个区域由它的两个输入电压的极性确定，如图 8.2.24（a）所示。能适应两个输入的 4 种极性组合的乘法器称为四象限乘法器；一个输入端电压能适应两种极性，另一个输入端只能适应一种极性的乘法器，称为二象限乘法器；两个输入端电压分别限定在某一极性才能正常工作的乘法器，称为单象限乘法器。任何一个单象限乘法器增加适当的外部电路，可转换成二象限乘法器或四象限乘法器。图 8.2.24（b）所示为双平衡四象限乘法器内部原理图。

乘法器的电路符号如图 8.2.24（c）所示，理想的乘法器必须具备以下条件。

① 输入电阻 R_{i1}、R_{i2} 为无穷大。

② 输出电阻 R_o 趋近于零。

③ K 值不随信号的电压幅值和频率变化。

④ 当输入电压 u_X、u_Y 为零时，输出电压 u_O 等于零，电路没有输出电压、电流和噪声。

本节分析均设模拟乘法器为理想器件，下面介绍几种典型的集成模拟乘法器应用电路。

视频 8-6：
乘法器及其应用

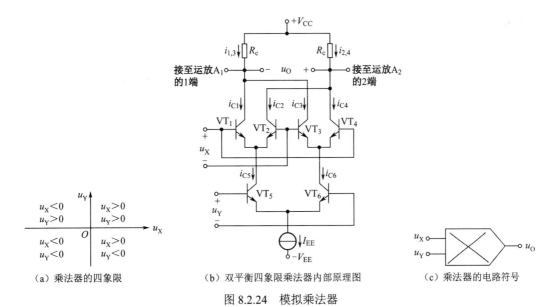

（a）乘法器的四象限　　　（b）双平衡四象限乘法器内部原理图　　　（c）乘法器的电路符号

图 8.2.24　模拟乘法器

（1）乘方运算电路。利用四象限模拟乘法器，不难实现乘方运算。

因为 $u_O = Ku_Xu_Y$，设 $u_X = u_Y = u_I$，如图 8.2.25（a）所示，得

$$u_O = Ku_I^2 \tag{8.2.28}$$

若将一个正弦波电压同时接到乘法器的两个输入端，即

$$u_{I1} = u_{I2} = U_m\sin\omega t$$

则乘法器的输出电压为

$$u_O = Ku_{I1}u_{I2} = K\left(U_m\sin\omega t\right)^2 = \frac{1}{2}KU_m^2\left(1-\cos 2\omega t\right) \tag{8.2.29}$$

输出电压中包含两部分：一部分是直流成分；另一部分是角频率为 2ω 的余弦电压。可在输出端接一个隔直电容将直流成分隔离，则可得到二倍频的余弦波输出电压，实现了倍频。

如果多个乘法器串联，可分别构成 3 次、4 次方运算电路，分别如图 8.2.25（b）和（c）所示。它们的表达式分别为

$$u_O = K_2u_I^3, \quad u_O = K_3u_I^4$$

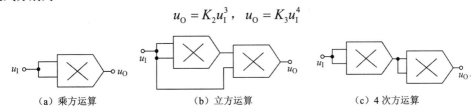

（a）乘方运算　　　　　（b）立方运算　　　　　　（c）4 次方运算

图 8.2.25　多个乘法器构成的乘方运算电路

（2）除法电路。除法电路如图 8.2.26 所示。根据"虚断"的概念，有 $i_1=i_2$，进一步结合"虚地"可得

$$\frac{u_{I1}}{R_1} = -\frac{u_O'}{R_2} = -\frac{Ku_Ou_{I2}}{R_2}$$

于是有

$$u_O = -\frac{R_2}{KR_1}\frac{u_{I1}}{u_{I2}} \tag{8.2.30}$$

为保证电路处于负反馈状态工作，要求 u_O 和 u_O' 同极性，当 $K<0$ 时，必须 $u_{I2}<0$；当 $K>0$ 时，必须有 $u_{I2}>0$，而 u_{I1} 可以是任何极性，因此这种电路是二象限除法器。

（3）平方根运算电路。电路如图 8.2.27 所示。根据"虚断"的概念，有 $i_1=i_2$，进一步结合"虚地"

可得

$$\frac{u_1}{R_1} = -\frac{u_O'}{R_2} = -\frac{Ku_O^2}{R_2}$$

于是有

$$u_O = \sqrt{-\frac{R_2 u_1}{KR_1}} \tag{8.2.31}$$

为保证电路处于负反馈状态工作，要求 u_1 和 u_O' 极性相反，且需保证根号内的表达式为正值，因此要求若 $K>0$，则 $u_1<0$；反之，若 $K<0$，则 $u_1>0$。

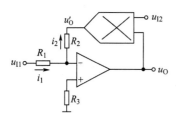
图 8.2.26　除法电路

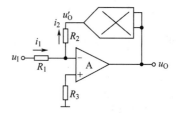
图 8.2.27　平方根运算电路

8.3　有源滤波器

对信号频率有选择性传输的电路称为滤波器，它能使有用信号通过而同时抑制（或大大衰减）无用频率信号，在通信、电子工程、仪器仪表等领域有着广泛的应用。

8.3.1　滤波器的基本概念

1. 滤波电路的种类

滤波电路的特性仍然可以用幅频特性和相频特性来描述，图 8.3.1 为一个滤波器的幅频特性。

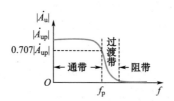
图 8.3.1　滤波器的幅频特性

视频 8-7：
滤波器的基本概念

其中，将能顺利通过的频率范围称为"通频带"或"通带"；反之，受到衰减（通常可认为增益衰减为通带增益的 10% 左右）或完全被抑制的频率范围称为"阻带"；两者之间幅频特性发生变化的频率范围称为"过渡带"。对于滤波器来说，过渡带越窄，频率特性越陡峭，电路的选择性越好，滤波特性越好。

滤波电路按照通频带可分为低通滤波电路（LPF）、高通滤波电路（HPF）、带通滤波电路（BPF）、带阻滤波电路（BEF）、全通滤波电路（APF）。

设截止频率为 f_p，频率比 f_p 低的信号均能通过，频率高于 f_p 的信号被衰减的电路称为低通滤波电路。理想的幅频特性如图 8.3.2（a）所示。

设截止频率为 f_p，频率比 f_p 高的信号均能通过，频率低于 f_p 的信号被衰减的电路称为高通滤波电路。理想的幅频特性如图 8.3.2（b）所示。

设下限截止频率为 f_{p1}，上限截止频率为 f_{p2}，频率比 f_{p1} 高而又比 f_{p2} 低的信号均能通过，频率在 f_{p1} 和 f_{p2} 以外的信号被衰减的电路称为带通滤波电路。理想的幅频特性如图 8.3.2（c）所示。带通滤波器在通信、信号选频等领域应用广泛。

设下限截止频率为 f_{p1}，上限截止频率为 f_{p2}，频率比 f_{p1} 低和频率比 f_{p2} 高的信号均能通过，频率在 f_{p1} 和 f_{p2} 范围内的信号被衰减的电路称为带阻滤波电路。理想的幅频特性如图 8.3.2（d）所示。带阻滤波器广泛应用于抗干扰和信号降噪等领域。

从低频到高频均能通过的电路称为全通滤波电路。理想的幅频特性如图 8.3.2（e）所示。全通滤波器虽然并不改变输入信号的频率特性，但它会改变输入信号的相位。利用这个特性，全通滤波器可以用作延时器、延迟均衡等。

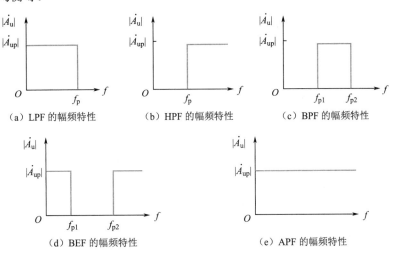

（a）LPF 的幅频特性　　（b）HPF 的幅频特性　　（c）BPF 的幅频特性

（d）BEF 的幅频特性　　　　　　（e）APF 的幅频特性

图 8.3.2　理想的幅频特性

以上的幅频特性是理想滤波器特性，实际的滤波电路在截止频率附近总是随频率的变化而逐渐衰减的，存在过渡带。

2. 无源滤波电路和有源滤波电路

滤波电路按使用的元件可分为无源滤波电路和有源滤波电路。由无源元件 R、L、C 组成的滤波电路称为无源滤波电路；如果电路除无源元件之外还包括有源元件（晶体管或运放），就称为有源滤波电路。

（1）无源低通滤波电路。无源低通滤波电路如图 8.3.3（a）所示。根据第 3 章中的频率响应分析方法，可以得到

$$\dot{A}_{u} = \frac{\dot{U}_{o}}{\dot{U}_{i}} = \frac{1}{1+\mathrm{j}\dfrac{f}{f_{p}}} \tag{8.3.1}$$

其中，通带增益为 1，截止频率 $f_{H} = f_{p} = \dfrac{1}{2\pi RC}$。

无源低通滤波电路的幅频特性（波特图）如图 8.3.3（b）所示。以上分析是空载情况，当该电路加上负载 R_{L} 时，则分析可得其通带增益将变为 $\dfrac{R_{L}}{R+R_{L}}$，截止频率将变为 $f_{p}' = \dfrac{1}{2\pi(R /\!/ R_{L})C}$。由此可知，无源滤波电路带负载能力差，这对信号处理是不利的。

（2）有源滤波电路。为了使截止频率不受负载的影响，可在无源滤波电路和负载之间加入输入电阻高、输出电阻低的隔离电路，如加入电压跟随器，这样就构成了有源滤波电路，如图 8.3.4 所示。有源滤波电路一般由 RC 滤波网络和集成运放构成，在适当的直流电压偏置下，不仅有滤波作用，而且有放大作用。但是，有源滤波电路不适用大电流电路，仅适合用作信号处理。

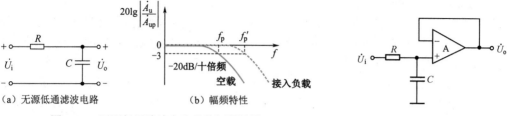

（a）无源低通滤波电路　　　　（b）幅频特性

图 8.3.3　无源低通滤波电路及其幅频特性　　　　　　图 8.3.4　有源滤波电路

在分析滤波电路时经常使用拉氏变换，在拉氏变换中，将电压、电流用象函数 $U(s)$ 和 $I(s)$ 表示。令 $s=\mathrm{j}\omega$，可得各常用器件的象函数表示，电阻 $R(s)=R$，电容的容抗 $Z_C(s)=\dfrac{1}{sC}$，电感的感抗 $Z_L(s)=sL$。于是传递函数为

$$A_{\mathrm{u}}(s)=\frac{U_{\mathrm{o}}(s)}{U_{\mathrm{i}}(s)} \tag{8.3.2}$$

图 8.3.3 所示电路的传递函数为

$$A_{\mathrm{u}}(s)=\frac{U_{\mathrm{o}}(s)}{U_{\mathrm{i}}(s)}=\frac{\dfrac{1}{sC}}{R+\dfrac{1}{sC}}=\frac{1}{1+sRC} \tag{8.3.3}$$

在传递函数中，分母 s 的最高指数称为滤波器的阶数。一般来说，阶数越高，滤波效果越好。如果令 $s=\mathrm{j}\omega$，代入式（8.3.3），即得电路随频率变化的放大倍数。

8.3.2　低通滤波电路

1．一阶低通滤波电路
一阶低通滤波电路如图 8.3.5（a）所示。传递函数为

$$A_{\mathrm{u}}(s)=\frac{U_{\mathrm{o}}(s)}{U_{\mathrm{i}}(s)}=\left(1+\frac{R_{\mathrm{F}}}{R_{\mathrm{l}}}\right)\frac{1}{1+sRC} \tag{8.3.4}$$

视频 8-8：
有源低通滤波电路

令 $s=\mathrm{j}\omega$，定义中心频率 $f_0=\dfrac{1}{2\pi RC}$，得电压放大倍数为

$$\dot{A}_{\mathrm{u}}=\frac{\dot{U}_{\mathrm{o}}}{\dot{U}_{\mathrm{i}}}=\left(1+\frac{R_{\mathrm{F}}}{R_{\mathrm{l}}}\right)\frac{1}{1+\mathrm{j}\dfrac{f}{f_0}} \tag{8.3.5}$$

可知，通带增益为

$$\dot{A}_{\mathrm{up}}=1+\frac{R_{\mathrm{F}}}{R_{\mathrm{l}}} \tag{8.3.6}$$

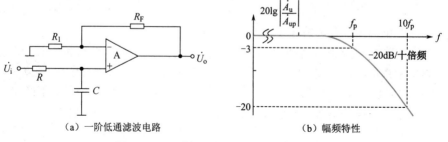

（a）一阶低通滤波电路　　　　（b）幅频特性

图 8.3.5　一阶低通滤波电路及其幅频特性

当 $f = f_0$ 时，$|\dot{A}_u| = \dfrac{|\dot{A}_{up}|}{\sqrt{2}}$，故通频带的截止频率为 $f_p = f_0$；当 $f \gg f_p$ 时，曲线按-20dB/十倍频的斜率下降。一阶低通滤波电路的幅频特性如图 8.3.5（b）所示。

由分析可得，一阶滤波电路通带外增益衰减率只有-20dB/十倍频，过渡带宽，滤波效果不十分理想。为了减小过渡带宽度，提高通带外增益衰减率，需要构建高阶滤波器。

2. 简单的二阶低通滤波电路

在一阶低通滤波器的基础上，再引入一个 RC 低通滤波环节，得到简单的二阶低通滤波电路，如图 8.3.6（a）所示。传递函数为

$$A_u(s) = \frac{U_o(s)}{U_i(s)} = \left(1 + \frac{R_F}{R_1}\right)\frac{U_+(s)}{U_i(s)} = \left(1 + \frac{R_F}{R_1}\right)\frac{U_+(s)}{U_M(s)}\frac{U_M(s)}{U_i(s)}$$

又因

$$\frac{U_+(s)}{U_M(s)} = \frac{1}{1 + sRC},$$

$$\frac{U_M(s)}{U_i(s)} = \frac{\dfrac{1}{sC} /\!/ \left(R + \dfrac{1}{sC}\right)}{R + \dfrac{1}{sC} /\!/ \left(R + \dfrac{1}{sC}\right)} \tag{8.3.7}$$

整理可得

$$A_u(s) = \left(1 + \frac{R_F}{R_1}\right)\frac{1}{1 + 3sRC + (sRC)^2} \tag{8.3.8}$$

令 $s = \mathrm{j}\omega$，中心频率 $f_0 = \dfrac{1}{2\pi RC}$，$\dot{A}_{up} = 1 + \dfrac{R_F}{R_1}$ 得电压放大倍数为

$$\dot{A}_u = \frac{\dot{U}_o}{\dot{U}_i} = \frac{\dot{A}_{up}}{1 - \left(\dfrac{f}{f_0}\right)^2 + \mathrm{j}\dfrac{3f}{f_0}} \tag{8.3.9}$$

令式（8.3.9）分母的模等于 $\sqrt{2}$，可解得通频带截止频率为

$$f_p \approx 0.37 f_0 \tag{8.3.10}$$

二阶低通滤波电路的幅频特性如图 8.3.6（b）所示，此时，虽衰减斜率达-40dB/十倍频，但通频带却减小了，而且从通带进入-40dB/十倍频的衰减有一缓慢的过渡带。

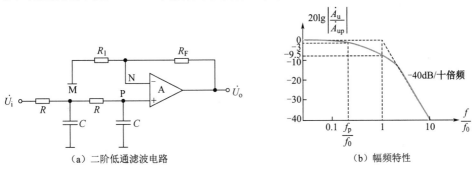

（a）二阶低通滤波电路　　　　（b）幅频特性

图 8.3.6　二阶低通滤波电路及其幅频特性

3. 压控电压源二阶低通滤波电路

为了加快滤波器在 f_0 和 f_p 之间的幅频特性下降速率，产生了压控电压源二阶低通滤波器，电路如图 8.3.7（a）所示。电路在简单的有源二阶低通滤波电路的基础上，通过 C_1 形成一个正反馈。利用正反馈可以增大增益的特点，只要参数选择合适，既可保证电路不产生自激振荡，又可使电路在 f_0 处增

益提升，加快增益衰减速率。

其传递函数为

$$A_u(s) = \frac{U_o(s)}{U_i(s)} = \left(1 + \frac{R_F}{R_1}\right)\frac{U_+(s)}{U_i(s)} = \left(1 + \frac{R_F}{R_1}\right)\frac{U_+(s)}{U_M(s)}\frac{U_M(s)}{U_i(s)} \tag{8.3.11}$$

当 $C_1 = C_2 = C$ 时，根据节点电压法得 M 点的电压为

$$U_M(s) = \left(\frac{U_i(s)}{R} + \frac{U_o(s)}{\frac{1}{sC}}\right) R \mathbin{/\mkern-5mu/} \frac{1}{sC} \mathbin{/\mkern-5mu/} \left(R + \frac{1}{sC}\right)$$

又因

$$\frac{U_M(s) - U_+(s)}{R} = \frac{U_+(s)}{\frac{1}{sC}} \tag{8.3.12}$$

联立解上述两个方程，令 $A_{up}(s) = 1 + \dfrac{R_F}{R_1}$，整理可得

$$A_u(s) = \frac{A_{up}(s)}{1 + [3 - A_{up}(s)]sRC + (sRC)^2} \tag{8.3.13}$$

令 $s = j\omega$，$f_0 = \dfrac{1}{2\pi RC}$ 得电压放大倍数为

$$\dot{A}_u = \frac{\dot{U}_o}{\dot{U}_i} = \frac{\dot{A}_{up}}{1 - \left(\dfrac{f}{f_0}\right)^2 + j\dfrac{(3 - \dot{A}_{up})f}{f_0}} \tag{8.3.14}$$

定义在 $f = f_0$ 时电压放大倍数与通带增益之比为滤波器的品质因数 Q，则

$$Q = \left.\frac{|\dot{A}_u|}{|\dot{A}_{up}|}\right|_{f=f_0} = \left|\frac{1}{3 - \dot{A}_{up}}\right| \tag{8.3.15}$$

于是

$$|\dot{A}_u| = |Q\dot{A}_{up}| \quad (f = f_0) \tag{8.3.16}$$

当 $2 < |\dot{A}_{up}| < 3$ 时，$|\dot{A}_u| > |\dot{A}_{up}|$，$Q$ 越大，在 f_0 处的增益越大，其幅频特性如图 8.3.7（b）所示。可见，选择合适的 Q，可以有效压缩过渡带，使得带外衰减斜率为-40dB/十倍频。需要注意的是，当 $A_{up}=3$ 时，$Q \to \infty, \dot{A}_u \to \infty$，将产生自激现象。因此，该电路参数必须满足 $A_{up}<3$，才能稳定工作。

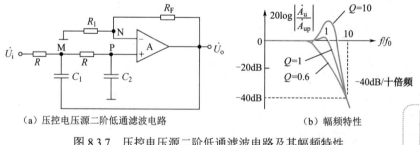

（a）压控电压源二阶低通滤波电路　　　　　（b）幅频特性

图 8.3.7　压控电压源二阶低通滤波电路及其幅频特性

视频 8-9：
其他类型的
有源滤波器

8.3.3　其他滤波电路

1. 高通滤波电路

（1）高通滤波电路与低通滤波电路的对偶关系。

高通滤波电路与低通滤波电路具有对偶关系。其对偶关系主要表现在频率特性上和电路结构上。

① 频率特性上的对偶性。如果高通滤波电路与低通滤波电路的频率特性曲线以 $f = f_p$ 对称，显然二者特性随频率变化是相反的。因此，只要将低通滤波电路频率特性中的 s 换成 $1/s$，并对其系数进行适当的调整，即 $R \to 1/C$，$C \to 1/R$，$sRC \to 1/sRC$，就可以得到与其对偶的高通滤波电路的频率特性。图 8.3.8（a）所示的低通滤波电路的传递函数为

$$A_u(s) = \frac{U_o(s)}{U_i(s)} = \frac{1}{1+sRC} \tag{8.3.17}$$

转换成图 8.3.8（b）所示的高通滤波电路，其传递函数为

$$A_u(s) = \frac{U_o(s)}{U_i(s)} = \frac{1}{1+\dfrac{1}{sRC}} = \frac{sRC}{1+sRC} \tag{8.3.18}$$

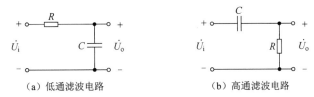

（a）低通滤波电路　　　　　　（b）高通滤波电路

图 8.3.8　低通和高通滤波电路的比较

② 电路结构上的对偶性。从图 8.3.8 中可以看出，电路结构上当将电阻和电容交换位置，即用电阻取代低通滤波电路中的电容，用电容取代低通滤波电路中的电阻时，低通滤波电路就转换成高通滤波电路。例如，利用这一方法，可将一阶有源低通滤波电路转换为图 8.3.9 所示的一阶有源高通滤波电路。

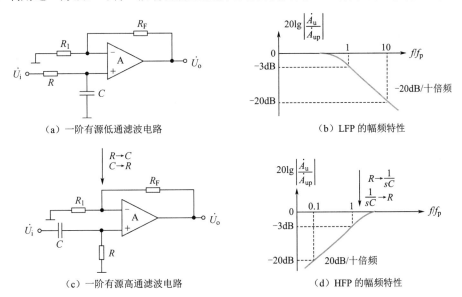

（a）一阶有源低通滤波电路　　　　　　（b）LFP 的幅频特性

（c）一阶有源高通滤波电路　　　　　　（d）HFP 的幅频特性

图 8.3.9　一阶有源低通滤波电路和一阶有源高通滤波电路的转换

（2）压控电压源二阶高通滤波电路。

压控电压源二阶高通滤波电路同样可以根据电路的对偶性得出，如图 8.3.10 所示。因为压控电压源二阶低通滤波电路的传递函数为

$$A_u(s) = \frac{A_{up}(s)}{1 + \left[3 - A_{up}(s)\right]sRC + (sRC)^2} \tag{8.3.19}$$

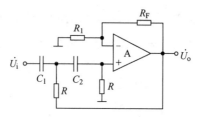

图 8.3.10　压控电压源二阶高通滤波电路

根据对偶关系得压控电压源二阶高通滤波电路的传递函数为

$$A_u(s) = \frac{A_{up}(s)}{1+\left[3-A_{up}(s)\right]\dfrac{1}{sRC}+\left(\dfrac{1}{sRC}\right)^2} \tag{8.3.20}$$

其频率特性为

$$\dot{A}_u = \frac{\dot{U}_o}{\dot{U}_i} = \frac{\dot{A}_{up}}{1-\left(\dfrac{f_0}{f}\right)^2 - \mathrm{j}\dfrac{\left(3-\dot{A}_{up}\right)f_0}{f}} \tag{8.3.21}$$

2. 带通滤波电路

带通滤波电路可由 R_1、C_1 构成的低通电路和 R_2、C_2 构成的高通电路串联形成滤波环节，利用同相输入的比例放大电路做隔离放大级，同时引入正反馈进一步改善频率特性，如图 8.3.11 所示。

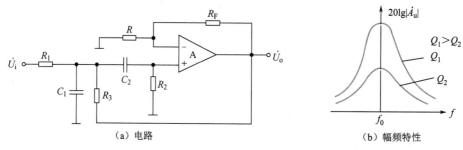

（a）电路　　　　　　　　　　（b）幅频特性

图 8.3.11　带通滤波电路及其幅频特性

为计算简单，设 $R_1 = R_3 = R$，$R_2 = 2R$，$C_1 = C_2 = C$，则同相比例运算电路的放大倍数为

$$A_{up} = 1 + \frac{R_F}{R} \tag{8.3.22}$$

分析可得带通滤波电路的传递函数为

$$A_u(s) = \frac{A_{up}sRC}{1+\left[3-A_{up}\right]sRC+(sRC)^2} \tag{8.3.23}$$

令中心频率为 $f_0 = \dfrac{1}{2\pi RC}$，得电路的频率特性为

$$\dot{A}_u = \frac{\dot{A}_{up}}{3-A_{up}}\,\frac{1}{1+\mathrm{j}\dfrac{1}{3-\dot{A}_{up}}\left(\dfrac{f}{f_0}-\dfrac{f_0}{f}\right)} \tag{8.3.24}$$

定义品质因数 $Q = \left|\dfrac{1}{3-\dot{A}_{up}}\right|$，当 $f = f_0$ 时，通带内放大倍数为

$$\dot{A}_{u0} = Q\dot{A}_{up} \tag{8.3.25}$$

令电路的频率特性表达式的分母等于 $\sqrt{2}$，解方程取正根可得上限截止频率和下限截止频率，分别为

$$f_{p1} = \frac{f_0}{2}\left[\sqrt{\left(3-\dot{A}_{up}\right)^2+4}-\left(3-\dot{A}_{up}\right)\right]$$

$$f_{p2} = \frac{f_0}{2}\left[\sqrt{\left(3-\dot{A}_{up}\right)^2+4}+\left(3-\dot{A}_{up}\right)\right] \qquad (8.3.26)$$

通频带为
$$\text{BW} = f_{p2}-f_{p1} = \left(3-\dot{A}_{up}\right)f_0 = \frac{f_0}{Q} \qquad (8.3.27)$$

可见，Q 值越大，频带越窄。调整 $\dot{A}_{up}$，可以调整频带宽度。

3. 带阻滤波电路

将输入电压同时输入低通和高通滤波电路，再将两个输出电压求和，就构成带阻滤波电路。其中，低通滤波电路的截止频率 f_{p1} 应小于高通滤波电路的截止频率 f_{p2}。带阻滤波电路构成的框图如图 8.3.12 所示。

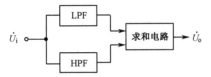

图 8.3.12　带阻滤波电路构成的框图

常用的带阻滤波电路如图 8.3.13 所示。该电路在通频带内的放大倍数为

$$A_{up} = 1+\frac{R_F}{R_1} \qquad (8.3.28)$$

分析得电路的传递函数为

$$A_u\left(s\right) = \frac{A_{up}\left(s\right)\left[1+\left(sRC\right)^2\right]}{1+2\times\left[2-A_{up}\left(s\right)\right]sRC+\left(sRC\right)^2} \qquad (8.3.29)$$

令阻带中心频率为 $f_0 = \dfrac{1}{2\pi RC}$，得电路的频率特性为

$$\dot{A}_u = \frac{\dot{A}_{up}\left(1-\dfrac{f}{f_0}\right)}{1-\left(\dfrac{f}{f_0}\right)^2+j2\times\left(2-\dot{A}_{up}\right)\dfrac{f}{f_0}} \qquad (8.3.30)$$

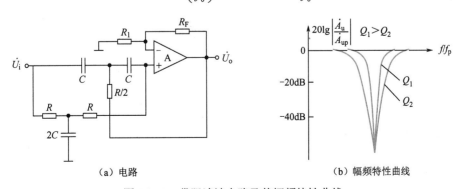

（a）电路　　　　　　　　　　　　（b）幅频特性曲线

图 8.3.13　带阻滤波电路及其幅频特性曲线

令电路的频率特性表达式的分母模值等于 $\sqrt{2}$，解方程取正根可得上限截止频率和下限截止频率，分

别为

$$f_{p1} = f_0 \left[\sqrt{\left(2 - \dot{A}_{up}\right)^2 + 1} - \left(2 - \dot{A}_{up}\right) \right]$$

$$f_{p2} = f_0 \left[\sqrt{\left(2 - \dot{A}_{up}\right)^2 + 1} + \left(2 - \dot{A}_{up}\right) \right] \tag{8.3.31}$$

设 $Q = \dfrac{1}{2 \times \left(2 - \dot{A}_{up}\right)}$，阻带宽度为

$$BW = f_{p2} - f_{p1} = 2 \times \left(2 - \dot{A}_{up}\right) f_0 = \frac{f_0}{Q} \tag{8.3.32}$$

4．全通滤波电路

两个一阶全通滤波电路如图 8.3.14 所示。在图 8.3.14（a）中，利用叠加原理得

$$\dot{U}_o = -\frac{R}{R}\dot{U}_i + \left(1 + \frac{R}{R}\right)\frac{R}{R + \dfrac{1}{j\omega C}}\dot{U}_i$$

于是频率特性为

$$\dot{A}_u = \frac{\dot{U}_o}{\dot{U}_i} = \frac{1 - j\omega RC}{1 + j\omega RC} \tag{8.3.33}$$

从而得幅频特性为 $|\dot{A}_u| = 1$，相频特性为 $\varphi = 180° - 2\arctan f/f_0$。可见，信号频率从零到无穷大，输入和输出都相等，相位从 180° 趋于零。

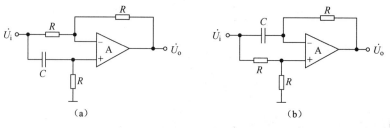

图 8.3.14　一阶全通滤波电路

8.4　电压比较器

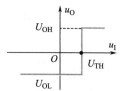

视频 8-10：
电压比较器简介

8.4.1　电压比较器概述

前面介绍的运算电路和滤波电路都属于集成运放的线性应用，电路中的集成运放均工作于线性区。当集成运放在开环状态或处于正反馈状态时，由于理想运放的电压放大倍数为无穷大，当 $u_+ > u_-$ 时，输出趋于正向饱和，$u_o = +u_{OPP}$；当 $u_+ < u_-$ 时，输出趋于反向饱和，$u_o = -u_{OPP}$。

由此可知，此时电路可以对两个输入电压的大小进行比较，并根据比较结果输出高、低电平。反之，也可以根据输出电平的高低，判断输入信号的大小和极性，因此将这类电路称为电压比较器。和集成运放线性应用不同，电压比较器具有以下特点。

（1）由于电压比较器中的集成运放工作于非线性区，因此"虚短"不成立。

（2）通常采用图形化的电压传输特性曲线来描述电压比较器输出和输入的关系，如图 8.4.1 所示。比较器输出电压由 U_{OH}（或 U_{OL}）跳变到 U_{OL}（或 U_{OH}）时的输入电压值称为比较器的阈值电压（或门限电平）U_{TH}。由

图 8.4.1　电压传输特性曲线

于理想运放在 $u_- = u_+$ 时输出发生跳变，可以据此求出电压比较器的阈值电压。

（3）电压比较器输出只有高、低两种电平，因此可作为模拟电路和数字电路的接口电路，广泛应用于模数转换、数字仪表、自动控制和自动检测等领域。此外，它还是波形产生和变换的基本单元。

电压比较器可分为单限比较器、滞回比较器和窗口比较器三大类，下面分别予以叙述。

8.4.2　单限比较器

单限比较器电路如图 8.4.2（a）所示。由虚断分析可得

$$u_- = U_R, \quad u_+ = u_I$$

当 $u_- = u_+$ 时输出发生跳变，可求得阈值电压为

$$U_{TH} = U_R \tag{8.4.1}$$

输出电压最大值为

$$U_{OH} = +U_Z, \quad U_{OL} = -U_Z \tag{8.4.2}$$

当 $u_I > U_{TH}$ 时，$u_O = +U_Z$；当 $u_I < U_{TH}$ 时，$u_O = -U_Z$。于是可得到传输特性曲线（$u_O = f(u_I)$），如图 8.4.2（b）所示。可见，该电压比较器仅有一个阈值电压，将此类比较器称为单限比较器。如果 $U_{TH} = U_R = 0V$，这样的单限比较器称为过零比较器。

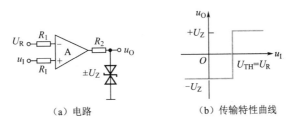

| （a）电路 | （b）传输特性曲线 |

图 8.4.2　单限比较器电路及传输特性曲线

8.4.3　滞回比较器

单限比较器电路简单，但抗干扰能力差。在阈值电压附近任何微小的变化，都会引起输出电压的跳变，若干扰出现在阈值电压附近，则输出将出现错误的翻转，如图 8.4.3 所示。

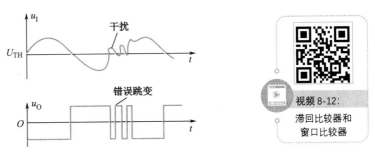

图 8.4.3　存在干扰时单限比较器的输出

为了克服这个缺点，可采用具有滞回特性的滞回比较器，又称为施密特触发器。其电路的特点是集成运放引入了正反馈，图 8.4.4（a）是一个反相输入的滞回比较器。分析可得

$$u_- = u_I$$

$$u_+ = \frac{R_1}{R_1 + R_2} u_O + \frac{R_2}{R_1 + R_2} U_R$$

当 $u_- = u_+$ 时，输出发生跳变，于是得

$$U_{TH} = \frac{R_1}{R_1 + R_2} u_O + \frac{R_2}{R_1 + R_2} U_R \tag{8.4.3}$$

当 $u_O = +U_Z$ 时，阈值电压为

$$U_{TH+} = \frac{R_1}{R_1 + R_2} U_Z + \frac{R_2}{R_1 + R_2} U_R \tag{8.4.4}$$

称为上门限。当 $u_O = -U_Z$ 时，阈值电压为

$$U_{TH-} = -\frac{R_1}{R_1 + R_2} U_Z + \frac{R_2}{R_1 + R_2} U_R \tag{8.4.5}$$

称为下门限。当 u_I 从小单调增大，由于此时输出为 $+U_Z$，因此上门限有效，当 u_I 增大到上门限处发生跳变；同理，当 u_I 从大单调减小，由于此时输出为 $-U_Z$，因此下门限有效，当 u_I 减小到下门限处发生跳变，可得传输特性曲线如图 8.4.4（b）所示。对比可知，该比较器有两个门限电平，但是在输入信号的单调变化方向上只有一次跳变机会，且相对于单限比较器，其跳变均相对滞后，因此称为滞回比较器，或者迟滞比较器。

上下门限之差称为门限宽度或回差电压，用符号 ΔU_{TH} 表示，即

$$\Delta U_{TH} = U_{TH+} - U_{TH-} = \frac{2R_1}{R_1 + R_2} U_Z \tag{8.4.6}$$

式（8.4.6）说明，门限宽度 ΔU_{TH} 的值取决于稳定电压 U_Z 以及 R_2、R_1 的值，而与 U_R 无关。也就是说，改变 U_R 可使滞回曲线左右移动，但形状不改变。

对于图 8.4.3 中存在干扰的信号，只要根据干扰或噪声电平适当调整滞回比较器两个门限电平的值，就可以避免比较器的输出电压在高、低电平之间反复跳变，如图 8.4.5 所示。由此可知，滞回比较器有抗干扰能力强的特点，但灵敏度比单限比较器低。

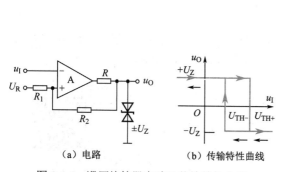

（a）电路   （b）传输特性曲线

图 8.4.4　滞回比较器电路及传输特性曲线

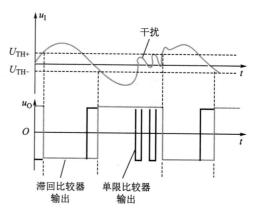

图 8.4.5　存在干扰时滞回比较器的输出

8.4.4　窗口比较器

单限比较器和滞回比较器在输入电压单向变化时，输出电压仅发生一次跳变，无法比较某一特定范围内的电压。窗口比较器具有这项功能。窗口比较器的电路如图 8.4.6（a）所示，基本电路是两个输入端并联的单限比较器，且比较电压 $U_{RH} > U_{RL}$。

从图 8.4.6（a）中可以看出，当 $u_I > U_{RH}$ 时，必有 $u_I > U_{RL}$，集成运放 A_1 输出高电平，集成运放 A_2 输出低电平。于是，二极管 VD_1 导通、VD_2 截止，输出受稳压管 VD_Z 限制，则 $u_O = U_Z$。当 $U_{RL} < u_I < U_{RH}$ 时，集成运放 A_1 和 A_2 都处于反向饱和，输出低电平。于是，二极管 VD_1 和 VD_2 截止，输出电压 $u_O = 0$。当 $u_I < U_{RL}$ 时，必有 $u_I < U_{RH}$，集成运放 A_1 输出低电平，集成运放 A_2 输出高电平。于是，二极管 VD_1 截止、VD_2 导通，输出受稳压管 VD_Z 限制，则 $u_O = U_Z$。其传输特性曲线如图 8.4.6（b）所示。

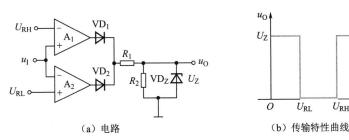

（a）电路 （b）传输特性曲线

图 8.4.6 窗口比较器电路及其传输特性曲线

8.4.5 集成电压比较器

视频 8-13：
集成电压比较器

1. 集成电压比较器的特点和分类

集成电压比较器是一种专用的运算放大器，与集成运放相比较，其开环增益低，失调电压大，共模抑制比小；但具有响应速度快、传输时间短等特点。它的内部采用了更多的噪声抑制技术，防止了设置参考电压可能导致的自激。此外，大部分集成电压比较器的驱动能力都比较强，可以直接驱动指示灯和继电器等负载。同时，一般不需要外加限幅电路，能直接驱动 TTL、CMOS 和 ECL 等电路。

集成电压比较器按电压比较器的个数分类，可分为单电压比较器、双电压比较器和四电压比较器等；按功能分类，可分为通用型、高速型、低功耗型、低电压型和高精度型；按输出方式分类，可分为普通输出、集电极开路输出（OC）和互补输出 3 种方式。

有的集成电压比较器带有选通端。当选通在工作状态，集成电压比较器按其电压传输特性工作；当选通在禁止状态，从集成电压比较器的输出端看进去，相当于开路状态。

在表 8.4.1 中给出了几个常用集成电压比较器的参数。

表 8.4.1 几个常用集成电压比较器的参数

型号	工作电源 /V	正电源电流 /mA	负电源电流 /mA	响应时间 /ns	输出方式	类型
AD790	+5 或 ±15	10	5	45	TTL/CMOS	通用
LM119	+5 或 ±15	8	3	80	OC，发射极浮动	通用
MC1414	+16 和 −6	18	14	40	TTL，带选通	通用
MXA900	+5 或 ±15	25	20	15	TTL	高速
TCL374	2～18	0.75		650	漏极开路	低功耗

2. 集成电压比较器的基本接法

（1）通用型集成电压比较器 AD790。集成电压比较器 AD790 的引脚图如图 8.4.7（a）所示。各引脚的功能为：①外接正电源；②反相输入端；③同相输入端；④外接负电源；⑤锁存控制端，当该端为低电平时，锁存输出信号；⑥接地端；⑦输出端；⑧逻辑电源端，其取值确定负载所需的高电平。

图 8.4.7（b）～（d）是外接电源的基本接法。图中的电容均为去耦电容，滤去在比较器输出发生跳变时脉冲对电源的影响。在图 8.4.7（b）中的 510Ω 电阻是直接输出使能控制的上拉电阻值。

（2）集电极开路集成电压比较器 LM119。

图 8.4.8 所示为金属封装的双集成电压比较器 LM119 的引脚图（顶视图），可双电源供电，也可单电源供电。

LM119 为集电极开路输出，两个比较器的输出可直接并联，共用外接上拉电阻，实现"线与"，如图 8.4.9（a）所示。所谓"线与"，是指只有在比较器Ⅰ和Ⅱ的输出均为高电平时，u_O 才为高电平，否则 u_O 为低电平的逻辑关系。对于一般输出方式的集成电压比较器或集成运放，两个电路的输出端不得并联使用；否则，当两个电路输出电压产生冲突时，会因输出回路电流过大而造成器件损坏。分析图 8.4.9（a）所示电路，可以得出其电压传输特性如图 8.4.9（b）所示。因此，电路实现了窗口比较器。

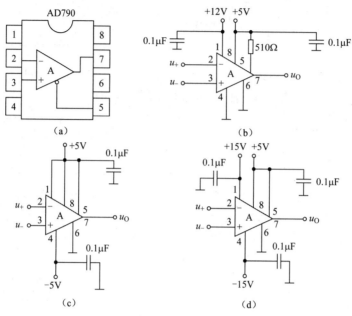

图 8.4.7　集成电压比较器 AD790 的基本接法

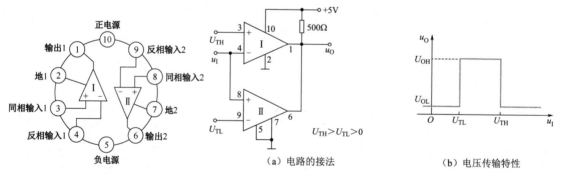

图 8.4.8　金属封装的双集成电压比较器　　图 8.4.9　由 LM119 构成的窗口比较器及其电压传输特性
　　　　　LM119 的引脚图

本 章 小 结

　　集成运算放大器加上适当的反馈网络，可以实现模拟信号的数学运算，运放因此得名。目前运放已得到非常广泛的应用。本章只列举了运放应用的一部分，它可以像双极型三极管和场效应管一样作为一个器件被应用到各个领域中。

　　（1）由于运放电路工作在线性区，因此在分析运算电路的输入、输出关系时，一定要牢记理想运放工作在线性区时的两个特点，即"虚短"和"虚断"。通常从这两个特点出发进行分析。

　　① 比例运算电路是最基本的信号运算电路，在此基础上可以扩展、演变成其他运算电路。比例运算电路有 3 种输入方式：反相输入、同相输入和差分输入。当输入方式不同时，电路的性能和特点各有不同。

　　② 在求和电路中，着重介绍了应用比较广泛的反相求和电路，这种电路实际上是利用"虚地"和

"虚断"的特点，通过将各输入回路求和的方法实现各路输入电压求和。

③ 积分和微分互为逆运算，这两种电路是在比例运算电路的基础上分别将反馈回路或输入回路中的电阻换成电容而构成的。其原理主要是利用电容两端的电压与流过电容的电流之间存在着积分关系。

④ 对数和指数电路是利用二极管的电流与电压之间存在指数关系，在比例运算电路的基础上，将反馈回路或输入回路中的电阻换为二极管（或三极管）而构成的。

⑤ 乘法和除法电路可以由对数与指数电路组成。模拟乘法器常采用变跨导式模拟乘法器，其输出电压与两个输入电压之乘积成正比（$u_O = K u_X u_Y$）。模拟乘法器应用十分广泛，不仅可以用于乘除运算，还可以用于乘方运算、平方根运算、均方根运算、函数的生成等。

（2）有源滤波电路。

① 滤波电路的作用实际上是选频。根据其工作频率范围，滤波电路可以分为 5 类：低通滤波电路、高通滤波电路、带通滤波电路、带阻滤波电路和全通滤波电路。

② 最简单的滤波电路可由电阻和电容元件组成，称为无源滤波电路。无源滤波电路和集成运放结合就构成了有源滤波电路。其中 RC 元件的参数值决定着滤波电路的中心频率，表达式为 $f_0 = \dfrac{1}{2\pi RC}$。

在有源滤波电路中，集成运放的作用是提高电压放大倍数和带负载的能力。由于它起放大作用，必须工作在线性区，且引入一个深度负反馈。

③ 为了改善滤波特性，可将两级或更多级的 RC 电路串联，组成二阶或更高阶滤波电路。在二阶有源低通滤波电路中，常常在滤波电路的输出端至两级 RC 电路之间引出一个正反馈，此正反馈使得电路在 f_0 处增益提升，加快增益衰减速率。

④ 将一个 RC 低通电路和一个 RC 高通电路串联或并联在一起，可以分别构成带通滤波器或带阻滤波器。

（3）电压比较器。

① 电压比较器的输入信号是连续变化的模拟量，输出信号只有高电平或低电平两种状态，因此可以认为是模拟电路和数字电路"接口"。

② 电压比较器的集成运放常常工作在非线性区。运放处于开环状态，有时还引入正反馈。

③ 常用的比较器有单限比较器、滞回比较器及窗口比较器（双限比较器）等。单限比较器只有一个门限电平。若门限电平为零，则称为过零比较器。滞回比较器具有滞回形状的传输特性，两个门限电平之间的差值称为门限宽度或回差电压。双限比较器有两个门限电平，传输特性呈窗口状，故又称为窗口比较器。

习　题　八

8.1　填空题。

（1）为了抑制漂移，集成运放的输入级一般是_____放大电路，因此对于由双极型三极管构成输入级的集成运放，两个输入端的外接电阻应_____。

（2）"虚地"是_____的特殊情况。

（3）反相比例运算电路中集成运放反相输入端为_____点，而同相比例运算电路中集成运放两个输入端对地的电压基本上等于_____电压。

（4）反相求和电路中集成运放的反相输入端为虚地点，流过反馈电阻的电流等于各输入电流的_____。

（5）对数和指数电路是利用二极管的电流与电压之间存在_____。

（6）滤波电路的作用实际上是_____。在有源滤波电路中，集成运放的作用是提高电压放大倍数和_____。

（7）电压比较器的集成运放常常工作在_____。常用的比较器有_____比较器、_____比较器和_____比较器。

（8）模拟乘法器常采用_____模拟乘法器，其输出电压与两个输入电压的_____成正比。

8.2　在图 P8.1 所示的放大电路中，已知 $R_1=R_2=R_5=R_7=R_8=10\text{k}\Omega$，$R_6=R_9=R_{10}=20\text{k}\Omega$。

（1）试问 R_3 和 R_4 分别应选用多大的电阻？

（2）列出 u_{o1}、u_{o2} 和 u_o 的表达式。

（3）设 $u_{i1}=0.3\text{V}$，$u_{i2}=0.1\text{V}$，则输出电压 u_o 为多少？

8.3　设图 P8.2 所示各电路中的集成运放是理想的，分别求出它们输出电压与输入电压的函数关系式，并指出哪个电路对运放的共模抑制比要求不高？为什么？

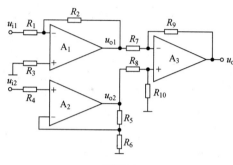

图 P8.1

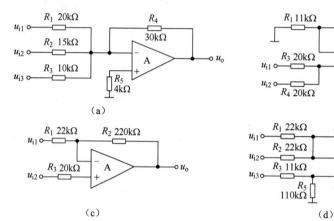

（a）　　　　　　　（b）

（c）　　　　　　　（d）

图 P8.2

8.4　设计一个加减运算电路，使 $u_o=12u_{i1}+6u_{i2}-8u_{i3}$。选定反馈电阻 $R_F=120\text{k}\Omega$。

8.5　在图 P8.3（a）所示电路中，已知 $R_1=100\text{k}\Omega$，$R_2=R_F=200\text{k}\Omega$，$R'=51\text{k}\Omega$，$u_{i1}$ 和 u_{i2} 的波形如图 P8.3（b）所示，试画出输出电压 u_o 的波形，并在图上标明相应电压的数值。

8.6　图 P8.4 是一种恒流源电路。试分析它的工作原理，并写出负载电流 I_L 的表达式。

8.7　设图 P8.5 所示电路中的集成运放具有理想特性，试求电路的输入电阻 $R_i=U_i/I_i$。

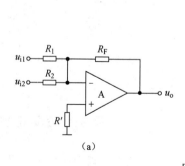

（a）

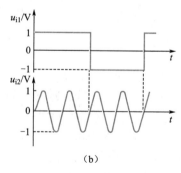

（b）

图 P8.3

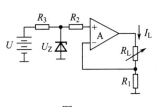

图 P8.4

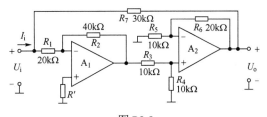

图 P8.5

8.8 写出图 P8.6 所示电路的输出电压与输入信号 u_1、u_2 的运算关系。

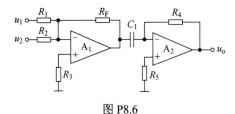

图 P8.6

8.9 设图 P8.7（a）和（b）所示电路中三极管的参数相同，各输入信号均大于零。

（1）试说明各集成运放组成何种基本运算电路。

（2）分别列出两个电路的输出电压与其输入电压之间关系的表达式。

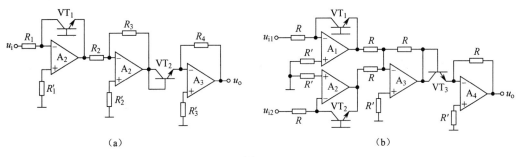

(a)   (b)

图 P8.7

8.10 图 P8.8 是电荷放大器，已知 C_F=1000pF，A_u=100，求 C_t 为多少？

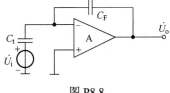

图 P8.8

8.11 试判断图 P8.9 中的各电路是什么类型的滤波电路（低通、高通、带通还是带阻滤波电路，有源还是无源滤波，几阶滤波）？

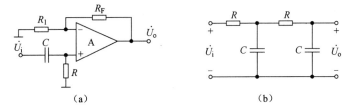

(a)   (b)

图 P8.9

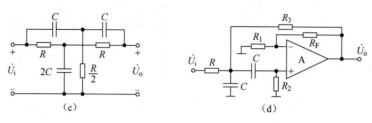

图 P8.9（续）

8.12　在图 P8.10 所示的二阶低通滤波电路中，设 $R=R_1=10\mathrm{k}\Omega$，$C=0.1\mu\mathrm{F}$，$R_\mathrm{F}=10\mathrm{k}\Omega$。

（1）试估算通带截止频率 f_o 和通带电压放大倍数 A_up。

（2）画出滤波电路的对数幅频特性。

（3）如果将 R_F 增大到 $100\mathrm{k}\Omega$ 是否可改善滤波特性？

8.13　在图 P8.10 所示电路中，如果要求通带截止频率 $f_\mathrm{p}=2\mathrm{kHz}$，等效品质因数 $Q=0.707$，试确定电路中电阻和电容元件的参数值。

8.14　试求图 P8.11 所示电压比较器的阈值，并画出它的传输特性。

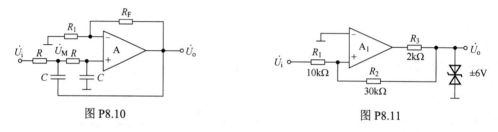

图 P8.10　　　　　　　　　图 P8.11

8.15　设滞回比较器的传输特性和输入电压波形分别如图 P8.12（a）和（b）所示，试画出它的输出电压 u_O 的波形。

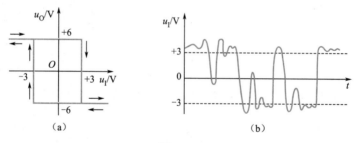

图 P8.12

8.16　若将正弦信号 $u_\mathrm{I}=U_\mathrm{m}\sin\omega t$ 加在图 P8.13 所示电路的输入端，并设 $U_\mathrm{A}=+10\mathrm{V}$，$U_\mathrm{B}=-10\mathrm{V}$，集成运放 A_1、A_2 的最大输出电压 $U_\mathrm{OPP}=\pm12\mathrm{V}$，二极管的正向导通电压 $U_\mathrm{D}=0.7\mathrm{V}$。试画出对应 u_O 的电压波形。

8.17　在图 P8.13 中，若 $U_\mathrm{A}<U_\mathrm{B}$，能否实现双限比较，试画出此时的输入、输出关系曲线。

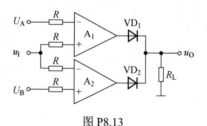

图 P8.13

思维导图 9:
信号产生电路

第 9 章　信号产生电路

[内容提要]

　　本章首先介绍正弦波振荡器的振荡条件、基本组成和分析步骤，详细介绍 RC 振荡电路、LC 振荡电路和石英晶体振荡电路，阐述振荡电路的构成原则、工作原理和主要应用；然后结合前面学习的电压比较器等内容，介绍几种常用的非正弦波发生电路的组成和工作原理，包括矩形波发生电路、三角波发生电路和锯齿波发生电路。

　　信号产生电路常常作为信号源被广泛应用于无线电通信、自动测量和自动控制等系统中，就其波形来说，可以分为两大类——正弦波发生电路和非正弦波发生电路。

　　信号发生电路是依赖"自激振荡"原理工作的，因此也将信号发生电路称为振荡器。振荡器是自动将直流能量转换为一定波形参数的交流信号的装置，它与放大器的区别是不需要外加信号的激励，其输出信号的频率、幅度和波形仅仅由电路本身的参数决定。

　　根据波形的不同，可将振荡器分为正弦波振荡器和非正弦波振荡器（能产生矩形、三角形、锯齿形的振荡电压）。

9.1　正弦波振荡器

　　电子技术实验中经常使用的低频信号发生器就是一种正弦波振荡器。大功率正弦波振荡器还可以直接为工业生产提供能源，如高频加热炉的高频电源。此外，如超声波探伤、无线电和广播电视信号的发送和接收等，都离不开正弦波振荡器。

　　正弦波振荡器形式多种多样，一般可以按图 9.1.1 进行分类。

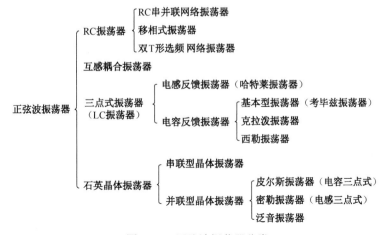

图 9.1.1　正弦波振荡器分类

9.1.1　正弦波振荡器的原理和基本组成

视频 9-1：
正弦波振荡器
简介

振荡器实际上也属于反馈控制电路，因此，不妨先回顾一下负反馈放大器的原理。图 9.1.2 所示为负反馈放大器方框图。由图 9.1.2 可知

$$\dot{U}_o = \dot{A}\dot{U}_d = \dot{A}\left(\dot{U}_i - \dot{U}_F\right) = \dot{A}\left(\dot{U}_i - \dot{F}\dot{U}_o\right) = \dot{A}\dot{U}_i - \dot{A}\dot{F}\dot{U}_o$$

移项得
$$\dot{U}_o\left(1 + \dot{A}\dot{F}\right) = \dot{A}\dot{U}_i$$

于是
$$\dot{A}_{uf} = \frac{\dot{U}_o}{\dot{U}_i} = \frac{\dot{A}}{1 + \dot{A}\dot{F}} \tag{9.1.1}$$

式（9.1.1）是负反馈放大器闭环放大倍数的一般表示式。当 $\dot{A}\dot{F} = -1$ 时，负反馈变成自激振荡器。其振荡振幅条件为 $|\dot{A}\dot{F}| = 1$，相位条件为 $\arg \dot{A}\dot{F} = \pm(2n+1)\pi$，其中 $n = 0,1,2,\cdots$。

而实际振荡器往往引入正反馈，反馈信号与输入信号同相，如图 9.1.3 所示。此时式（9.1.1）变为

$$\dot{A}_{uf} = \frac{\dot{A}}{1 - \dot{A}\dot{F}} \tag{9.1.2}$$

当其 $\dot{A}\dot{F} = 1$ 时，就会产生自激振荡。其振荡振幅平衡条件为
$$|\dot{A}\dot{F}| = 1$$

相位平衡条件为

$$\arg \dot{A}\dot{F} = \varphi_A + \varphi_F = \pm 2n\pi \quad (n = 0,1,2,\cdots) \tag{9.1.3}$$

要使振荡器能自行起振，在刚接通电源后，$|\dot{A}\dot{F}|$ 必须大于 1。所以，反馈振荡器的起振条件为

$$\begin{cases} |A_0 F| > 1 \\ \varphi_{A0} + \varphi_F = \pm 2n\pi \quad (n = 0,1,2,\cdots) \end{cases} \tag{9.1.4}$$

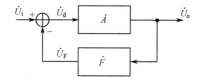

图 9.1.2　负反馈放大器方框图

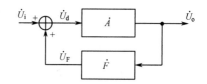

图 9.1.3　振荡器原理方框图

如果振荡建立起来以后，一直保持 $|\dot{A}\dot{F}| > 1$，振荡就会无限制地增强。因此，在振荡建立并达到预设的输出幅度时，需要一个稳幅环节，通过一定的方式使得环路增益降低，达到平衡条件 $|\dot{A}\dot{F}| = 1$。

由以上分析，正弦波振荡器通常包括 4 个组成部分。

（1）放大电路。提供环路增益中的放大倍数 $\dot{A}$，在从起振到稳定过程中使得信号逐渐增强。

（2）正反馈网络。使放大电路中的输入信号与反馈信号同相，相当于用反馈信号来代替输入信号。

（3）选频网络。确定电路的振荡频率，使电路的振荡频率单一，保证电路产生正弦波振荡。

（4）稳幅环节。非线性环节，使得电路达到预设输出幅度时，自动稳定幅度。

判断电路是否可能产生正弦波振荡的步骤如下。

（1）观察电路中是否具有放大电路、选频网络和反馈网络。

（2）检查放大电路是否可以正常放大，即电路中的静态工作点是否合适以及是否可以正常放大动态信号。

（3）用瞬时极性法判断电路中的反馈网络是否为正反馈网络。

（4）判断电路是否满足起振条件，也即 $|\dot{A}\dot{F}| > 1$，这里要说明的一点是，$|\dot{A}\dot{F}|$ 只能略大于 1。如果太大，会给后面的稳幅环节带来压力，如果不能正常稳幅，振荡电路就不能稳定振荡。

（5）分析电路中的稳幅环节，是否可以正常稳幅，稳定输出幅度是否达到要求。

9.1.2 RC 正弦波振荡器

1. RC 串并联网络振荡电路

RC 串并联网络振荡电路用以产生低频正弦波信号，是一种使用十分广泛的 RC 振荡电路。

视频 9-2：
RC 正弦波振荡器

RC 串并联网络振荡电路原理图如图 9.1.4 所示。图中集成运放 A 作为放大电路，选频网络是一个 RC 元件组成的串并联网络，R_F 和 R' 支路引入一个负反馈。由图 9.1.4 可知，串并联网络中的 R_1、C_1 和 R_2、C_2 以及负反馈网络中的 R_F 和 R' 正好组成一个电桥的 4 个臂，因此这种电路又称为文氏电桥振荡电路。

下面首先分析 RC 串并联网络的选频特性，并由相位平衡条件和幅度平衡条件估算电路的振荡频率和起振条件。然后介绍如何利用负反馈改善振荡电路的输出波形。

（1）RC 串并联网络的选频特性。电路中的 RC 串并联网络是如何起到选频作用的？需要对 RC 串并联网络（见图 9.1.5）进行频率响应分析。

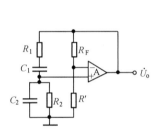

图 9.1.4 RC 串并联网络振荡电路原理图

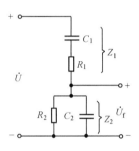

图 9.1.5 RC 串并联网络

图 9.1.5 所示电路的频率特性表示式为

$$\dot{F} = \frac{\dot{U}_f}{\dot{U}} = \frac{Z_2}{Z_1 + Z_2} = \frac{\dfrac{R_2}{1 + j\omega R_2 C_2}}{R_1 + \dfrac{1}{j\omega C_1} + \dfrac{R_2}{1 + j\omega R_2 C_2}}$$

$$= \frac{1}{\left(1 + \dfrac{R_1}{R_2} + \dfrac{C_2}{C_1}\right) + j\left(\omega C_2 R_1 - \dfrac{1}{\omega C_1 R_2}\right)}$$

为了调节振荡频率方便，通常取 $R_1 = R_2 = R$，$C_1 = C_2 = C$。此时若令 $\omega_0 = \dfrac{1}{RC}$，则上式可化简为

$$\dot{F} = \frac{1}{3 + j\left(\dfrac{\omega}{\omega_0} - \dfrac{\omega_0}{\omega}\right)} \tag{9.1.5}$$

其幅频特性为

$$|\dot{F}| = \frac{1}{\sqrt{3^2 + \left(\dfrac{\omega}{\omega_0} - \dfrac{\omega_0}{\omega}\right)^2}} \tag{9.1.6}$$

相频特性为

$$\varphi_F = -\arctan\left(\frac{\dfrac{\omega}{\omega_0} - \dfrac{\omega_0}{\omega}}{3}\right) \tag{9.1.7}$$

由式（9.1.6）及式（9.1.7）可知，当 $\omega = \omega_0 = \dfrac{1}{RC}$ 时，$\dot{F}$ 的幅值为最大，此时

$$|\dot{F}|_{\max} = \frac{1}{3}$$

而 $\dot{F}$ 的相位角为零，即

$$\varphi_F = 0$$

这就是说，当 $f = f_0 = 1/2\pi RC$ 时，$\dot{U}_f$ 的幅值达到最大，等于 $\dot{U}$ 幅值的 $1/3$，同时 $\dot{U}_f$ 与 $\dot{U}$ 同相，RC 串并联网络的幅频特性和相频特性分别示于图 9.1.6（a）和（b）中。

（2）振荡频率与起振条件。

① 振荡频率。为了满足振荡的相位平衡条件，要求 $\varphi_A + \varphi_F = \pm 2n\pi$。以上分析说明，当 $f = f_0$ 时，串并联网络的 $\varphi_F = 0$，如果在此频率下能使放大电路的 $\varphi_A = \pm 2n\pi$，即放大电路的输出电压与输入电压同相，即可达到相位平衡条件。在图 9.1.4 所示的 RC 串并联网络振荡电路原理图中，放大部分是集成运放，采用同相输入方式，则在中频范围内 φ_A 近似等于零。因此，电路在 f_0 时 $\varphi_A + \varphi_F = 0$，而对于其他任何频率，则不满足振荡的相位平衡条件，所以电路的振荡频率为

$$f_0 = \frac{1}{2\pi RC} \tag{9.1.8}$$

② 起振条件。已经知道，当 $f = f_0$ 时，$|\dot{F}| = 1/3$。为了满足振荡的幅度平衡条件，必须使 $|\dot{A}\dot{F}| > 1$，由此可以求得振荡电路的起振条件为

$$|\dot{A}| > 3 \tag{9.1.9}$$

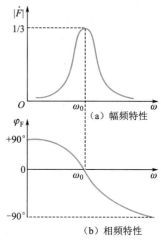

图 9.1.6　RC 串并联网络的频率特性

因为同相比例运算电路的电压放大倍数为 $A_{uf} = 1 + \dfrac{R_F}{R'}$，为了使 $|\dot{A}| = A_{uf} > 3$，图 9.1.4 所示振荡电路中负反馈支路的参数应满足以下关系。

$$R_F > 2R' \tag{9.1.10}$$

（3）振荡电路中的负反馈。根据以上分析可知，在 RC 串并联网络振荡电路中，只要达到 $|\dot{A}| > 3$，即可满足产生正弦波振荡的起振条件。如果 $|\dot{A}|$ 的值过大，由于振荡幅度超出放大电路的线性放大范围而进入非线性区，输出波形将产生明显的失真。另外，放大电路的放大倍数因受环境、温度及元件老化等因素影响，也会发生波动。以上情况都将直接影响振荡电路输出波形的质量，因此通常会在放大电路中引入负反馈以改善振荡波形。在图 9.1.4 中，电阻 R_F 和 R' 引入了一个电压串联负反馈，它不仅可以提高放大倍数的稳定性，改善振荡电路的输出波形，而且能够进一步提高放大电路的输入电阻，降低输出电阻，从而减小放大电路对 RC 串并联网络选频特性的影响，提高振荡电路的带负载能力。

改变电阻 R_F 或 R' 值的大小可以调节负反馈的深度。R_F 越小，则负反馈系数 $F = \dfrac{R'}{R_F + R'}$ 越大，负反馈深度越深，放大电路的电压放大倍数越小；反之，R_F 越大，负反馈系数 F 越小，即负反馈越弱，电压放大倍数越大。若电压放大倍数太小，不能满足 $|\dot{A}| > 3$ 的条件，则振荡电路不能起振；若电压放大倍数太大，则可能输出幅度太大，使振荡波形产生明显的非线性失真，应调整 R_F 和 R' 的阻值，使振荡电路产生比较稳定而失真较小的正弦波信号。

在实际工作中，希望电路能够根据振荡幅度的大小自动地改变负反馈的强弱，以实现自动稳幅。例如，若振荡幅度增大，要求负反馈系数 F 随之增大，加强负反馈，限制输出幅度继续增长；反之，若振荡幅度减小，要求负反馈系数 F 也随之减小，削弱负反馈，避免输出幅度继续减小，甚至无法起振。

可以在负反馈支路中采用热敏电阻来实现自动稳幅，如图 9.1.7 所示。

在图 9.1.7 中，利用具有负温度系数的热敏电阻 R_T 代替原来的反馈电阻 R_F。当振荡幅度增大时，流过热敏电阻 R_T 的电流也增大，于是温度升高，R_T 的阻值减小，负反馈系数 F 增大，即负反馈得到加强，使放大电路的电压放大倍数降低，抑制输出幅度的增长；反之，若振荡幅度减小，则流过 R_T 的电流也减小，温度降低，R_T 的阻值增大，负反馈系数 F 减小，即负反馈被削弱，使电压放大倍数升高，阻止输出幅度继续减小，从而达到自动稳幅的效果。

根据同样的原理，可以在图 9.1.7 中采用具有正温度系数的热敏电阻代替原来的电阻 R'，来达到自动稳幅的目的。

（4）振荡频率的调节。由式（9.1.8）可知，RC 串并联网络正弦波振荡电路的振荡频率为

$$f_0 = \frac{1}{2\pi RC}$$

因此，只要改变电阻 R 或电容 C 的值，即可调节振荡频率。例如，在 RC 串并联网络中，利用波段开关换接不同容量的电容对振荡频率进行粗调，利用同轴电位器对振荡频率进行细调，如图 9.1.8 所示。采用这种办法可以很方便地在一个比较宽的范围内对振荡频率进行连续调节。

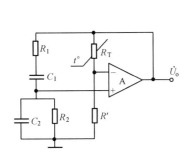

图 9.1.7　采用热敏电阻稳幅的 RC 串并联网络振荡电路

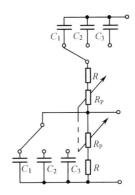

图 9.1.8　振荡频率的调节

【例 9.1.1】　一台由文氏电桥振荡电路组成的正弦波信号发生器，采用图 9.1.8 所示的方法调节输出频率。切换不同的电容作为频率粗调，调节同轴电位器作为细调。已知电容 C_1、C_2、C_3 分别为 0.25μF、0.025μF、0.0025μF，固定电阻 $R=3\text{k}\Omega$，电位器阻值 $R_P=30\text{k}\Omega$。试估算该仪器 3 挡频率的调节范围。

解：在低频挡，$C=0.25$μF。当电位器调至最大时，$R+R_P=(3+30)\text{k}\Omega$，此时

$$f = \frac{1}{2\pi \times 33 \times 10^3 \times 0.25 \times 10^{-6}} = 19\text{Hz}$$

当电位器调至零时，$R+R_P=3\text{k}\Omega$，此时

$$f = \frac{1}{2\pi \times 3 \times 10^3 \times 0.25 \times 10^{-6}} = 212\text{Hz}$$

在中频挡，$C=0.025$μF。当 R_P 阻值调至最大时，此时

$$f = \frac{1}{2\pi \times 33 \times 10^3 \times 0.025 \times 10^{-6}} = 190\text{Hz}$$

当 R_P 阻值调至零时，此时

$$f = \frac{1}{2\pi \times 3 \times 10^3 \times 0.025 \times 10^{-6}} = 2.12 \times 10^3\text{Hz} = 2.12\text{kHz}$$

在高频挡，$C=0.0025$μF。当 R_P 阻值调至最大值时，此时

$$f = \frac{1}{2\pi \times 33 \times 10^3 \times 0.0025 \times 10^{-6}} = 1.9 \times 10^3\text{Hz} = 1.9\text{kHz}$$

当 R_P 阻值调至零时，此时

$$f = \frac{1}{2\pi \times 3 \times 10^3 \times 0.0025 \times 10^{-6}} = 2.12 \times 10^4 \text{Hz} = 21.2 \text{kHz}$$

综合以上估算结果，可得 3 挡频率的调节范围为 19～212Hz、190Hz～2.12kHz、1.9～21.2kHz。可见，3 挡的频率均在音频范围内，且 3 挡之间互相有一部分覆盖，故能在 19Hz～21.2kHz 的全部频率范围内连续可调，实际上这是一台频率可调的音频信号发生器。

除了文氏电桥振荡电路，其他常用的 RC 振荡电路有移相式振荡电路和双 T 形选频网络振荡电路等。

2. 移相式振荡电路

移相式振荡电路由一个反相输入比例电路和 3 阶 RC 移相电路组成，如图 9.1.9 所示。

由于集成运放采用反相输入方式，因此放大电路的相移 $\varphi_A = 180°$。如果反馈网络再移相 180°，此电路即可满足产生正弦波振荡的相位平衡条件。

已知一阶 RC 电路的移相范围为 0°～90°，不可能满足振荡的相位条件。两阶 RC 电路的移相范围为 0°～180°，但在接近 180° 时，输出电压已接近于零，无法同时满足振荡的幅度平衡条件和相位平衡条件。3 阶 RC 电路的移相范围为 0°～270°，当 $f \to 0$ 时，$\varphi = 270°$，当 $f \to \infty$ 时，$\varphi \to 0$，其移相特性如图 9.1.10 所示。由图可知，其中必定存在一个频率 f_0，其相移为 $\varphi = 180°$，此时电路满足振荡的相位平衡条件。

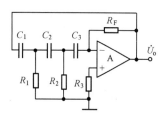

图 9.1.9　移相式振荡电路

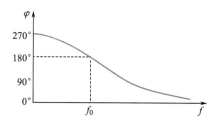

图 9.1.10　3 节 RC 电路的移相特性

由以上分析可知，在移相式振荡电路中，至少要用 3 阶 RC 电路（RC 超前移相电路或 RC 滞后移相电路均可）才能满足振荡的相位平衡条件。在图 9.1.9 中，采用 3 阶 RC 超前移相电路，它的第三阶 RC 电路由 C_3 和放大电路的输入电阻组成。

在图 9.1.9 中，通常选择 $C_1 = C_2 = C_3 = C$，且 $R_1 = R_2 = R$。此时，根据振荡的相位平衡条件和幅度平衡条件，可求得电路的振荡频率为

$$f_0 = \frac{1}{2\sqrt{3}\pi RC} \tag{9.1.11}$$

起振条件为

$$R_F > 12R \tag{9.1.12}$$

RC 移相式振荡电路具有结构简单、经济等优点；缺点是选频作用较差，频率调节不方便，输出幅度不够稳定，输出波形较差。一般用于振荡频率固定且稳定性要求不高的场合，其频率范围为几赫兹到几十千赫兹。

3. 双 T 形选频网络振荡电路

由于已知 RC 元件组成的双 T 形网络具有选频特性，因此可以利用这个特点组成正弦波振荡电路。双 T 形选频网络振荡电路原理图如图 9.1.11 所示。

若双 T 形选频网络中元件的参数如图 9.1.11 所示，即两个电阻 R 之间的电容的容值为 $2C$，而两个电容 C 之间的电阻为 R_3，但 R_3 应略小于 $R/2$。此时双 T 形选频网络振荡电路的振荡频率比 $\frac{1}{2\pi RC}$ 稍高，可近似表示为

$$f_0 \approx \frac{1}{5RC} \tag{9.1.13}$$

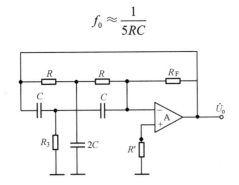

图 9.1.11　双 T 形选频网络振荡电路原理图

当 $f = f_0$ 时，双 T 形选频网络的相移 $\varphi_F = 180°$，而反相输入比例电路的相移 $\varphi_A = 180°$，因此能够满足振荡的相位平衡条件。而由于此时选频网络的幅频特性的值很低，为了同时满足幅度平衡条件，放大电路的放大倍数必须足够大，以便达到 $|\dot{A}\dot{F}| > 1$。

由于双 T 形选频网络本身比 RC 串并联网络具有更好的选频特性，因此双 T 形选频网络振荡电路输出信号的频率稳定性较高，输出波形的非线性失真较小，得到了比较广泛的应用。但其缺点是频率调节比较困难，因此比较适用于产生单一频率的正弦波信号。

3 种 RC 振荡电路的比较列于表 9.1.1 中。由表 9.1.1 可知，各种 RC 振荡电路的振荡频率均与电阻、电容的乘积成反比，如果需要产生振荡频率很高的正弦波信号，势必要求电阻或电容的值很小，这在制造和电路实现上将有较大的困难，因此 RC 振荡器一般用来产生几赫兹到几百千赫兹的低频信号，若要产生更高频率的信号，则可以考虑采用 9.1.3 节将要介绍的 LC 正弦波振荡器。

表 9.1.1　3 种 RC 振荡电路的比较

名称	RC 串并联网络振荡电路	移相式振荡电路	双 T 形选频网络振荡电路
电路形式			
振荡频率	$f_0 = \dfrac{1}{2\pi RC}$	$f_0 = \dfrac{1}{2\sqrt{3}\pi RC}$	$f_0 \approx \dfrac{1}{5RC}$
起振条件	$R_F > 2R'$	$R_F > 12R$	$R_3 < \dfrac{R}{2}$，$\|\dot{A}\dot{F}\| > 1$
电路特点及应用场合	可方便地连续调节振荡频率，便于加负反馈稳幅电路，容易得到良好的振荡波形	电路简单，经济方便，适用于波形要求不高的轻便测试设备中	选频特性好，适用于产生单一频率的振荡波形

9.1.3　LC 正弦波振荡器

LC 振荡电路主要用来产生高频正弦信号，一般在 1MHz 以上。LC 和 RC 振荡电路产生正弦波振荡的原理基本相同，只是采用 LC 电路作为选频网络。根据反馈方式的不同，LC 正弦波振荡器又分为变压器反馈式、电感反馈式和电容反馈式 3 种。下面首先讨论 LC 网络是如何进行选频的。

视频 9-3：
LC 正弦波振荡器

1. LC 选频网络

（1）LC 并联回路的频率特性。常见的 LC 正弦波振荡电路中的选频网络多采用 LC 并联回路。图 9.1.12（a）所示为理想 LC 网络，不考虑电路中的损耗，谐振频率为

$$f_0 = \frac{1}{2\pi\sqrt{LC}} \tag{9.1.14}$$

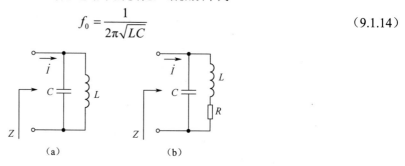

图 9.1.12　LC 并联网络

当信号频率较低时，电容的容抗很大，网络呈电感性，当信号频率较高时，电感的感抗很大，网络呈电容性，只有当信号频率为某一频率 f_0 时，网络呈纯阻性，且阻抗最大，此时产生电流谐振，电容的电场能转换为电感的磁场能，电感的磁场能再转换为电容的电场能。若不考虑外界损耗，两种能量无止境地互相转换，形成振荡，稳定输出正弦波。

而实际上 LC 并联网络总是存在损耗的，如电感线圈、导线等都有损耗，若把各种损耗等效为电阻 R，与电感串联，网络如图 9.1.12（b）所示。

由图 9.1.12（b）可得到网络的等效阻抗为

$$Z = \frac{\dfrac{1}{j\omega C}(R + j\omega L)}{\dfrac{1}{j\omega C} + R + j\omega L} \tag{9.1.15}$$

一般来讲，有 $R \ll j\omega L$，则式（9.1.15）可以简化为

$$Z = \frac{\dfrac{1}{j\omega C} \cdot j\omega L}{\dfrac{1}{j\omega C} + R + j\omega L} = \frac{\dfrac{L}{C}}{R + j\left(\omega L - \dfrac{1}{\omega C}\right)} \tag{9.1.16}$$

令 $\omega = \omega_0 = \dfrac{1}{\sqrt{LC}}$，代入式（9.1.16），网络呈纯阻抗，即

$$Z_0 = \frac{L}{RC} = Q\omega_0 L = \frac{Q}{\omega_0 C} \tag{9.1.17}$$

式中，$Q = \dfrac{\omega_0 L}{R} = \dfrac{1}{\omega_0 RC} = \dfrac{1}{R}\sqrt{\dfrac{L}{C}}$，为 LC 并联回路的品质因数，是评价回路损耗大小的指标，一般为几十到几百。Q 越大，说明回路的损耗越小，谐振特性越好。在振荡频率相同的情况下，电容越小，电感越大，品质因数越大，回路的选频特性越好。

由式（9.1.16）可得到回路的阻抗为

$$|Z| = \frac{\dfrac{L}{C}}{\sqrt{R^2 + \left(\omega L - \dfrac{1}{\omega C}\right)^2}} \tag{9.1.18}$$

$$\varphi = -\arctan\left[\frac{1}{R}\left(\omega L - \frac{1}{\omega C}\right)\right] \tag{9.1.19}$$

LC 并联网络电抗的频率特性曲线如图 9.1.13 所示。

（2）选频放大电路。选频放大电路如图 9.1.14 所示。

若把共射放大电路中的集电极负载电阻 R_c 换成 LC 并联回路，则放大倍数为

$$\dot{A}_u = \frac{\dot{U}_o}{\dot{U}_i} = -\frac{\beta R_c}{r_{be}} = -\frac{\beta Z}{r_{be}} \tag{9.1.20}$$

根据 LC 并联回路的频率特性可知，当信号频率为 f_0 时，并联回路的阻抗 Z 最大，即放大倍数最大，且输出电压与集电极电流之间没有附加相移。对于其余频率的信号，不仅放大倍数会降低，而且有附加相移。由此分析可知，电路具有选频功能，称为选频放大电路，也称为 LC 调谐放大器。

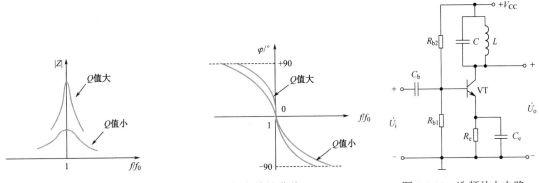

图 9.1.13　LC 并联网络电抗的频率特性曲线　　　　图 9.1.14　选频放大电路

2. 变压器反馈式振荡电路

LC 正弦波振荡电路中引入正反馈最简单的方法就是采用变压器反馈方式，如图 9.1.15 所示，电路中 C_b 和 C_e 分别是耦合电容和旁路电容，容量较大，在谐振时视为短路。

对于图 9.1.15 所示的电路，判断能否振荡，具体步骤如下。

（1）首先进行观察，电路中具有基本放大电路（共射放大电路）、反馈网络（变压器反馈）、选频网络（LC 并联回路）及稳幅环节（晶体管的非线性特性）。

（2）放大电路采用分压式静态工作点稳定电路，可以设置合适的静态工作点，交流通路中信号传递过程中无开路或短路现象，能够正常放大。

（3）判断电路中是否存在正反馈。如图 9.1.15 所示，基本放大电路是共射方式，信号从基极输入，反馈信号也是送到基极。断开反馈端 P 点，假设在基极输入一个频率为 f_0 的信号，对地瞬时极性为"⊕"；由于处于谐振状态，LC 并联回路呈纯阻抗，因此共射放大电路集电极的极性为"⊖"；观察变压器 N_1 和 N_2 的同名端可知，反馈电压的极性也为"⊕"，与输入信号极性相同，为正反馈，满足振荡的相位条件。

（4）电路的起振条件需要环路增益 $|\dot{A}\dot{F}|>1$，在这里只需要选用 β 较大的管子（如 $\beta\geqslant50$）或增加变压器原、副边之间的耦合程度（增加互感 M），或者增加副边线圈的匝数，都可使电路易于起振。

（5）稳幅环节是利用晶体管 β 的非线性来实现的，随着电流变大，晶体管进入饱和区，β 值随之下降，从而使放大倍数降低，达到平衡条件 $\dot{A}\dot{F}=1$。

图 9.1.16 所示为变压器反馈式振荡电路的交流通路。图中 R 为 LC 谐振回路的总损耗，L_1 为考虑到 N_3 回路的等效电感，L_2 为副边电感，M 为 N_1 和 N_2 间的等效互感，$R_i=R_{b1}//R_{b2}//r_{be}$ 为放大电路的输入电阻。由图 9.1.16 可以推导出振荡频率为

$$f_0 \approx \frac{1}{2\pi\sqrt{L_1'C}} \tag{9.1.21}$$

式中，$L_1' = L_1 - \frac{\omega_0^2 M^2}{R_i^2 + \omega_0^2 L_2^2}\cdot L_2 (\omega_0 = 2\pi f_0)$。

变压器反馈式振荡电路易于起振，输出波形很好，应用范围广泛。

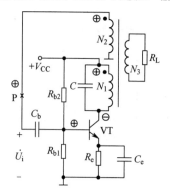

图 9.1.15　变压器反馈式振荡电路

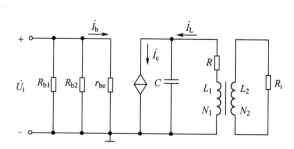

图 9.1.16　变压器反馈式振荡电路的交流通路

3．电感反馈式振荡电路

LC 谐振电路除了变压器反馈式，还有电感反馈式和电容反馈式两种。电感反馈式振荡电路如图 9.1.17 所示。电路中仍采用静态工作点稳定电路作为放大电路，LC 并联回路作为反馈网络和选频网络，起振和稳幅由电路中晶体管 β 的非线性特性实现。此电路也称为哈特莱式（Hartley）或电感三点式。

电感三端的相位关系判断如下：在交流通路中，先假设 3 端分别为头、中间和尾（头、尾可以互换），若头或尾接地，则中间端与另一端相位相同；若中间端接地，则头尾两端相位相反。依据以上的结论可以分析电感反馈式电路的反馈极性。在交流通路下，先断开 P 点，假设在基极加上频率为 f_0 且极性为"⊕"的信号，则集电极极性为"⊖"。由于在交流通路中电感 3 端中中间抽头 2 接地，因此 1、3 两端极性相反，3 端反馈极性为"⊕"，与输入信号极性相同，满足振荡的相位条件。

在空载状态下，电路的谐振频率为

$$f_0 \approx \frac{1}{2\pi\sqrt{(L_1 + L_2 + 2M)C}} \tag{9.1.22}$$

式中，M 为 N_1 和 N_2 间的互感。

电感反馈式振荡电路的缺点是，反馈电压取自电感，对高频信号具有较大的电抗，输出电压波形中含有高次谐波，输出波形不理想。

4．电容反馈式振荡电路

为了解决电感反馈式振荡电路的输出波形中含有高次谐波的问题，把电感换成电容，电容换成电感，从电容上取电压，得到图 9.1.18 所示的电容反馈式振荡电路，也称为考毕兹式（Colpittts）或电容三点式。

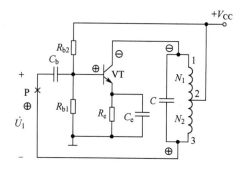

图 9.1.17　电感反馈式振荡电路

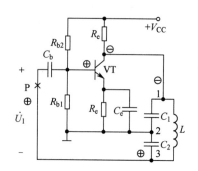

图 9.1.18　电容反馈式振荡电路

　　电容反馈式和电感反馈式一样，都具有 LC 并联回路，因此电容 C_1、C_2 中 3 个端点的相位关系与电感反馈式相似。假设断开反馈端 P 点，同时在基极加入极性为"⊕"的信号，则得晶体管集电极的信号极性为"⊖"，因为是 2 端（中间抽头）接地，所以 3 端与 1 端的电位极性相反，则反馈信号 3 端极性为"⊕"，与输入同相位，即满足相位平衡条件。至于振幅平衡条件或起振条件，只要将管子的 β 值选得大一些，并恰当选取比值 C_2/C_1，就有利于起振。稳幅仍采用晶体管的非线性特性来实现。

　　在空载状态下，电路的谐振频率为

$$f_0 \approx \frac{1}{2\pi\sqrt{L\dfrac{C_1 C_2}{C_1 + C_2}}} \tag{9.1.23}$$

　　电容反馈式振荡电路的反馈电压是从电容 C_2 两端取出的，对高次谐波阻抗小，因而可将高次谐波滤除，所以输出波形好。在实际应用中，通过在谐振回路 L 的两端并联一个可调电容，可在小范围内调频。这种振荡电路的工作频率范围可从数百千赫兹到数百兆赫兹。

　　若要提高振荡频率，从式（9.1.23）中可以看出，势必要减小 C_1、C_2 的电容量和 L 的电感量。实际上，当 C_1、C_2 减小到一定的程度，晶体管的极间电容和电路中的杂散电容将会纳入到 C_1、C_2 中，影响振荡频率的稳定性。由于极间电容受温度影响，杂散电容又难以确定，为了稳定振荡频率，在设计电路时，可在电感支路上串联一个小容量的电容，用以消除极间电容和杂散电容对振荡频率的影响，又称为克拉泼（Clapp）电路。改进电路如图 9.1.19 所示，C_i、C_o 为等效的输入、输出电容。

　　LC 并联回路中总等效电容 C' 为

$$\frac{1}{C'} = \frac{1}{C} + \frac{1}{C_1'} + \frac{1}{C_2'} \tag{9.1.24}$$

　　其中，$C_1' = C_1 + C_o$，$C_2' = C_2 + C_i$。由于 $C \ll C_1$、$C \ll C_2$，因此 $C' \approx C$，等效电容 C' 与 C_1'、C_2' 几乎无关。振荡频率为

$$f_0 \approx \frac{1}{2\pi\sqrt{LC}} \tag{9.1.25}$$

　　振荡频率与 LC 回路的其他两个电容 C_1、C_2 无关，因此在提高振荡频率时，只需要减小电容 C 即可，而不需要减小 C_1 和 C_2。若 C_1 和 C_2 远大于 C_i 和 C_o，则

$$C_1' = C_1 + C_o \approx C_1$$
$$C_2' = C_2 + C_i \approx C_2 \tag{9.1.26}$$

从式（9.1.26）中可以看出，输入、输出电容对 LC 回路的影响可以忽略。

　　在要求电容式振荡电路的振荡频率高达 100MHz 以上时，考虑到共射放大电路的频率特性在高频时不理想，放大电路可采用共基方式，电路如图 9.1.20 所示。工作原理和振荡频率读者可自行分析。

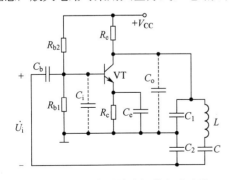

图 9.1.19　电容反馈式振荡电路改进

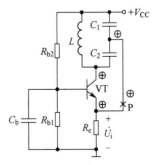

图 9.1.20　共基放大电路的电容

9.1.4　石英晶体振荡器

视频 9-4：
石英晶体振荡器

　　在工程应用中，如在实验用的低频及高频信号产生电路中，往往要求正弦波振荡电路的振荡频率有一定的稳定度；另外，有一些系统需要振荡频率十分稳定，如通信系统中的振荡电路、数字系统的时钟产生电路等。前面讲过的 RC、LC 振荡电路的稳定度都不够高，最高也只能达到 10^{-5}，此时可采用石英晶体振荡器，其振荡频率的稳定度 $\Delta f/f$ 高达 10^{-12}。

1．石英晶体的特点

　　石英晶体是一种各向异性的结晶体，它是硅石的一种，其化学成分是二氧化硅（SiO_2）。将一块晶体按一定的方位角切割成很薄的晶片，然后将晶片的两个对应表面上涂敷银层并装上一对金属板作为引脚引出，就构成石英晶体谐振器。其结构示意图如图 9.1.21 所示。

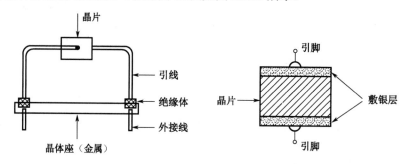

图 9.1.21　石英晶体谐振器的结构示意图

　　石英晶体的谐振特性基于它的压电效应。若在晶片的两个极板间施加机械力，会在相应的方向上产生电场，这种现象称为压电效应；反之，若在晶片的两个极板间加一电场，又会使晶体产生机械变形，这种现象称为逆压电效应。例如，如果在极板间所加的是交变电压，就会产生机械变形振动，同时机械振动又会产生交变电场。一般来说，这种机械振动的振幅很小，但当外加交变电压的频率为某一特定的频率时，将产生共振，振动幅度骤然增大，这个频率就是石英晶体的固有频率，也称为谐振频率，与晶片的尺寸和切割方向有关。

2．石英晶体的等效电路和振荡频率

　　石英晶体的符号、等效电路和电抗特性如图 9.1.22 所示。图中，C_0 为石英晶体的静态电容，即当晶片不振动时所等效的平板电容，其值取决于晶片的几何尺寸和电极面积。晶片振动时的惯性和弹性分别等效成电感 L 和电容 C，电阻 R 则是用来等效晶片振动时因摩擦而造成的损耗。石英晶体的惯性与弹性的比值（等效于 L/C）很高，因而它的品质因数 Q 也很高。例如，一个 4MHz 的石英晶体的典型参数为：L=100mH，C=0.015pF，C_0=5pF，R=100Ω，Q=25 000。

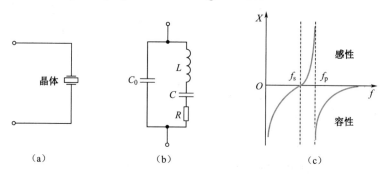

图 9.1.22　石英晶体的符号、等效电路和电抗特性

　　从图 9.1.22（b）所示等效电路中可以看出，石英晶体有两个谐振频率。

（1）当 L、C、R 支路产生串联谐振时，该支路呈纯阻性，等效电阻为 R，在不考虑损耗的情况下，谐振频率为

$$f_s = \frac{1}{2\pi\sqrt{LC}} \tag{9.1.27}$$

在此谐振频率下，石英晶体振荡器的总等效电抗为静态电容 C_0 的容抗与电阻 R 并联，由于 C_0 很小，近似认为石英晶体振荡器为纯阻性，等效电阻为 R，且值很小。

（2）当 $f > f_s$ 时，L、C、R 支路呈感性，与静态电容 C_0 产生并联谐振，石英晶体振荡器又为纯阻性。谐振频率为

$$f_p = \frac{1}{2\pi\sqrt{L\dfrac{C_0 C}{C_0 + C}}} = \frac{1}{2\pi\sqrt{LC}}\sqrt{1+\frac{C}{C_0}} = f_s\sqrt{1+\frac{C}{C_0}} \tag{9.1.28}$$

由于 $C \ll C_0$，因此 $f_p \approx f_s$。

由以上分析可得到石英晶体振荡器电抗的频率特性，当 $f < f_s$ 或 $f > f_p$ 时，石英晶体振荡器呈容性，只有当 $f_s \leqslant f \leqslant f_p$ 时，才呈感性。而且 C_0 与 C 差值越悬殊，f_s 与 f_p 越接近，感性频带越窄。

3．典型振荡电路

（1）串联型石英晶体正弦波振荡电路。

图 9.1.23 为石英晶体串联振荡电路。电路采用两级放大电路：第一级采用共基方式；第二级采用共集方式。利用瞬时极性法判断反馈极性，断开反馈，即断开 P 点，假设输入电压的瞬时极性为"⊕"，则 VT_1 集电极电压的极性为"⊕"，VT_2 的发射极极性也为"⊕"，如图 9.1.23 中的标注。只有在石英晶体呈纯阻性，即产生串联谐振时，反馈电压才与输入电压同相位，电路才满足振荡的相位条件。调整 R_f 可以调整振荡的幅值条件。

（2）并联型石英晶体正弦波振荡电路。

图 9.1.24 所示为石英晶体并联振荡电路，属于电容三端式，石英晶体等效为电感。电路中的放大电路采用共基放大电路，C_b 为旁路电容，振荡时作为短路处理。由于 $C_1 \gg C_s$、$C_2 \gg C_s$，因此经推导振荡频率为

$$f_0 = \frac{1}{2\pi\sqrt{LC}}\sqrt{1+\frac{C}{C_0 + C_s}} \tag{9.1.29}$$

其中，C_0、L、C 的含义如图 9.1.22 所示。

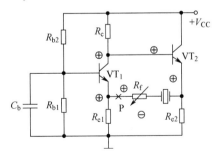

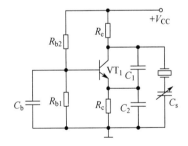

图 9.1.23　石英晶体串联振荡电路　　　　　　　图 9.1.24　石英晶体并联振荡电路

当 $C_s \to 0$ 时，$f_0 \approx \dfrac{1}{2\pi\sqrt{LC}}\sqrt{1+\dfrac{C}{C_0}} \approx f_p$，接近于石英晶体振荡器的并联谐振频率，当 $C_s \to \infty$ 时，

$f_0 = \dfrac{1}{2\pi\sqrt{LC}} \approx f_s$，接近于石英晶体振荡器的串联谐振频率，从以上分析可以看出，C_s 在此可以调节石英晶体振荡器的振荡频率。

视频 9-5：
非正弦波发生电路

9.2　非正弦波发生电路

常用的非正弦波发生电路有矩形波发生电路、三角波发生电路以及锯齿波发生电路等。因集成运放有许多优良的特性，现在低频范围高质量的非正弦波都是用运放直接产生的。

9.2.1　矩形波发生电路

矩形波发生电路是其他非正弦波发生电路的基础，典型的矩形波发生电路如图 9.2.1（a）所示。矩形波电压只有高电平和低电平两个状态，因此电压比较器是矩形波发生器最基本的组成部分。同时，要求输出的两种状态自动转换，即产生振荡，因此电路中需要引入正反馈，采用的是滞回比较器。另外，由于输出的高低电平需要按照一定的时间间隔进行交替变化，也就是有一定的周期，因此电路中需要由 R_3 和电容 C 构成的 RC 回路作为延迟环节。

1. 电路工作原理

从图 9.2.1 中可以看出，当输出电压 u_O 处于高电平时，比较器的反相输入端处于低电平，u_O 通过电阻 R_3 向电容 C 充电，根据图 9.2.1（b）所示的滞回比较器传输特性，当 u_C 上升到 $u_C = U_{TH1} = \dfrac{R_1}{R_1 + R_2} U_Z$ 时，输出变为低电平，于是电容 C 又通过 R_3 放电。当放电到 $u_C = U_{TH2} = \dfrac{-R_1}{R_1 + R_2} U_Z$ 时，输出电平转回高电平。如此反复，输出矩形波电压，电容上电压 u_C 和输出电压 u_O 的波形，如图 9.2.2 所示。

在图 9.2.1（a）中，电容 C 正向充电和反向放电的时间常数相等，均为 R_3C，因此在一个周期中，$u_O = +U_Z$ 和 $u_O = -U_Z$ 的时间也相等，于是输出 u_O 为占空比 50%的方波。

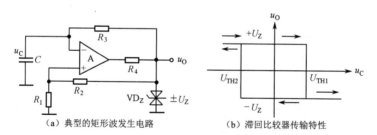

（a）典型的矩形波发生电路　　　　（b）滞回比较器传输特性

图 9.2.1　矩形波发生电路及比较器传输特性

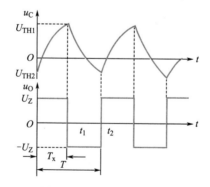

图 9.2.2　方波电路波形图

2. 参数分析

由图 9.2.2 所示的方波电路波形图中电容上的电压波形可知，在半周期内，t_1 时刻电容上电压的初始值为 U_{TH1}，t_2 时刻的电容电压值为 U_{TH2}，当时间 t 趋于无穷大时的稳态值为 $-U_Z$，时间常数为 R_3C，按照三要素法有方程

$$f(t) = f(\infty) + \left[f(0_+) - f(\infty) \right] e^{-\frac{t}{\tau}} \tag{9.2.1}$$

于是得

$$U_{TH2} = -U_Z + \left(U_{TH1} + U_Z \right) e^{-\frac{\Delta t}{R_3C}} \tag{9.2.2}$$

因为

$$U_{TH1} = \frac{R_1}{R_1 + R_2} U_Z, \quad U_{TH2} = -\frac{R_1}{R_1 + R_2} U_Z \tag{9.2.3}$$

代入式（9.2.3），得

$$\Delta t = R_3 C \ln \left(1 + \frac{2R_1}{R_2} \right) \tag{9.2.4}$$

即为方波段的脉冲宽度。方波的周期为

$$T = 2\Delta t = 2R_3 C \ln \left(1 + \frac{2R_1}{R_2} \right) \tag{9.2.5}$$

方波的占空比为

$$q = \frac{\Delta t}{T} = \frac{1}{2} \tag{9.2.6}$$

可见，改变正反向充电的时间常数，就可得到不同占空比的矩形脉冲系列。图 9.2.3 所示为占空比可调的矩形波发生电路。电路中正反向充电的时间常数分别是 $\tau_1 = (R_3 + R_6)C$ 和 $\tau_2 = (R_3 + R_5)C$。占空比为

$$q = \frac{\Delta t}{T} = \frac{\tau_1}{\tau_1 + \tau_2} \tag{9.2.7}$$

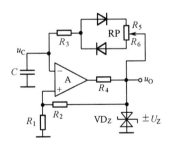

图 9.2.3 占空比可调的矩形波发生电路

9.2.2 三角波发生电路

三角波发生电路可由滞回比较器和积分电路构成。其中滞回比较器起开关作用，积分电路起延迟作用。实际三角波发生电路如图 9.2.4 所示。

1. 电路工作原理

假设滞回比较器在某时刻 $u_{O1} = +U_Z$，则对电容 C 充电，积分电路的输出电压 u_O 按线性规律下降，于是 A_1 同相输入端的电压 u_+ 下降，当下降到 $u_+ = u_- = 0$ 时，滞回比较器输出电压 u_{O1} 跳变到 $-U_Z$，u_+ 下降到比 0 电压低得多的数值，于是电容放电，u_O 按线性规律上升，当回到 $u_+ = u_- = 0$ 时，滞回比较器输出电压 u_{O1} 又跳回到 $+U_Z$，重复前面的过程。由于电容的充放电时间相同，积分电路的输出电压成三角波。图 9.2.5 所示为三角波发生电路的波形图。

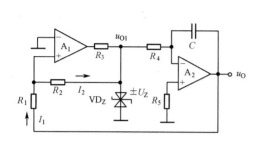

图 9.2.4　实际三角波发生电路

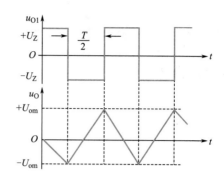

图 9.2.5　三角波发生电路的波形图

2. 输出电压峰值和振荡周期

当滞回比较器输出电压发生跳变时，$u_+ = u_- = 0$，因此 R_1 和 R_2 上流过的电流相等。于是得电流及输出电压峰值为

$$I_1 = I_2 = \frac{U_z}{R_2} \tag{9.2.8}$$

$$U_{om} = -I_1 R_1 = -\frac{R_1}{R_2} U_z \tag{9.2.9}$$

积分电路的输出从 $+U_{om}$ 变化到 $-U_{om}$ 的时间是 $\dfrac{T}{2}$，于是

$$-\frac{1}{R_4 C} \int_0^{\frac{T}{2}} U_z \, \mathrm{d}t = 2U_{om}$$

$$T = 4R_4 C \frac{U_{om}}{U_z} = \frac{4R_1 R_4}{R_2} C \tag{9.2.10}$$

9.2.3　锯齿波发生电路

锯齿波与三角波的区别是三角波上升和下降的斜率相等，锯齿波上升和下降的斜率不等。因此，只要改变三角波的上升和下降斜率，即改变三角波发生电路的上升和下降时间常数，就得到锯齿波发生电路。锯齿波发生电路如图 9.2.6 所示。

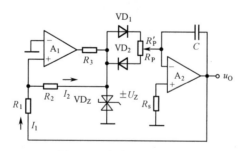

图 9.2.6　锯齿波发生电路

从图 9.2.6 中可以看出，充电回路的等效电阻为 $R' = r_{d1} + R'_P$，充电时间常数为 $\tau_1 = R'C$；放电回路的等效电阻为 $R'' = r_{d2} + R_P - R'_P$，放电时间常数为 $\tau_2 = R''C$。输出电压上升和下降的时间比为

$$\frac{R'}{R''} = \frac{r_{d1} + R'_P}{r_{d2} + R_P - R'_P} \tag{9.2.11}$$

本 章 小 结

本章主要介绍了正弦波振荡器和非正弦波发生电路的结构、基本工作原理和应用。

（1）正弦波振荡器。

① 一般来说，正弦波振荡电路由四部分组成：放大电路、反馈网络、选频网络和稳幅环节。

② 当电路接成正反馈时，产生正弦波振荡的条件为

$$\dot{A}\dot{F} = 1$$

或者分别用幅度平衡条件和相位平衡条件表示为

$$|\dot{A}\dot{F}| = 1$$

$$\varphi_A + \varphi_F = \pm 2n\pi \quad (n = 0, 1, 2\cdots)$$

在判断电路能否产生正弦波振荡时，可首先判断电路是否满足相位平衡条件。其判断常用方法是瞬时极性判别法。

③ 若选频网络由 RC 组成，则称为 RC 正弦振荡器。RC 振荡电路的振荡频率一般与 RC 的乘积成反比，这种振荡器可产生几赫兹至几百千赫兹的低频信号。常用的 RC 振荡电路有 RC 串并联网络（又称为文氏电桥）振荡电路、移相式振荡电路和双 T 形选频网络振荡电路等。

④ 若选频网络由 LC 组成，则称为 LC 正弦振荡器。LC 振荡电路的振荡频率主要取决于 LC 并联回路的谐振频率。一般与 $\sqrt{LC}$ 成反比，通常 f_0 可达 100MHz 以上。常用的 LC 振荡器有电感三点式振荡器、电容三点式振荡器和电容改进型三点振荡器。

⑤ 石英晶体振荡器相当于一个高 Q 值的 LC 振荡器。当要求正弦波振荡器具有很高的频率稳定度时，可以采用石英晶体振荡器，其振荡频率决定于石英晶体的固有频率，频率稳定度可达 $10^{-8} \sim 10^{-5}$ 的数量级。

（2）非正弦波发生电路。常见的非正弦波发生电路有矩形波发生电路、三角波发生电路和锯齿波发生电路等。非正弦波发生电路中的运放一般工作在非线性区。

① 矩形波发生电路可以由滞回比较器和 RC 充放电回路组成。利用比较器输出的高电平或低电平使 RC 电路充电或放电，又将电容上的电压作为滞回比较器的输入，控制其输出端状态发生跳变，从而产生一定周期的矩形波输出电压。矩形波的周期与 RC 充放电的时间常数成正比，也与滞回比较器的参数有关。图 9.2.1（a）所示电路振荡周期为

$$T = 2R_3 C \ln\left[1 + \frac{2R_1}{R_2}\right]$$

使电容充电和放电的时间常数不同，即可得到占空比可调的矩形波信号。

② 将矩形波进行积分即可得到三角波，因此三角波发生电路可由滞回比较器和积分电路组成。图 9.2.4 所示电路的振荡周期为

$$T = \frac{4R_1 R_4}{R_2} C$$

使积分电容充电和放电的时间常数不同，在输出端即可得到锯齿波信号。

习 题 九

习题九

答案

9.1 填空题。

（1）若选频网络由 RC 组成，则称为_____正弦振荡器。RC 振荡器的振荡频率一般与 RC 的

乘积成_____。常用的 RC 振荡器有 RC_____网络振荡电路、_____振荡电路和_____振荡电路等。

（2）常见的非正弦波发生电路有_____发生电路、_____发生电路和_____发生电路等。非正弦波发生电路一般工作在运放的_____。

9.2　在图 P9.1 所示电路中：

（1）将图中 A、B、C、D 4 点正确连接，使之成为一个正弦振荡电路，请将连线画在图上。

（2）根据图中给定的电路参数，估算振荡频率 f_0。

（3）为保证电路起振，R_2 应为多大？

9.3　实验室自制一台由文氏电桥振荡电路组成的音频信号发生器，要求输出频率共 4 挡，频率范围分别为 20～200Hz、200Hz～2kHz、2～20kHz 以及 20～200kHz。各挡之间频率应略有覆盖。可采用图 P9.2 所示的方案对频率进行粗调和细调。已有 4 种电容，其容值分别为 0.1μF、0.01μF、0.001μF 和 0.0001μF，试选择固定电阻 R 和电位器 R_P 的值。

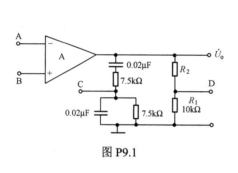

图 P9.1

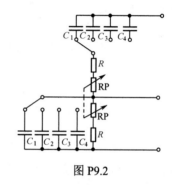

图 P9.2

*9.4　在图 P9.3 中：

（1）判断电路是否满足正弦波振荡的相位平衡条件。如果不满足，修改电路接线使之满足（画在图上）。

（2）在图示参数下能否保证起振条件？如果不能，应调节哪个参数，调到什么值？

（3）起振以后，振荡频率 f_0 为多少？

（4）如果希望提高振荡频率 f_0，可以改变哪些参数，增大还是减小？

（5）如果要求改善输出波形，减小非线性失真，应调节哪个参数，增大还是减小？

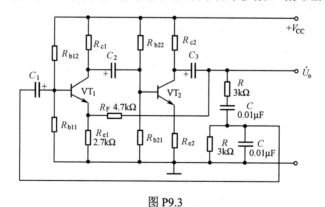

图 P9.3

9.5　试用相位平衡条件判断图 P9.4 所示电路中，哪些可能产生正弦波振荡，哪些不能，简单说明理由。

*9.6　试说明图 P9.5 中的变压器反馈振荡电路能否产生正弦波振荡。

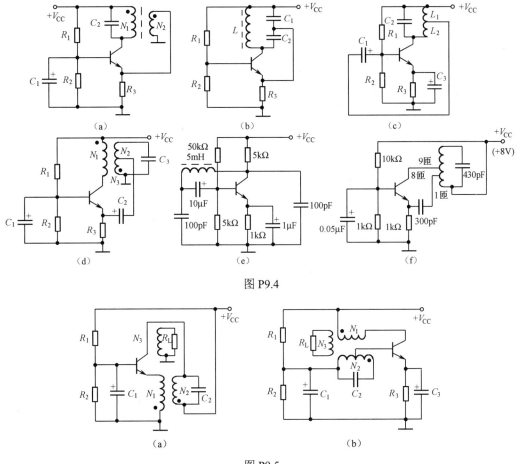

图 P9.4

图 P9.5

9.7 在图 P9.6 中:

（1）将图中左右两部分正确连接起来，使之能够产生正弦波振荡。

（2）估算振荡频率 f_0。

（3）如果电容 C_3 短路，此时 f_0 为多少？

9.8 在图 P9.7 所示的石英晶体振荡电路中:

（1）在 j、k、m 3 点中应连接哪两点，才能使电路产生正弦波振荡？

（2）电路属于哪种类型的石英晶体振荡器（并联型还是串联型）？

（3）当产生振荡时，石英晶体工作在哪一个振荡频率（f_q 还是 f_p）？此时石英晶体在电路中等效于哪一种元件（电感、电容还是电阻）？

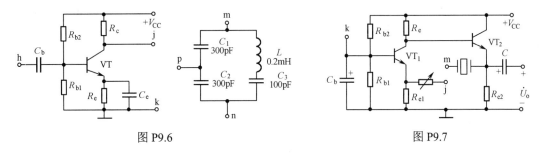

图 P9.6   图 P9.7

9.9   在图 P9.8 所示的矩形波发生电路中，假设集成运放和二极管均为理想的，已知电阻 $R=10\text{k}\Omega$，$R_1=12\text{k}\Omega$，$R_2=15\text{k}\Omega$，$R_3=2\text{k}\Omega$，电位器阻值 $R_\text{P}=100\text{k}\Omega$，电容 $C=0.01\mu\text{F}$，稳压管的稳压值 $U_\text{Z}=\pm6\text{V}$。如果电位器的滑动端调在中间位置：

（1）画出输出电压 u_O 和电容上电压 u_C 的波形。

（2）估算输出电压的振荡周期 T。

（3）分别估算输出电压和电容上电压的峰值 U_om 和 U_cm。

9.10   在图 P9.8 所示电路中：

（1）当电位器的滑动端分别调至最上端和最下端时，电容的充电时间 T_1、放电时间 T_2、输出波形的振荡周期 T 以及占空比 D 各等于多少？

（2）试画出当电位器滑动端调至最上端时的输出电压 u_O 和电容上电压 u_C 的波形图，在图上标出各电压的峰值以及 T_1、T_2 和 T 的数值。

9.11   在图 P9.9 所示的三角波发生电路中，设稳压管的稳压值 $U_\text{Z}=\pm4\text{V}$，电阻 $R_2=20\text{k}\Omega$，$R_3=2\text{k}\Omega$，$R_4=R_5=100\text{k}\Omega$。

（1）若要求输出三角波的幅值 $U_\text{om}=3\text{V}$，振荡周期 $T=1\text{ms}$，试选择电容 C 和电阻 R_1 的值。

（2）试画出电压 u_O1 和 u_O 的波形图，并在图上标出电压的幅值以及振荡周期的值。

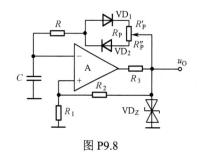

图 P9.8

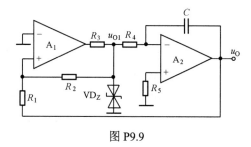

图 P9.9

思维导图 10:
直流稳压电源

第 10 章　直流稳压电源

[内容提要]

电子设备中所用的直流电源，通常是由市电提供的交流电经过变压、整流、滤波和稳压以后得到的。本章介绍小功率整流滤波电路、硅稳压管稳压电路、串联型稳压电路、集成稳压器及开关型稳压电路。

前面各章中介绍的电子电路都需要有电压稳定的直流电源提供能量。虽然有些情况下可用化学电池作为直流电源，但大多数情况是利用电网提供的交流电源经过转换而得到直流电源的。本章所介绍的单相小功率（通常在 1000W 以下）直流电源的任务是将有效值通常为 220V、50Hz 的交流电压转换成幅值稳定的直流电压（如几伏特或几十伏特），同时提供一定的直流电流（如几安培甚至几十安培）。

10.1　直流电源的组成

小功率稳压电源的组成如图 10.1.1 所示。它由电源变压器、整流电路、滤波器和稳压电路组成。

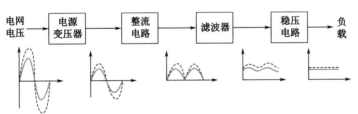

图 10.1.1　小功率稳压电源的组成

1. 交流电压变换部分

由于所需的直流电压和电网的交流电压在数值上相差比较大，因此常常需要利用变压器降压得到比较合适的交流电压再进行转换。此外，也有些电源利用其他方式进行降压，而不用变压器。

2. 整流部分

经过变压器降压后的交流电通过整流电路变成了单方向的直流电。但这种直流电幅值变化很大，若作为电源去供给电子电路时，电路的工作状态也会随之变化而影响性能。我们把这种直流电称为单向脉动信号。

3. 滤波部分

将单向脉动信号处理成平滑的脉动小的直流电，需要利用滤波电路将其中的交流成分滤掉，只留下直流成分。显然，这里需要利用截止频率低于整流输出电压基波频率的低通滤波电路。

4. 稳压部分

一般来说，经过整流电路后就可得到较平滑的直流电，可以充当某些电子电路的电源。然而此时的电压值还受电网电压波动和负载变化（指电子电路索取电流的大小不同）的影响。这样的直流电源是不稳定的。因此，针对以上的情况又增加了稳压电路部分。最后得到基本上不受外界影响的、稳定的直流电。

10.2　小功率整流滤波电路

10.2.1　单相桥式整流电路

整流电路的任务是将交流电变换成直流电。完成这一任务主要靠二极管的单向导电作用，因此二极管是构成整流电路的关键元件。在小功率整流电路中（1kW 以下），常见的几种整流电路有单相半波、全波、桥式和倍压整流电路。本节主要研究单相桥式整流电路。对半波、倍压整流电路及全波整流电路，读者可通过观看视频资源和习题来掌握。

视频 10-1：
整流电路

以下在分析整流电路时，为简单起见，二极管用理想模型来处理，即正向导通电阻为零，反向电阻为无穷大。

1. 工作原理

单相桥式整流电路如图 10.2.1（a）所示。图中 Tr 为电源变压器，它的作用是将交流电网电压 u_1 变成整流电路要求的交流电压 $u_2 = \sqrt{2}\, U_2 \sin\omega t$，$R_L$ 是要求直流供电的负载电阻，4 个整流二极管 $VD_1 \sim VD_4$ 接成电桥的形式，故该电路有桥式整流电路之称。图 10.2.1（b）所示为它的简化画法。

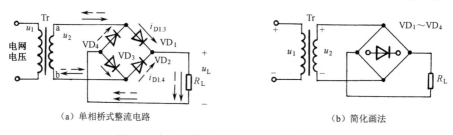

（a）单相桥式整流电路　　　　　　　　　　　　（b）简化画法

图 10.2.1　单相桥式整流电路及其简化画法

在电源电压 u_2 的正半周（设 a 端为正，b 端为负时是正半周），二极管 VD_1、VD_3 导通，VD_2、VD_4 截止，在 u_2 的负半周，二极管 VD_2、VD_4 导通，VD_1、VD_3 截止，电流通路分别用图 10.2.1（a）中实线和虚线箭头表示。

通过负载 R_L 的电流 i_L 以及其两端电压 u_L 的波形，如图 10.2.2 所示。显然，它们都是单向脉动信号。

2. 负载上的直流电压 U_L 和直流电流 I_L 的计算

用傅里叶级数对图 10.2.2 中 u_L 的波形进行分解后可得

$$u_L = \sqrt{2}U_2\left(\frac{2}{\pi} - \frac{4}{3\pi}\cos 2\omega t - \frac{4}{15\pi}\cos 4\omega t - \frac{4}{35\pi}\cos 6\omega t - \cdots\right) \qquad (10.2.1)$$

其中，恒定分量即为负载电压 u_L 的平均值，因此有

$$U_L = \frac{2\sqrt{2}U_2}{\pi} \approx 0.9U_2 \qquad (10.2.2)$$

直流电流为

$$I_L = \frac{0.9U_2}{R_L} \qquad (10.2.3)$$

从式（10.2.1）中可以看出，最低次谐波分量的幅值为 $\dfrac{4\sqrt{2}U_2}{3\pi}$，角频率为电源频率的两倍，即 2ω。其他交流分量的角频率为 4ω、6ω 等偶次谐波分量。这些谐波分量总称为纹波，它叠加于直流分量之上。

常用纹波系数 K_γ 来表示直流输出电压中相对纹波电压的大小，即

$$K_\gamma = \frac{U_{L\gamma}}{U_L} = \frac{\sqrt{U_2^2 - U_L^2}}{U_L} \qquad (10.2.4)$$

式中，$U_{L\gamma}$ 为谐波电压总的有效值。其表达式为

$$U_{L\gamma} = \sqrt{U_{L2}^2 + U_{L4}^2 + \cdots}$$

由式（10.2.2）和式（10.2.4）得出桥式整流电路的纹波系数 $K_\gamma = \sqrt{\left(\frac{1}{0.9}\right)^2 - 1} = 0.483$。由于 u_L 中存在一定的纹波，因此需用滤波电路来滤除纹波电压。

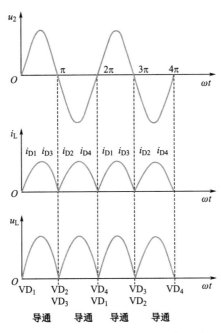

图 10.2.2 单相桥式整流电路波形图

3. 整流元件参数的计算

在桥式整流电路中，二极管 VD_1、VD_3 和 VD_2、VD_4 是两两轮流导通的，所以流经每个二极管的平均电流为

$$I_D = \frac{1}{2} I_L = \frac{0.45 U_2}{R_L} \qquad (10.2.5)$$

二极管在截止时晶体管两端承受的最大反向电压可以从图 10.2.1（a）中看出。在 u_2 的正半周时，VD_1、VD_3 导通，VD_2、VD_4 截止。此时 VD_2、VD_4 所承受到的最大反向电压均为 u_2 的最大值，即

$$U_{RM} = \sqrt{2} U_2 \qquad (10.2.6)$$

同理，在 u_2 的负半周时，VD_1、VD_3 承受到同样大小的反向电压。

桥式整流电路的优点是输出电压高，纹波电压较小，晶体管所承受的最大反向电压较低，同时因电源变压器在正、负半周内均有电流供给负载，电源变压器得到了充分的利用，效率较高。因此，这种电路在半导体整流电路中得到了颇为广泛的应用。电路的缺点是二极管用得较多，但目前市场上已有整流桥堆出售，如 QL51A～G、QL62A～L 等。其中 QL62A～L 的额定电流为 2A，最大反向电压为 25～1000V。

10.2.2　滤波电路

视频 10-2：

滤波电路

滤波电路用于滤去整流输出电压中的纹波，一般由电抗元件组成，如在负载电阻两端并联电容器 C，或者与负载串联电感器 L，以及由电容、电感组合而成的各种复式滤波电路。常用的结构如图 10.2.3 所示。

由于电抗元件在电路中有储能作用，并联的电容器 C 在电源供给的电压升高时，能把部分能量存储起来，而当电源电压降低时，把能量释放出来，使负载电压比较平滑，即电容 C 具有平波的作用；与负载串联的电感 L，当电源供给的电流增加（由电源电压增加引起）时，它把能量存储起来，而当电流减小时，又把能量释放出来，使负载电流比较平滑，即电感也有平波作用。

滤波电路的形式很多，为了掌握其分析规律，可分为电容输入式［电容器 C 接在最前面，如图 10.2.3（a）、（c）所示］和电感输入式［电感器连接在最前面，如图 10.2.3（b）所示］。前一种滤波电路多用于小功率电源中，而后一种滤波电路多用于较大功率电源中（而且当电流很大时可用一电感器与负载串联）。本节重点分析小功率整流电源中应用较多的电容滤波电路，然后简要介绍其他形式的滤波电路。

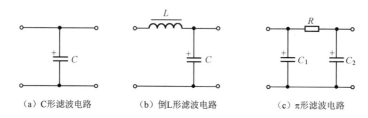

（a）C形滤波电路　　　　（b）倒L形滤波电路　　　　（c）π形滤波电路

图 10.2.3　滤波电路的基本形式

1．电容滤波电路

图 10.2.4 所示为单相桥式整流、电容滤波电路。在分析电容滤波电路时，要特别注意电容器两端电压 u_C 对整流元件导电的影响，整流元件只有受正向电压作用时才导通，否则截止。

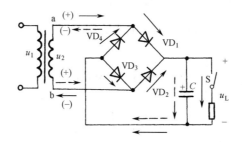

图 10.2.4　单相桥式整流、电容滤波电路

负载 R_L 未接入（开关 S 断开）时的情况：设电容器两端初始电压为零，接入交流电源后，当 u_2 为正半周时，u_2 通过 VD$_1$、VD$_3$ 向电容器 C 充电，充电时间常数为

$$\tau_C = R_{int}C \qquad\qquad (10.2.7)$$

其中，R_{int} 包括变压器副绕组的直流电阻和二极管 VD 的正向电阻。由于 R_{int} 一般很小，电容器很快就充电到交流电压 u_2 的最大值 $\sqrt{2}U_2$，极性如图 10.2.4 所示。当 u_2 开始从波峰下降，由于电容 C 两端电压不能突变，使得二极管 VD$_1$ 阴极电位高于阳极电位，此时 VD$_1$、VD$_2$ 均截止，电容器无放电回路，故输出电压（即电容器 C 两端的电压 u_C）保持在 $\sqrt{2}U_2$，输出为一个恒定的直流电压，如图 10.2.5 中 $\omega t < 0$（即纵坐标左边）部分所示。

接入负载 R_L（开关 S 合上）的情况：设变压器副边电压 u_2 从 0 开始上升（正半周开始）时接入负

载 R_L，由于电容器在负载未接入前充了电，因此刚接入负载时 $u_2 < u_C$，二极管受反向电压作用而截止，电容器 C 经 R_L 放电，放电的时间常数为

$$\tau_d = R_L C \tag{10.2.8}$$

因为 τ_d 一般较大，所以电容两端的电压 u_C 按指数规律慢慢下降。其输出电压 $u_L = u_C$，如图 10.2.5 中的 ab 段所示。与此同时，交流电压 u_2 按正弦规律上升。当 $u_2 > u_C$ 时，二极管 VD_1、VD_3 受正向电压作用而导通，此时 u_2 经二极管 VD_1、VD_3 一方面向负载 R_L 提供电流；另一方面向电容器 C 充电［接入负载时的充电时间常数 $\tau_C = (R_L /\!/ R_{int})C \approx R_{int}C$ 很小］，u_C 将如图 10.2.5 中的 bc 段所示，图中 bc 段上的阴影部分为电路中的电流在整流电路内阻 R_{int} 上产生的压降。u_C 随着交流电压 u_2 升高到接近最大值 $\sqrt{2}U_2$。然后，u_2 又按正弦规律下降。当 $u_2 < u_C$ 时，二极管受反向电压作用而截止，电容器 C 又经 R_L 放电，u_C 波形如图 10.2.5 中的 cd 段。电容器 C 如此周而复始地进行充、放电，负载上便得到如图 10.2.5 所示的一个近似锯齿波的电压 $u_L = u_C$，使负载电压的波动大为减小。

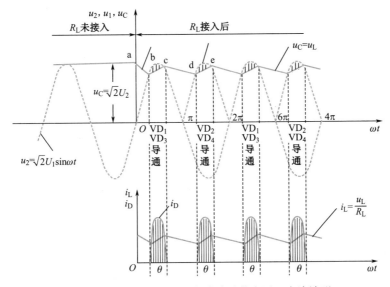

图 10.2.5 桥式整流、电容滤波时的电压、电流波形

由以上分析可知，电容滤波电路有如下特点。

① 二极管的导通角 $\theta < \pi$，流过二极管的瞬时电流很大，如图 10.2.5 所示。电流的有效值和平均值的关系与波形有关，在平均值相同的情况下，波形越尖，有效值越大，二极管的冲击电流越大，从而影响二极管的使用寿命。因此，在选择整流二极管时，应使得整流电流 I_F 满足

$$I_F > (1.5 \sim 2)I_L \tag{10.2.9}$$

② $R_L C$ 越大，电容放电速率越慢，则负载电压中的纹波成分越小，负载平均电压越高。为了得到平滑的负载电压，一般取

$$\tau_d = R_L C \geqslant (3 \sim 5)\frac{T}{2} \tag{10.2.10}$$

式中，T 为电源交流电压的周期。

③ 负载直流电压随负载电流增加而减小。U_L 随 I_L 的变化关系称为输出特性或外特性，如图 10.2.6 所示。

C 值一定，当 $R_L = \infty$ 时，即空载时，有

$$U_{Lo} = \sqrt{2}U_2 \approx 1.4U_2 \tag{10.2.11}$$

当 $C = 0$，即无电容时，有

$$U_{Lo} = 0.9U_2 \tag{10.2.12}$$

在整流电路的内阻不太大（几欧姆）且放电时间常数满足式（10.2.10）的关系时，电容滤波电路的负载电压 U_L 与 U_2 的关系为

$$U_L = (1.1 \sim 1.2)U_2 \tag{10.2.13}$$

总之，电容滤波电路结构简单，负载直流电压 U_L 较高，纹波也较小，它的缺点是带负载能力较差，故适用于输出电压较高、负载变动不大的场合。

2．电感滤波电路

在桥式整流电路和负载电阻 R_L 之间串入一个电感器 L，如图 10.2.7 所示。利用电感的储能作用可以减小输出电压的纹波，从而得到比较平滑的直流。当忽略电感器中的电阻时，负载上输出的平均电压和纯电阻（不加电感）负载相同，即 $U_L=0.9U_2$。

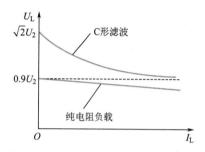

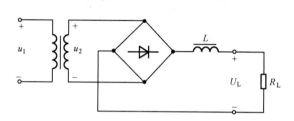

图 10.2.6 纯电阻 R_L 和具有电容滤波的
桥式整流电路的输出特性

图 10.2.7 桥式整流、电感滤波电路

电感滤波的特点是，整流管的导通角较大（电感上的反电势使整流管导通角增大），峰值电流很小，输出特性比较平坦。其缺点是由于铁芯的存在，笨重、体积大，易引起电磁干扰。一般只适用于低电压、大电流场合。

此外，为了进一步减小负载电压中的纹波，电感后面可再接一电容而构成倒 L 形滤波电路或π形滤波电路，如图 10.2.3（b）、（c）所示。其性能和应用场合分别与电感滤波（又称为电感输入式）电路及电容滤波（又称为电容输入式）电路相似。

【例 10.2.1】 单相桥式整流、电容滤波电路如图 10.2.4 所示。已知 220V 交流电源频率 f=50Hz，要求直流电压 U_L=30V，负载电流 I_L=50mA，试求电源变压器副边电压 u_2 的有效值，选择整流二极管及滤波电容器。

解：（1）求变压器副边电压有效值。由式（10.2.13）可知，取 $U_L=1.2U_2$，则

$$U_2 = \frac{30}{1.2} = 25\text{V}$$

（2）选择整流二极管。流经二极管的平均电流为

$$I_D = \frac{1}{2}I_L = \frac{1}{2} \times 50 = 25\text{mA}$$

二极管承受的最大反向电压为

$$U_{RM} = \sqrt{2}U_2 = 35\text{V}$$

因此，可选用 2CZ51D 整流二极管（其允许最大电流 I_F=50mA，最大反向电压 U_{RM}=100V），也可选用硅桥堆 QL-1 型（I_F=50mA，U_{RM}=100V）。

（3）选择滤波电容器。负载电阻为

$$R_L = \frac{U_L}{I_L} = \frac{30}{50}\text{k}\Omega = 0.6\text{k}\Omega$$

由式（10.2.10）可知，取 $R_{\mathrm{L}}C = 4 \times \dfrac{T}{2} = 2T = 2 \times \dfrac{1}{50}\mathrm{s} = 0.04\mathrm{s}$。由此得滤波电容为

$$C = \frac{0.04\mathrm{s}}{R_{\mathrm{L}}} = \frac{0.04\mathrm{s}}{600\Omega} = 66.6\mu\mathrm{F}$$

若考虑电网电压波动±10%，则电容器承受的最高电压为 $U_{\mathrm{RM}} = \sqrt{2}\,U_2 \times 1.1 = (1.4 \times 25 \times 1.1)\mathrm{V} = 38.5\mathrm{V}$。选用标称值 68μF 的电解电容器。

【例 10.2.2】　图 10.2.8 所示为倍压整流电路，变压器副边电压 $u_2 = \sqrt{2}\,U_2\sin\omega t$，试求出输出电压 U_o 与 U_2 的关系式，电容器 C_1、C_2 的耐压应为多少？并标出两个电容的极性。

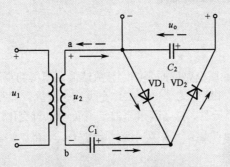

图 10.2.8　倍压整流电路

解：当 u_2 处于正半周（a 端为正，b 端为负）时，VD_1 导通、VD_2 截止，u_2 向电容器 C_1 充电，电压极性为右正左负，峰值电压可达 $\sqrt{2}U_2$；当 u_2 处于负半周（a 端为负，b 端为正）时，VD_1 截止、VD_2 导通，$u_2 + U_{\mathrm{C1}}$（电容器 C_1 两端电压）向电容器 C_2 充电，电压极性为右正左负，峰值电压为 $2\sqrt{2}U_2$，即 $U_o = U_{\mathrm{C2}} = 2\sqrt{2}U_2$，故称为二倍压整流。此电路电容器 C_2 的放电时间常数 τ_{C2}（$\tau_{\mathrm{C2}} = R_{\mathrm{L}}C_2$，$R_{\mathrm{L}}$ 为外接负载电阻）$\gg T$，C_1 的耐压大于 $\sqrt{2}U_2$，C_2 的耐压应大于 $2\sqrt{2}U_2$。倍压整流电路一般用于高电压、小电流（几毫安以下）的直流电源中。

10.3　硅稳压管稳压电路

10.3.1　稳压电路的主要指标

在前几节中，主要讨论了如何通过整流电路把交流电变成单方向的脉动电压，以及如何利用储能元件组成各种滤波电路以减少脉动成分。但是，整流滤波电路的输出电压和理想的直流电源还有相当的距离，主要存在两个方面的问题：第一，当负载电流变化时，由于整流滤波电路存在内阻，因此输出直流电压将随之发生变化；第二，当电网电压波动时，由式（10.2.1）可知，由于整流电路的输出电压直接与变压器副边电压 U_2 有关，因此也要相应地变化。为了能够提供更加稳定的直流电源，需要在整流滤波电路的后面再加上稳压电路。

通常用以下两个主要指标来衡量稳压电路的质量。

1. 内阻 R_o

稳压电路内阻的定义：经过整流滤波后输入到稳压电路的直流电压 U_i 不变时，稳压电路内阻等于稳压电路的输出电压变化量 ΔU_o 与输出电流变化量 ΔI_o 之比，即

$$R_o = \left.\frac{\Delta U_o}{\Delta I_o}\right|_{U_i = 常数} \tag{10.3.1}$$

2. 稳压系数 S_r

稳压系数的定义：当负载不变时，稳压系数等于稳压电路输出电压的相对变化量与输入电压的相对变化量之比，即

$$S_r = \frac{\Delta U_o / U_o}{\Delta U_i / U_i}\bigg|_{R_L = 常数} = \frac{\Delta U_o}{\Delta U_i}\frac{U_i}{U_o}\bigg|_{R_L = 常数} \tag{10.3.2}$$

稳压电路的其他指标还有电压调整率、电流调整率、最大纹波电压、温度系数以及噪声电压等。本节主要讨论内阻和稳压系数这两个主要指标。

常用的稳压电路有硅稳压管稳压电路、串联型直流稳压电路、集成稳压器以及开关型稳压电路等。下面首先讨论比较简单的硅稳压管稳压电路。

10.3.2 硅稳压管稳压电路分析

1. 电路组成和工作原理

图 10.3.1 所示为硅稳压管稳压电路的原理图。整流滤波后所得的直流电压作为稳压电路的输入电压 U_i，稳压管 VD_Z 与负载电阻 R_L 并联。为了保证工作在反向击穿区，稳压管应处于反向偏置。限流电阻 R 也是稳压电路必不可少的组成元件，当电网电压波动或负载电流变化时，通过调节 R 上的压降来保持输出电压基本不变，其具体稳压原理在 1.4 节已经详细介绍，这里不再赘述。

2. 内阻和稳压系数的估算

（1）内阻 R_o。稳压电路内阻的定义为，当直流输入电压 U_i 不变时，输出端的 ΔU_o 与 ΔI_o 之比。根据定义，估算电路的内阻时，应将负载电阻 R_L 开路。又因为 U_i 不变，所以其变化量 $\Delta U_i=0$。此时，图 10.3.1 中硅稳压管稳压电路的交流等效电路如图 10.3.2 所示。

图 10.3.2 中 r_Z 为稳压管的动态内阻。由图可得

$$R_o = \frac{\Delta U_o}{\Delta I_o} = r_Z // R$$

由于一般情况下能够满足 $r_Z \ll R$，因此上式可简化为

$$R_o \approx r_Z \tag{10.3.3}$$

由此可知，稳压电路的内阻近似等于稳压管的动态内阻。r_Z 越小，则稳压电路的内阻 R_o 也越小，当负载变化时，稳压电路的稳压性能越好。

（2）稳压系数 S_r。稳压系数的定义是当 R_L 不变时，稳压电路的输出电压与输入电压的相对变化量之比。估算稳压系数的等效电路如图 10.3.3 所示。

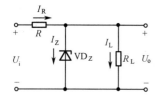
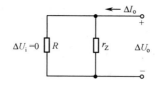
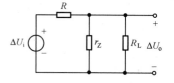

图 10.3.1　硅稳压管稳压电路的原理图　　图 10.3.2　图 10.3.1 中硅稳压管稳压电路的交流等效电路　　图 10.3.3　估算稳压系数的等效电路

由图可得

$$\Delta U_o = \frac{r_Z // R_L}{(r_Z // R_L) + R}\Delta U_i$$

当满足条件 $r_Z \ll R_L$，$r_Z \ll R$ 时，上式可简化为

$$\Delta U_o \approx \frac{r_Z}{R}\Delta U_i$$

则

$$S_r = \frac{\Delta U_o / U_o}{\Delta U_i / U_i} \approx \frac{r_Z}{R} \frac{U_i}{U_o} \qquad (10.3.4)$$

由式（10.3.4）可知，r_Z 越小，R 越大，则 S_r 越小，即电网电压波动时，稳压电路的稳压性能越好。

硅稳压管稳压电路中的限流电阻是一个很重要的组成元件。限流电阻 R 的阻值必须选择适当，才能保证稳压电路在电网电压或负载变化时，很好地实现稳压作用。关于稳压电路中限流电阻的选择在 1.4 节中已经详细介绍，此处不再赘述。

【例 10.3.1】　在图 10.3.1 中，设稳压管的 $U_Z=6V$，$I_{Zmax}=40mA$，$I_{Zmin}=5mA$；$U_{Imax}=15V$，$U_{Imin}=12V$；$R_{Lmax}=600\Omega$，$R_{Lmin}=300\Omega$。给定当 I_Z 由 I_{Zmax} 变到 I_{Zmin} 时，U_Z 的变化量为 0.35V。

（1）试选择限流电阻 R。

（2）估算在上述条件下的输出电阻和稳压系数。

解：（1）由给定条件知

$$I_{Lmin} = \frac{U_Z}{R_{Lmax}} = \frac{6}{600} = 0.01A = 10mA$$

$$I_{Lmax} = \frac{U_Z}{R_{Lmin}} = \frac{6}{300} = 0.02A = 20mA$$

由式（1.4.2）可得

$$R > \frac{U_{Imax} - U_Z}{I_{Zmax} + I_{Lmin}} = \frac{15 - 6}{0.04 + 0.01} = 180\Omega$$

由式（1.4.3）可得

$$R < \frac{U_{Imin} - U_Z}{I_{Zmin} + I_{Lmax}} = \frac{12 - 6}{0.005 + 0.02} = 240\Omega$$

因此，可取 $R=200\Omega$。结合电阻上消耗的功率，为可选 200Ω、1W 的碳膜电阻（RT-1W-200Ω）。

（2）由给定条件可求得

$$r_Z = \frac{\Delta U_Z}{\Delta I_Z} = \left(\frac{0.35}{0.04 - 0.005} \right)\Omega = 10\Omega$$

则输出电阻为

$$R_o \approx r_Z = 10\Omega$$

估算稳压系数时，取 $U_i = \frac{1}{2} \times (15+12)V = 13.5V$，则

$$S_r \approx \frac{r_Z}{R} \frac{U_i}{U_o} = \frac{10}{200} \times \frac{13.5}{6} = 0.11 = 11\%$$

当输出电压不需要调节，负载电流比较小的情况下，硅稳压管稳压电路的效果较好，所以在小型的电子设备中经常采用这种电路。但是，硅稳压管稳压电路还存在两个缺点：首先，输出电压由稳压管的型号决定，不可随意调节；其次，电网电压和负载电流的变化范围较大时，电路将不能适应。为了改进以上缺点，可以采用串联型直流稳压电路。

10.4　串联型直流稳压电路

所谓串联型直流稳压电路，是指在输入直流电压和负载之间串入一个三极管，当 U_i 或 R_L 波动引起输出电压 U_o 变化时，U_o 的变化将反映到三极管的输入电压 U_{BE}，然后 U_{CE} 也随之改变，从而调整 U_o，以保持输出电压基本稳定。

视频 10-3：
串联型直流稳压电路

10.4.1 电路组成和工作原理

串联型直流稳压电路原理图如图 10.4.1 所示。电路包括 4 个组成部分：采样电阻、放大环节、基准电压和调整管。

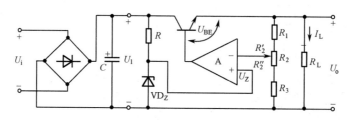

图 10.4.1　串联型直流稳压电路原理图

1. 电路组成

（1）采样电阻。采样电阻由电阻 R_1、R_2 和 R_3 组成。当输出电压发生变化时，采样电阻取其变化量的一部分送到放大电路的反相输入端。

（2）放大环节。放大环节的作用是将稳压电路输出电压的变化量进行放大，再送到调整管的基极。集成运放 A 引入负反馈，因此能够放大差模输入。由于集成运放增益很大，因此只要输出电压产生一点微小的变化，即能引起调整管的基极电压发生较大的变化，提高了稳压效果。

（3）基准电压。基准电压由稳压管 VD_Z 提供，接到放大电路的同相输入端。电阻 R 的作用是保证 VD_Z 有一个合适的工作电流。

（4）调整管。调整管 VT 接在输入直流电压 U_i 和输出端的负载电阻 R_L 之间，当输出电压 U_o 由于电网电压或负载电流等的变化而发生波动时，其变化量经采样、比较、放大后送到调整管的基极，使调整管的集-射电压也发生相应的变化，最终调整输出电压使之基本保持稳定。

2. 工作原理

在图 10.4.1 中，假设由于 U_i 增大或 I_L 减小导致输出电压 U_o 增大，则通过采样以后反馈到放大电路反相输入端的电压 U_F 也按比例地增大，但其同相输入端的电压即基准电压 U_Z 保持不变，因此放大电路的差模输入电压 $U_{id}=U_Z-U_F$ 将减小，于是集成运放的输出电压减小，使调整管的基极输入电压 U_{BE} 减小，则调整管的集电极电流 I_C 随之减小，同时集电极电压 U_{CE} 增大。由于 $U_o=U_i-U_{CE}$，因此使输出电压 U_o 保持基本不变。

以上稳压过程可简明表示如下。

$U_i \uparrow$ 或 $I_L \downarrow \to U_o \uparrow \to U_F \uparrow \to U_{id} \downarrow \to U_{BE} \downarrow \to I_C \downarrow \to U_{CE} \uparrow \to U_o \downarrow$

由此可知，串联型直流稳压电路稳压的过程，实质上是采用电压串联负反馈使输出电压保持基本稳定的过程。

10.4.2 输出电压的调节范围

串联型直流稳压电路的优点之一是允许输出电压在一定范围内进行调节。这种调节可以通过改变采样电阻中电位器的滑动端位置来实现。

由虚短可得输出电压 U_o 为

$$U_o = \left(1 + \frac{R_1 + R_2'}{R_2'' + R_3}\right) U_Z = \frac{R_1 + R_2' + R_2'' + R_3}{R_2'' + R_3} U_Z = \frac{R_1 + R_2 + R_3}{R_2'' + R_3} U_Z \qquad (10.4.1)$$

当 R_2 的滑动端调至最上端时，$R_2' = 0$，$R_2'' = R_2$，U_o 达到最小值，此时

$$U_{omin} = \frac{R_1 + R_2 + R_3}{R_2 + R_3} U_Z \qquad (10.4.2)$$

而当 R_2 的滑动端调至最下端时，$R_2' = R_2$，$R_2'' = 0$，U_o 达到最大值，可得

$$U_{\text{omax}} = \frac{R_1 + R_2 + R_3}{R_3} U_Z \qquad (10.4.3)$$

【例 10.4.1】　假设图 10.4.1 所示串联型直流稳压电路中，稳压管为 2CW14，其稳定电压为 $U_Z=$ 7V，采样电阻 $R_1=3\text{k}\Omega$、$R_2=2\text{k}\Omega$、$R_3=3\text{k}\Omega$，试估算输出电压的调节范围。

解： 根据式（10.4.2）和式（10.4.3）可得

$$U_{\text{omin}} = \frac{R_1 + R_2 + R_3}{R_2 + R_3} U_Z = \frac{3+2+3}{2+3} \times 7 = 11.2\text{V}$$

$$U_{\text{omax}} = \frac{R_1 + R_2 + R_3}{R_3} U_Z = \frac{3+2+3}{3} \times 7 \approx 18.7\text{V}$$

因此，稳压电路输出电压的调节范围为 11.2～18.7V。

10.4.3　调整管的选择

调整管是串联型直流稳压电路的重要组成部分，担负着"调整"输出电压的重任。它不仅需要根据外界条件的变化，随时调整本身的管压降，以保持输出电压稳定，还要提供负载所要求的全部电流，因此调整管的功耗比较大，通常采用大功率的三极管。为了保证调整管的安全，在选择三极管的型号时，应对三极管的主要参数进行初步的估算。

1. 集电极最大允许电流 I_{CM}

由图 10.4.1 中的稳压电路可知，流过调整管集电极的电流，除负载电流 I_L 之外，还有流入采样电阻的电流。假设流过采样电阻的电流为 I_R，则在选择调整管时，应使其集电极的最大允许电流满足

$$I_{\text{CM}} \geqslant I_{\text{Lmax}} + I_R \qquad (10.4.4)$$

式中，I_{Lmax} 为负载电流的最大值。

2. 集电极和发射极之间的最大允许反向击穿电压 $U_{(\text{BR})\text{CEO}}$

稳压电路在正常工作时，调整管上的电压降约为几伏。若负载短路，则整流滤波电路的输出电压 U_i 将全部加在调整管两端。在电容滤波电路中，输出电压的最大值可能接近于变压器副边电压的峰值，即 $U_i \approx \sqrt{2} U_2$，再考虑电网可能有 ±10% 的波动，因此根据调整管可能承受的最大反向电压，应选择三极管的参数为

$$U_{(\text{BR})\text{CEO}} \geqslant U_{\text{imax}}' = 1.1 \times \sqrt{2} U_2 \qquad (10.4.5)$$

式中，U_{imax}' 为空载时整流滤波电路的最大输出电压。

3. 集电极最大允许耗散功率 P_{CM}

调整管集电极消耗的功率等于管子集电极-发射极电压与流过管子的电流的乘积，而调整管两端的电压又等于 U_i 与 U_o 之差，即调整管的功耗为

$$P_C = U_{\text{CE}} I_C = (U_i - U_o) I_C$$

可见，当电网电压达到最大值，而输出电压达到最小值，同时负载电流达到最大值时，调整管的功耗最大，所以应根据下式来选择调整管的参数 P_{CM}，即

$$P_{\text{CM}} \geqslant (U_{\text{imax}} - U_{\text{omin}}) \times I_{\text{Cmax}} \approx (1.1 \times 1.2 U_2 - U_{\text{omin}}) \times I_{\text{Emax}} \qquad (10.4.6)$$

式中，U_{imax} 为满载时整流滤波电路的最大输出电压。在电容滤波电路中，如果滤波电容的容值足够大，可以认为其输出电压近似为 $1.2 U_2$。

调整管选定以后，为了保证调整管工作在放大状态，管子两端的电压降不宜过大，通常使 $U_{\text{CE}}=3\sim 8\text{V}$。由于 $U_{\text{CE}}=U_i-U_o$，因此整流滤波电路的输出电压，即稳压电路的输入直流电压应为

$$U_i = U_{\text{omax}} + (3\sim 8)(\text{V}) \qquad (10.4.7)$$

若采用桥式整流、电容滤波电路，则此电路的输出电压 U_i 与变压器副边电压 U_2 之间近似为以下关系。

$$U_i \approx 1.2 U_2$$

考虑到电网电压可能有 10% 的波动，因此要求变压器副边电压为

$$U_2 \approx 1.1 \times \frac{U_i}{1.2} \tag{10.4.8}$$

【例 10.4.2】 在图 10.4.1 所示的稳压电路中，要求输出电压 U_o=10～15V，负载电流 I_L=0～100mA，已选定基准电压的稳压管为 2CW1，其稳定电压 U_Z=7V，最小电流 I_{Zmin}=5mA，最大电流 I_{Zmax}=33mA。初步确定调整管选用 3DD2C，其主要参数为：I_{CM}=0.5A，$U_{(BR)CEO}$=45V，P_{CM}=3W。

（1）假设采样电阻总的阻值选定为 2kΩ 左右，则 R_1、R_2 和 R_3 3 个电阻分别为多大？

（2）估算电源变压器副边电压的有效值 U_2。

（3）估算基准稳压管的限流电阻 R 的阻值。

（4）验算稳压电路中的调整管是否安全。

解：（1）由式（10.4.3）可知

$$U_{omax} \approx \frac{R_1 + R_2 + R_3}{R_3} U_Z$$

故

$$R_3 \approx \frac{R_1 + R_2 + R_3}{U_{omax}} U_2 = \left(\frac{2}{15} \times 7\right) k\Omega \approx 0.93 k\Omega$$

取 R_3=910Ω。由式（10.4.2）可知

$$U_{omin} \approx \frac{R_1 + R_2 + R_3}{R_2 + R_3} U_Z$$

故

$$R_2 + R_3 \approx \frac{R_1 + R_2 + R_3}{U_{omin}} U_Z = \left(\frac{2}{10} \times 7\right) = 1.4 k\Omega$$

则

$$R_2 = 1.4 - 0.91 = 0.49 k\Omega$$

取 R_2=510Ω（电位器），则

$$R_1 = 2 - 0.91 - 0.51 = 0.58 k\Omega$$

取 R_1=560Ω。

在确定了采样电阻 R_1、R_2 和 R_3 的阻值以后，再来验算输出电压的变化范围是否符合要求，此时

$$U_{omax} \approx \frac{0.56 + 0.51 + 0.91}{0.91} \times 7 \approx 15.23 V$$

$$U_{omin} \approx \frac{0.56 + 0.51 + 0.91}{0.51 + 0.91} \times 7 \approx 9.76 V$$

输出电压的实际变化范围为 U_o=9.76～15.23V，所以符合给定的要求。

（2）稳压电路的直流输入电压应为

$$U_i = U_{omax} + (3 \sim 8) V = 15 + (3 \sim 8) = 18 \sim 23 V$$

取 U_i=23V，则变压器副边电压的有效值为

$$U_2 = 1.1 \times \frac{U_i}{1.2} = 1.1 \times \frac{23}{1.2} \approx 21 V$$

（3）基准电压支路中的电阻 R 的作用是保证稳压管 VD_Z 的工作电流比较合适，通常使稳压管中的电流略大于其最小参考电流值 I_{Zmin}。在图 10.4.1 中，可认为

$$I_Z = \frac{U_i - U_Z}{R}$$

故基准稳压管的限流电阻应为

$$R \leqslant \frac{U_{\text{imin}} - U_Z}{I_{\text{Zmin}}} = \frac{0.9 \times 23 - 7}{5} = 2.74 \text{k}\Omega$$

（4）根据稳压电路的各项参数，可知调整管的主要技术指标应为

$$I_{\text{CM}} \geqslant I_{\text{Lmax}} + I_R = 100 + \frac{15.23}{0.56 + 0.51 + 0.91} \approx 108 \text{mA}$$

$$U_{(\text{BR})\text{CEO}} \geqslant 1.1 \times \sqrt{2} U_2 = 1.1 \times \sqrt{2} \times 21 = 32.3 \text{V}$$

$$P_{\text{CM}} \geqslant (1.1 \times 1.2 U_2 - U_{\text{omin}}) \times I_{\text{Cmax}} = (1.1 \times 1.2 \times 21 - 9.76) \times 0.108 \approx 1.94 \text{W}$$

已知低频大功率三极管 3DD2C 的 I_{CM}=0.5A，$U_{(\text{BR})\,\text{CEO}}$=45V，$P_{\text{CM}}$=3W，可见调整管的参数符合安全的要求，而且留有一定余地。

10.4.4　稳压电路的过载保护

在使用稳压电路时，如果输出端过载甚至短路，将使通过调整管的电流急剧增大，假如电路中没有适当的保护措施，可能使调整管造成损坏，所以在实用的稳压电路中通常加有必要的保护电路。下面介绍两种常用的保护电路。

1. 限流型保护电路

简单的限流型保护电路如图 10.4.2 所示。主要保护元件是串接在调整管发射极回路中的检测电阻 R_4 和保护三极管 VT_2。R_4 的限值很小，一般为 1Ω 左右。

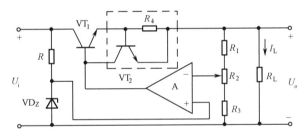

图 10.4.2　简单的限流型保护电路

稳压电路在正常工作时，负载电流不超过额定值，电流在 R_4 上的压降很小，故三极管 VT_2 截止，保护电路不起作用。当负载电流超过某一临界值后，R_4 上的压降使 VT_2 导通。由于 VT_2 的集电极电流将对调整管 VT_1 的基极电流进行分流，因此限制了 VT_1 中电流的增长，保护了调整管。限流型保护电路的输出特性如图 10.4.3 所示。

2. 截流型保护电路

限流型保护电路虽然能够限制过大的输出电流，但当负载短路时，整流滤波后的输出直流电压 U_I 将全部加在调整管的两端，而且此时通过调整管的电流也相当大。由图 10.4.3 可知，当 U_o=0 时，I_L 较大，所以此时消耗在调整管上的功率仍很可观。如果按照这种情况来选择调整管，势必要求其容量的额定值比正常情况高出许多倍，很不经济。因此，在容量较大的稳压电路中，希望一旦发生过载，输出电压和输出电流同时下降到较低的数值，即要求保护电路的输出特性如图 10.4.4 所示。这样的保护电路称为截流型保护电路。

实现截流型保护的具体电路，如图 10.4.5 所示。电路中同样接入一个检测电阻 R_4 和一个保护三极管 VT_2。辅助电源经电阻 R_5、R_6 分压后接至 VT_2 的基极，而输出电压 U_o 经 R_7、R_8 分压后接至 VT_2 的发射极。在正常工作时，电阻 R_4 两端的电压降较低，此时 R_6 两端电压与 R_4 两端电压之和小于 R_8 两端电压，即 VT_2 的 U_{BE2}<0，故 VT_2 截止。当负载电流 I_L 增大时，电阻 R_4 上的压降随之增大。当 U_{BE2} 增

大至使 VT_2 进入放大区后，将产生集电极电流 I_{C2}。而 VT_2 的导通将使调整管的基极电流被分流，故 I_{B1} 减小，于是引起以下正反馈过程。

$$I_{C2}\uparrow \to I_{B1}\downarrow \to U_o\downarrow \to U_{E2}\downarrow \to U_{BE2}\uparrow \to I_{C2}\uparrow$$

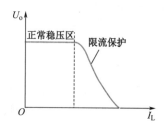

图 10.4.3　限流型保护电路的输出特性

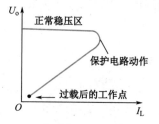

图 10.4.4　截流型保护电路的输出特性

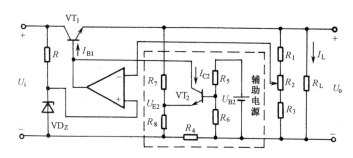

图 10.4.5　截流型保护电路

上述正反馈使 I_{C2} 迅速增大，很快使 VT_2 达到饱和，最后稳压电路的输出电压为

$$U_o=U_{CES2}+U_{R8}-I_LR_4-U_{BE1}$$

其中，U_{R8} 一般选定为 1V 左右；U_{CES2} 为 VT_2 的饱和管压降，约为 0.3V；U_{BE1} 为临界导电值，而此时 I_L 值很小，所以当保护电路动作以后，输出电压将很快下降到 1V 左右，因而调整管的功率损耗很小。但是，由于 U_o 很低，U_i 几乎都加在调整管两端，因此所选调整管的 $U_{(BE)CEO}$ 值应大于整流滤波电路输出电压可能达到的最大值。

在这种截流型保护电路中，当负载端故障排除以后，由于 I_L 减小，使 R_4 上压降减小，只要三极管 VT_1 和 VT_2 能够进入放大区，则稳压电路的输出电压将由于以下正反馈过程而很快地恢复到原来的数值。

$$U_{R4}\downarrow \to U_{B2}\downarrow \to I_{C2}\downarrow \to I_{B1}\uparrow \to U_o\uparrow \to U_{E2}\uparrow \to U_{BE2}\uparrow \to I_{C2}\downarrow$$

稳压电路的保护电路类型很多，除了以上介绍的几种过流保护电路，还有过压保护、过热保护等。读者如有兴趣，可参阅有关文献。

10.5　集成稳压器

随着集成技术的发展，稳压电路也迅速实现集成化。从 20 世纪 60 年代末开始，集成稳压器已经成为模拟集成电路的一个重要组成部分。目前已能大量生产各种型号的单片集成稳压电路。集成稳压器具有体积小、可靠性高以及温度特性好等优点，而且使用灵活、价格低廉，被广泛应用于仪器、仪表及其他各种电子设备中。特别是三端集成稳压器，芯片只引出 3 个端子，分别接输入端、输出端和公共端，基本上不需要外接元件，而且内部有限流保护、过热保护和过压保护电路，使用更加安全、方便。

三端集成稳压器还有固定输出和可调输出两种不同的类型。前者的输出直流电压是固定不变的几个电压等级，后者则可以通过外接的电阻和电位器使输出电压在某一个范围内连续可调。固定输出集成稳

视频 10-4：
集成稳压器

压器又可分为正输出和负输出两大类。

　　本节将以 W7800 系列三端固定正输出集成稳压器为例，介绍电路的组成，并在此基础上介绍三端集成稳压器的主要参数以及它们的外形和应用电路。

10.5.1　三端集成稳压器的组成

　　三端集成稳压器的组成如图 10.5.1 所示。由图 10.5.1 可知，电路内部实际上包括了串联型直流稳压电路的各个组成部分，另外加上保护电路和启动电路。下面对各部分扼要进行介绍。

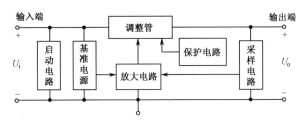

图 10.5.1　三端集成稳压器的组成

　　1. 调整管

　　调整管接在输入端与输出端之间，当电网电压或负载电流波动时，调整自身的集-射压降使输出电压基本保持不变。在 W7800 系列三端集成稳压电路中，调整管由两个三极管组成的复合管充当，这种结构只要求放大电路用较小的电流便可驱动调整管，而且提高了调整管的输入电阻。

　　2. 放大电路

　　放大电路将基准电压与从输出端得到的采样电压进行比较，再放大并送到调整管的基极。放大倍数越大，则稳定性能越好。在 W7800 系列三端集成稳压器中，放大管也是复合管，电路组态为共射接法，并采用有源负载，可以获得较高的电压放大倍数。

　　3. 基准电源

　　由式（10.4.1）可知，串联型直流稳压电路的输出电压 U_o 与基准电压 U_Z 成正比，因此基准电压的稳定性将直接影响稳压电路输出电压的稳定性。在 W7800 系列三端集成稳压器中，采用了一种能带间隙式基准源，这种基准源具有低噪声、低温漂的特点，在单片式大电流集成稳压器中被广泛应用。

　　4. 采样电路

　　采样电路由两个分压电阻组成，它将输出电压变化量的一部分送到放大电路的输入端。

　　5. 启动电路

　　启动电路的作用是在刚接通直流输入电压时，使调整管、放大电路和基准电源等建立起各自的工作电流，而当稳压电路正常工作时启动电路被断开，以免影响稳压电路的性能。

　　6. 保护电路

　　在 W7800 系列三端集成稳压器中，已将 3 种保护电路集成在芯片内部，它们是限流型保护电路、过热保护电路和过压保护电路。

　　关于 W7800 系列三端集成稳压器具体电路的原理图，读者如有兴趣，请参阅有关文献。

10.5.2　三端集成稳压器的主要参数

　　无论固定正输出还是固定负输出的三端集成稳压器，它们的输出电压值通常可分为 7 个等级，即 ±5V、±6V、±8V、±12V、±15V、±18V 和±24V。输出电流则有 3 个等级：1.5A（W7800 和 W7900 系列）、500mA（W78M00 和 W79M00 系列）和 100mA（W78L00 和 W79L00 系列）。现将 W7800 系列三端集成稳压器的主要参数列于表 10.5.1 中，以供参考。

表 10.5.1 W7800 系列三端集成稳压器的主要参数

参数名称	符号	单位	型号						
			7805	7806	7808	7812	7815	7818	7824
输入电压	U_i	V	10	11	14	19	23	27	33
输出电压	U_o	V	5	6	8	12	15	18	24
电压调整率	S_u	%/V	0.0076	0.0086	0.01	0.008	0.0066	0.01	0.011
电流调整率（5mA≤I_o≤1.5A）	S_i	mV	40	43	45	52	52	55	60
最小压差	U_i-U_o	V	2	2	2	2	2	2	2
输出噪声	U_N	μV	10	10	10	10	10	10	10
输出电阻	R_o	mΩ	17	17	18	18	19	19	20
峰值电流	I_{OM}	A	2.2	2.2	2.2	2.2	2.2	2.2	2.2
输出温漂	S_T	mV/℃	1.0	1.0		1.2	1.5	1.8	2.4

10.5.3 三端集成稳压器的应用

1. 三端集成稳压器的外形及电路符号

W7800 和 W78M00 系列固定正输出三端集成稳压器的外形有两种：一种是金属菱形式；另一种是塑料直插式，分别如图 10.5.2（a）、（b）所示。而 W7900 和 W79M00 系列固定负输出三端集成稳压器的外形与前者相同，但是引脚有所不同。

输出电流较小的 W78L00 和 W79L00 系列三端集成稳压器的外形也有两种：一种为塑料截圆式；另一种为金属圆壳式，分别如图 10.5.2（c）、（d）所示。

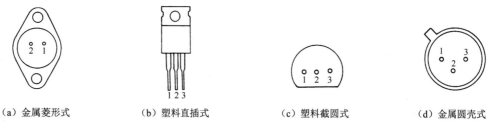

（a）金属菱形式　　　　（b）塑料直插式　　　　（c）塑料截圆式　　　　（d）金属圆壳式

图 10.5.2 三端集成稳压器的外形

W7800 系列和 W7900 系列三端集成稳压器的引脚列于表 10.5.2 中。

表 10.5.2 W7800 系列和 W7900 系列三端集成稳压器的引脚

系列	封装形式					
	金属封装			塑料封装		
	引脚					
	IN	GND	OUT	IN	GND	OUT
W7800	1	3	2	1	2	3
W78M00	1	3	2	1	2	3
W78L00	1	3	2	3	2	1
W7900	3	1	2	2	1	3
W79M00	3	1	2	2	1	3
W79L00	3	1	2	2	1	3

W7800 和 W7900 系列三端集成稳压器的电路符号分别如图 10.5.3（a）、（b）所示。

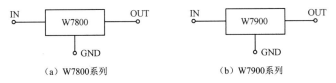

（a）W7800系列　　　　　　　（b）W7900系列

图 10.5.3　三端集成稳压器的电路符号

2．三端集成稳压器应用电路

三端集成稳压器的使用十分方便。由于只有 3 个引出端：输入端、输出端和公共端，因此在实际的应用电路中连接比较简单。

（1）基本电路。三端集成稳压器最基本的应用电路如图 10.5.4 所示。整流滤波后得到的直流输入电压 U_i 接在输入端和公共端之间，在输出端即可得到稳定的输出电压 U_o。为了抵消输入线较长带来的电感效应，防止自激，常在输入端接入电容 C_i，一般 C_i 的容量为 $0.33\mu F$。同时，在输出端接上电容 C_o，以改善负载的瞬态响应和消除输出电压中的高频噪声，C_o 的容量一般为 $1\mu F$ 至几十微法。两个电容应直接接在集成稳压器的引脚处。

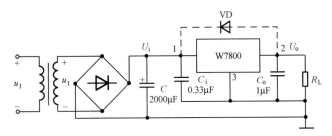

图 10.5.4　三端集成稳压器基本的应用电路

若输出电压比较高，应在输入端与输出端之间跨接一个保护二极管 VD，如图 10.5.4 中的虚线所示。其作用是在输入端短路时，使 C_o 通过二极管放电，以便保护集成稳压器内部的调整管。

输入直流电压 U_i 的值应至少比 U_o 高 2V。

（2）扩大输出电流。三端式集成稳压器的输出电流有一定限制，如 1.5A、0.5A 或 0.1A 等。若希望在此基础上进一步扩大输出电流，则可以通过外接大功率三极管的方法实现。电路接法如图 10.5.5 所示。

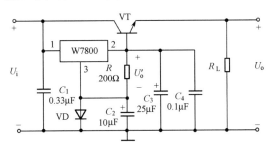

图 10.5.5　三端集成稳压器的输出电流

在图 10.5.5 中，负载所需的大电流由大功率三极管 VT 提供，而三极管的基极由三端集成稳压器驱动。电路中接入一个二极管 VD，用以补偿三极管的发射结电压 U_{BE}，使电路的输出电压 U_o 基本上等于三端集成稳压器的输出电压 U_o'。只要适当选择二极管的型号，并通过调节电阻 R 的阻值以改变流过二极管的电流，即可得到 $U_D \approx U_{BE}$。此时，由图可知

$$U_o = U_o' - U_{BE} + U_D \approx U_o'$$

同时，接入二极管 VD 也补偿了温度对三极管 U_{BE} 的影响，使输出电压比较稳定。

电容 C_2 的作用是滤掉二极管 VD 两端的脉动电压，以减小输出电压的脉动成分。

（3）提高输出电压。如果实际工作中要求得到更高的输出电压，也可以在原有三端集成稳压器输出电压的基础上加以提高，电路如图 10.5.6（a）和（b）所示。

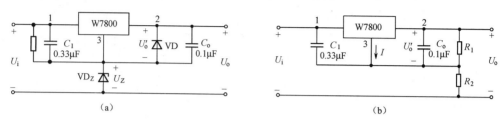

(a)　　　　　　　　　(b)

图 10.5.6　提高三端集成稳压器输出电压的电路

图 10.5.6（a）中的电路利用稳压管 VD_Z 来提高输出电压。由图可知，电路的输出电压为

$$U_o = U_o' + U_Z \tag{10.5.1}$$

电路中输出端的二极管 VD 是保护二极管。在正常工作时，VD 处于截止状态，一旦输出电压低于 U_Z 或输出端短路，二极管 VD 将导通，于是输出电流被旁路，从而保护集成稳压器的输出级免受损坏。

图 10.5.6（b）中的电路利用电阻来提升输出电压。假设流过电阻 R_1、R_2 的电流比三端集成稳压器的静态电流 I（约为 5mA）大得多，则可认为稳压器输出电压为

$$U_o' \approx \frac{R_1}{R_1 + R_2} U_o$$

即输出电压为

$$U_o \approx \left(1 + \frac{R_2}{R_1}\right) U_o' \tag{10.5.2}$$

此种提高输出电压的电路比较简单，但稳压性能将有所下降。

（4）使输出电压可调。W7800 和 W7900 均为固定输出的三端集成稳压器，如果希望得到可调的输出电压，可以选用可调输出的集成稳压器，也可以将固定输出集成稳压器接成图 10.5.7 所示的电路。

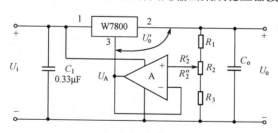

图 10.5.7　输出电压可调的稳压电路

电路中接入了一个集成运放 A 以及采样电阻 R_1、R_2 和 R_3，其中 R_2 为电位器。不难看出，集成运放接成电压跟随器形式，它的输出电压 U_A 等于某输入电压，即

$$U_A = \frac{R_2'' + R_3}{R_1 + R_2 + R_3} U_o$$

由图可得

$$U_o' + U_A = U_o$$

即

$$U_o' + \frac{R_2'' + R_3}{R_1 + R_2 + R_3} U_o = U_o$$

则电路的输出电压为

$$U_{\mathrm{o}} = U_{\mathrm{o}}' \Big/ \left(1 - \frac{R_2'' + R_3}{R_1 + R_2 + R_3}\right) = \left(1 + \frac{R_2'' + R_3}{R_1 + R_2'}\right) U_{\mathrm{o}}' \qquad (10.5.3)$$

由式（10.5.3）可知，只需移动电位器 R_2 的滑动端，即可调节输出电压的大小。但要注意的是，当输出电压 U_{o} 调得很低时，集成稳压器的 1、2 两端之间的电压（$U_{\mathrm{I}} - U_{\mathrm{o}}$）很高，使内部调整管的管压降增大，同时调整管的功率损耗随之增大，此时应防止其管压降和功耗超过额定值，以保证安全。

10.6 开关型稳压电路

前面介绍的稳压电路，包括分立元件组成的串联型直流稳压电路以及集成稳压器均属于线性稳压电路，这是由于其中的调整管总是工作在线性放大区。线性稳压电路的优点是结构简单，调整方便，输出电压脉动较小。但是这种稳压电路的主要缺点是效率低，一般为 20%～40%。同时，由于调整管消耗的功率较大，有时需要在调整管上安装散热器，致使电源的体积和质量增大，比较笨重。而开关型稳压电路克服了上述缺点，因而它的应用日益广泛。

10.6.1 开关型稳压电路的特点和分类

开关型稳压电路的特点主要有以下几方面。

（1）效率高。开关型稳压电路中的调整管工作在开关状态，因此可以通过改变调整管导通与截止时间的比例来改变输出电压的大小。当调整管饱和导通时，虽然流过较大的电流，但饱和管压降很小；当调整管截止时，管子将承受较高的电压，但流过调整管的电流基本等于零。可见，工作在开关状态调整管的功耗很小，因此开关型稳压电路的效率较高，一般可达 65%～90%。

（2）体积小、质量轻。因为调整管的功耗小，所以散热器也可随之减小。而且，许多开关型稳压电路还可省去 50Hz 工频变压器。同时，由于开关频率通常为几十千赫兹，因此滤波电感、电容的容量均可大大减小，所以开关型稳压电路与同样功率的线性稳压电路相比，体积和质量都将小得多。

（3）对电网电压的要求不高。由于开关型稳压电路的输出电压与调整管导通和截止时间的比例有关，而输入直流电压的幅度变化对其影响很小，因此允许电网电压有较大的波动。一般线性稳压电路允许电网电压波动±10%，而开关型稳压电路在电网电压为 140～260V、电网频率变化±4%时仍可正常工作。

（4）调整管的控制电路比较复杂。为使调整管工作在开关状态，需要增加控制电路，调整管输出的脉冲波形还需经过 LC 滤波后再送到输出端，因此相对于线性稳压电路，其结构比较复杂，调试比较麻烦。

（5）输出电压中纹波和噪声成分较大。因调整管工作在开关状态，将产生尖峰干扰和谐波信号，虽然经整流滤波，输出电压中的纹波和噪声成分仍较线性稳压电路为大。

总体来说，由于开关型稳压电路的突出优点，使其在计算机、电视机、通信及空间技术等领域得到越来越广泛的应用。

开关型稳压电路的类型很多，而且可以按不同的方法来分类。

① 按控制的方式分类，有：脉冲宽度调制型（PWM），即开关工作频率保持不变，控制导通脉冲的宽度；脉冲频率调制型（PFM），即开关导通的时间不变，控制开关的工作频率；混合调制型，为以上两种控制方式的结合，即脉冲宽度和开关工作频率都将变化。在以上 3 种方式中，脉冲宽度调制型用得较多。

② 按是否使用工频变压器分类，有：低压开关稳压电路，即 50Hz 电网电压先经工频变压器转换成较低电压后再进入开关型稳压电路，因这种电路需用笨重的工频变压器，且效率较低，目前已很少采用；高压开关稳压电路，即无工频变压器的开关稳压电路，由于高压大功率三极管的出现，有可能将220V 交流电网电压直接进行整流滤波，再进行稳压，使开关稳压电路的体积和质量大大减小，且效率

更高。目前，在实际工作中大量使用的主要是无工频变压器的开关稳压电路。

③ 按激励的方式分类，有自激式和他激式。

④ 按所用开关调整管的种类分类，有双极型三极管、MOS 场效应管和晶闸管开关电路等。

此外，还有其他许多分类方式，在此不一一列举。

10.6.2　开关型稳压电路的组成和工作原理

串联式开关型稳压电路的组成如图 10.6.1 所示。图中包括开关调整管、滤波电路、脉冲调制电路、比较放大器、基准电压和采样电路等部分。

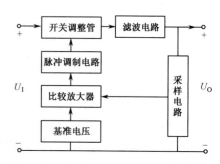

当输入直流电压或负载电流波动而引起输出电压发生变化时，采样电路会将输出电压变化量的一部分送到比较放大器，与基准电压进行比较并将二者的差值放大后送至脉冲调制电路，使脉冲波形的占空比发生变化。此脉冲信号作为开关调整管的输入信号，将使调整管导通和截止时间的比例也随之发生变化，从而使滤波以后输出电压的平均值基本保持不变。

图 10.6.1　串联式开关型稳压电路的组成

图 10.6.2 示出了一个最简单的开关型稳压电路的原理示意图。电路的控制方式采用脉冲宽度调制式。

图 10.6.2 中三极管 VT 为工作在开关状态的调整管。由电感 L 和电容 C 组成滤波电路，二极管 VD 为续流二极管。脉冲宽度调制电路由一个比较器和一个产生三角波的振荡器组成。运算放大器 A 作为比较放大器，基准电源产生一个基准电压 U_{REF}，电阻 R_1、R_2 组成采样电阻。

下面分析图 10.6.2 所示电路的工作原理。由采样电路得到的采样电压 u_F 与输出电压成正比，它与基准电压进行比较并放大以后得到 u_A，被送到比较器的反相输入端。振荡器产生的三角波信号 u_t 加在比较器的同相输入端。当 $u_t > u_A$ 时，比较器输出高电平，即

$$u_B = +U_{OPP}$$

当 $u_t < u_A$ 时，比较器输出低电平，即

$$u_B = -U_{OPP}$$

故调整管 VT 的基极电压 u_B 成为高、低电平交替的脉冲波形，如图 10.6.3 所示。

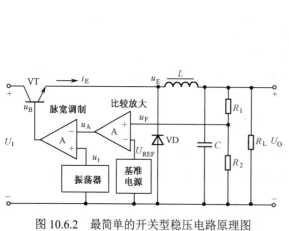

图 10.6.2　最简单的开关型稳压电路原理图

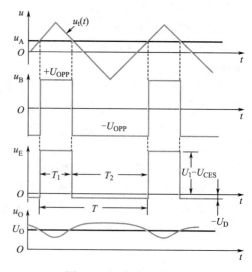

图 10.6.3　电路的波形图

当 u_B 为高电平时，调整管饱和导通，此时发射极电流 i_E 流过电感和负载电阻，既向负载提供输出电压，又将能量储存在电感的磁场和电容的电场中。由于三极管 VT 饱和导通，因此其发射极电位 u_E 为

$$u_{\mathrm{E}} = U_{\mathrm{I}} - U_{\mathrm{CES}}$$

式中，U_{I} 为直流输入电压；U_{CES} 为三极管的饱和管压降。u_{E} 的极性为上正下负，则二极管 VD 被反向偏置，不能导通，故此时二极管不起作用。

当 u_{B} 为低电平时，调整管截止，$i_{\mathrm{E}}=0$。但电感具有维持流过电流不变的特性，此时将储存的能量释放出来，在电感上产生的反电势使电流通过负载、二极管继续导通，因此该二极管 VD 为续流二极管。此时调整管发射极的电位为

$$u_{\mathrm{E}} = -U_{\mathrm{D}}$$

式中，U_{D} 为二极管的正向导通电压。

由图 10.6.3 可知，调整管处于开关工作状态，它的发射极电位 u_{E} 也是高、低电平交替的脉冲波形。但是，经过 LC 滤波电路以后，在负载上可以得到比较平滑的输出电压 u_{O}。在理想情况下，输出电压 u_{O} 的平均值 U_{O} 即为调整管发射极电压 u_{E} 的平均值。根据图 10.6.3 中 u_{E} 的波形可求得

$$U_{\mathrm{O}} = \frac{1}{T}\int_0^T u_{\mathrm{E}}\mathrm{d}t = \frac{1}{T}\left[\int_0^{T_1}\left(U_{\mathrm{I}} - U_{\mathrm{CES}}\right)\mathrm{d}t + \int_{T_1}^T \left(-U_{\mathrm{D}}\right)\mathrm{d}t\right]$$

因三极管的饱和管压降 U_{CES} 以及二极管的正向导通电压 U_{D} 的值均很小，与直流输入电压 U_{I} 相比通常可以忽略，则上式可近似表示为

$$U_{\mathrm{O}} \approx \frac{1}{T}\int_0^{T_1} U_{\mathrm{I}}\mathrm{d}t = \frac{T_1}{T}U_{\mathrm{I}} = DU_{\mathrm{I}} \tag{10.6.1}$$

式中，D 为脉冲波形 u_{E} 的占空比。由式（10.6.1）可知，在一定的直流输入电压 U_{I} 之下，占空比 D 的值越大，则开关型稳压电路的输出电压 U_{O} 越高。

下面再来分析当电网电压波动或负载电流变化时，图 10.6.2 中的开关型稳压电路如何起稳压作用。假设由于电网电压或负载电流的变化使输出电压 U_{O} 升高，则经过采样电阻以后得到的采样电压 u_{F} 也随之升高，此电压与基准电压 U_{REF} 比较以后再放大得到的电压 u_{A} 也将升高，u_{A} 送到比较器的反相输入端。由图 10.6.3 的波形图可知，当 u_{A} 升高时，将使开关调整管基极电压 u_{E} 的波形中高电平的时间缩短，而低电平的时间增长，于是调整管在一个周期中饱和导通的时间减少，截止的时间增加，则其发射极电压 u_{E} 脉冲波形的占空比减小，从而使输出电压的平均值 U_{O} 减小，最终保持输出电压基本不变。

以上扼要地介绍了脉冲调宽式开关型稳压电路的组成和工作原理，至于其他类型的开关稳压电路，此处不再赘述，读者可参阅有关文献。

本 章 小 结

各种电子设备通常都需要直流电源供电。比较经济实用的获得直流电源的方法是利用电网提供的交流电经过整流、滤波和稳压以后得到。

（1）利用二极管的单向导电性可以组成整流电路。在单相半波、单相全波和单相桥式 3 种基本整流电路中，单相桥式整流电路的输出直流电压较高，输出波形的脉动成分相对较低，整流管承受的反向峰值电压不高，且变压器的利用率较高，因此应用比较广泛。

（2）滤波电路的主要任务是尽量滤掉输出电压中的脉动成分，同时尽量保留其中的直流成分。滤波电路主要由电容、电感等储能元件组成。电容滤波适用于小负载电流，而电感滤波适用于大负载电流。在实际工作中常常将二者结合起来，以便进一步降低脉动成分。

（3）稳压电路的任务是在电网电压波动或负载电流变化时，使输出电压保持基本稳定。常用的稳压电路有以下几种。

① 硅稳压管稳压电路。电路结构最简单，适用于输出电压固定，且负载电流较小的场合。其主要缺点是输出电压不可调节；当电网电压和负载电流变化范围较大时，电路无法适应。

② 串联型直流稳压电路。串联型直流稳压电路主要包括四部分：调整管、采样电阻、放大环节和基准电压。其稳压的原理实质上是引入电压串联负反馈来稳定输出电压。串联型稳压电路的输出电压可以在一定的范围内进行调节。

为了防止负载电流过大或输出短路造成元器件损坏，在实用的稳压电路中常常加上各种保护电路，如限流型保护电路和截流型保护电路等。

③ 集成稳压器。集成稳压器由于其体积小、可靠性高以及温度特性好等优点，得到了广泛的应用，特别是三端集成稳压器，只有 3 个引出端，使用更加方便。

三端集成稳压器实质上是将串联型直流稳压电路的各个组成部分，再加上保护电路和启动电路，全部集成在一个芯片上而成的。

④ 开关型稳压电路。与线性稳压电路相比，开关型稳压电路的特点是调整管工作在开关状态，因而具有效率高、体积小、质量轻以及对电网电压要求不高等突出优点，被广泛用于计算机、电视机、通信及空间技术等领域中。但也存在调整管的控制电路比较复杂、输出电压中纹波和噪声成分较大等缺点。

习　题　十

10.1　在图 P10.1 所示的单相桥式整流电路中，已知变压器副边电压 U_2=10V（有效值）。

（1）工作时，直流输出电压 $U_{O(AV)}$ 为多少？

（2）如果二极管 VD_1 虚焊，将会出现什么现象？

（3）如果 VD_1 极性接反，又可能会出现什么问题？

（4）如果 4 个二极管全部接反，那么直流输出电压 $U_{O(AV)}$ 为多少？

10.2　图 P10.2 是能输出两种整流电压的桥式整流电路。试分析各个二极管的导电情况，在图上标出直流输出电压 $U_{O(AV)1}$ 和 $U_{O(AV)2}$ 对地的极性，并计算当 $U_{21}=U_{22}=20V$（有效值）时，$U_{O(AV)1}$ 和 $U_{O(AV)2}$ 各为多少？若 $U_{21}=22V$，$U_{22}=18V$，则 $U_{O(AV)1}$ 和 $U_{O(AV)2}$ 各为多少？在后一种情况下，画出 u_{O1} 和 u_{O2} 的波形并估算各个二极管的最大反向峰值电压各为多少。

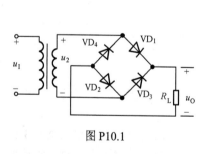

图 P10.1

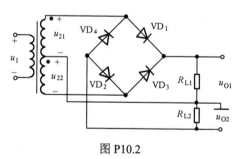

图 P10.2

10.3　试在图 P10.3 所示的电路中，标出各电容两端电压的极性和数值，并分析负载电阻上能够获得几倍压输出。

10.4　电路如图 P10.4 所示，已知稳压管的稳定电压为 6V，最小稳定电流为 5mA，允许耗散功率为 240mW；输入电压为 20～24V，R_1=360Ω。试问：

（1）为保证空载时稳压管能够安全工作，R_2 应选多大？

（2）当 R_2 按上面原则选定后，负载电阻允许的变化范围是多少？

10.5　电路如图 P10.5 所示，已知稳压管的稳定电压 U_Z=6V，晶体管的 U_{BE}=0.7V，$R_1=R_2=R_3$=300Ω，U_1=24V。判断出现下列现象时，分别因为电路产生什么故障（哪个元件开路或短路）。

（1）U_O≈24V；（2）U_O≈23.3V；（3）U_O≈12V 且不可调；（4）U_O≈6V 且不可调；（5）U_O 可调，

范围变为 6～12V。

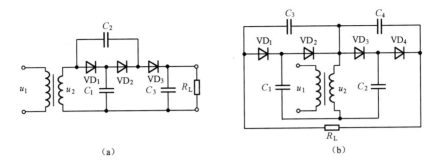

（a）　　　　　　　　　　　　　　　　　　（b）

图 P10.3

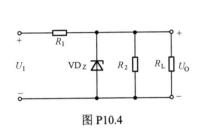

图 P10.4

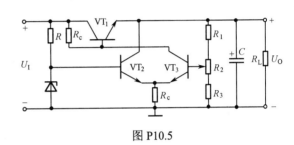

图 P10.5

10.6　直流稳压电源如图 P10.6 所示。

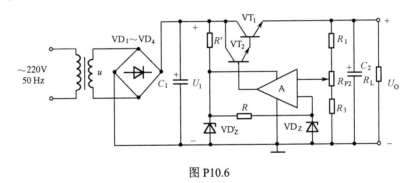

图 P10.6

（1）说明电路的整流电路、滤波电路、调整管、基准电压电路、比较放大器、取样电路等部分各由哪些元件组成。

（2）标出集成运放的同相输入端和反相输入端。

（3）写出输出电压的表达式。

10.7　电路如图 P10.7 所示，设 $I_I' \approx I_O' = 1.5\text{A}$，晶体管 VT 的 $U_{EB} \approx U_D$，$R_1 = 1\Omega$，$R_2 = 2\Omega$，$I_D \gg I_B$。求解负载电流 I_L 与 I_O' 的关系式。

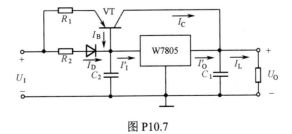

图 P10.7

10.8 两个恒流源电路分别如图 P10.8（a）、（b）所示。

（1）求解各电路负载电流的表达式。

（2）设输入电压为 20V，晶体管饱和压降为 3V，b-e 间电压数值 $|U_{BE}|=0.7V$；W7805 输入端和输出端间的电压最小值为 3V；稳压管的稳定电压 $U_Z=5V$；$R_1=R=50\Omega$。分别求出两个电路负载电阻的最大值。

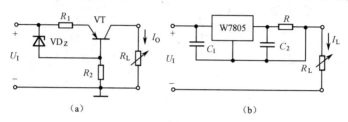

图 P10.8

10.9 在图 P10.9 中：

（1）要求当电位器 R_P 的滑动端在最下端时 $U_O=15V$，电位器 R_P 的值应是多少？

（2）在第（1）小题选定的 R_P 值之下，当 R_P 的滑动端在最上端时，U_O 为多少？

（3）为保证调整管很好地工作在放大状态，要求其管压降 U_{CE} 任何时候不低于 3V，则 U_I 应为多大？

（4）稳压管 VD_Z 的最小电流为 $I_Z=5mA$，试选择电阻 R 的阻值。

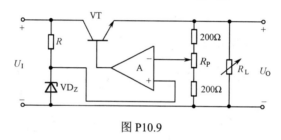

图 P10.9

10.10 为了要得到 ±15V 的直流稳压电源，某同学设计了一个方案，如图 P10.10 所示。经审查，至少有 3 处以上出现错误（包括结构与参数），请你指出错误所在，将改正的措施填入下表。

序号	错误所在	改正措施
例	VD_4	将正负极颠倒
1		
2		
3		
4		
5		

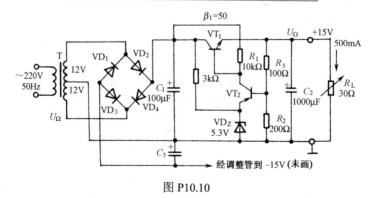

图 P10.10

10.11　在图 P10.11 所示电路中，试分析标出哪一个（或几个）管子是起过流保护作用的，并分析过流后是限流型还是截流型（输出短路时，$I_L \approx 0$）。

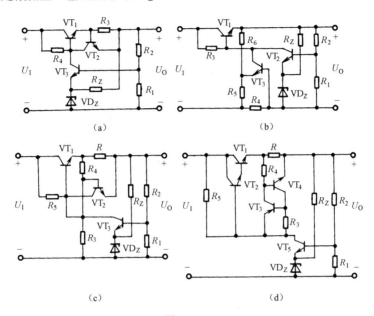

图 P10.11

10.12　要求得到下列直流稳压电源，试分别选用适当的三端式集成稳压器，画出电路原理图（包括整流、滤波电路），并标明变压器副边电压 U_2 及各电容的值。

（1）+24V，1A。

（2）-5V，100mA。

（3）±15V，500mA（每路）。

10.13　某同学设计了如图 P10.12（a）和（b）所示的电路，旨在分别得到+18V、1A 以及-6V、500mA 两路直流稳压电源，试指出电路中是否存在错误，如果有，请改正。

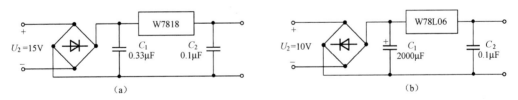

图 P10.12

10.14　在图 P10.13 所示电路中，为了获得 $U_O = 10V$ 的稳定输出电压，电阻 R_1 应为多大？假设三端集成稳压器的电流 I 与 R_1、R_2 中的电流相比可以忽略。

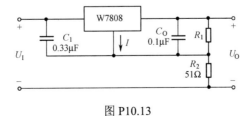

图 P10.13

10.15 试说明开关型稳压电路的特点。在下列各种情况下，试问应分别采用哪种稳压电路（线性稳压电路还是开关型稳压电路）？

（1）希望稳压电路的效率比较高。

（2）希望输出电压的纹波和噪声尽量小。

（3）希望稳压电路的质量轻、体积小。

（4）希望稳压电路的结构尽量简单，使用的元件个数少，调试方便。

10.16 试说明开关型稳压电路通常由哪几个组成部分，简述各部分的作用。

参 考 文 献

[1] 高吉祥，刘安芝. 模拟电子技术. 4 版. 北京：电子工业出版社，2016.

[2] 杨素行，杜湘瑜，模拟电子技术基础简明教程. 北京：高等教育出版社，2022.

[3] 高吉祥. 全国大学生电子设计竞赛培训教程——模拟电子线路与电源设计. 北京：电子工业出版社，2019.

[4] 张亮. 电子技术实验教程. 2 版. 北京：电子工业出版社，2022.

[5] 清华大学电子学教研组. 童诗白，华成英. 模拟电子技术基础. 5 版. 北京：高等教育出版社，2015.

[6] 华中科技大学电子技术课程组. 康华光. 电子技术基础——模拟部分. 6 版. 北京：高等教育出版社，2013.

[7] 郭业才，黄友锐. 模拟电子技术. 北京：清华大学出版社，2011.

反侵权盗版声明

电子工业出版社依法对本作品享有专有出版权。任何未经权利人书面许可，复制、销售或通过信息网络传播本作品的行为；歪曲、篡改、剽窃本作品的行为，均违反《中华人民共和国著作权法》，其行为人应承担相应的民事责任和行政责任，构成犯罪的，将被依法追究刑事责任。

为了维护市场秩序，保护权利人的合法权益，我社将依法查处和打击侵权盗版的单位和个人。欢迎社会各界人士积极举报侵权盗版行为，本社将奖励举报有功人员，并保证举报人的信息不被泄露。

举报电话：（010）88254396；（010）88258888

传　　真：（010）88254397

E-mail：　　dbqq@phei.com.cn

通信地址：北京市万寿路 173 信箱

　　　　　电子工业出版社总编办公室

邮　　编：100036